# Lexikon des Privatrechts

von

**Dr. Herbert Kussmann**
Rechtsanwalt und Notar
in Frankfurt a. M.

## Band 2
## Handels- und Gesellschaftsrecht

**Handelsgesetzbuch**
**Aktiengesetz**
**GmbH-Gesetz**
**Genossenschaftsgesetz**
**Wechselgesetz**
**Scheckgesetz**

**WALTER DE GRUYTER & Co.**

Berlin 1965

Archiv-Nr. 23 28 65 1

Satz und Druck: Hildebrandt & Stephan KG, Berlin 61

# EINFÜHRUNG

Der zweite Band des „Lexikons des Privatrechts" ist dem Handelsrecht, dem Gesellschaftsrecht, dem Wechsel- und dem Scheckrecht als Nachschlagewerk gewidmet. Hier mußte der Bogen ungleich höher gespannt werden als im ersten Bande, der sich im wesentlichen nur auf ein einziges Gesetz, nämlich auf das Bürgerliche Gesetzbuch, das BGB, zu beschränken brauchte: Begriffe des Handelsgesetzbuches, des Aktiengesetzes, der Gesetze über die Gesellschaft mit beschränkter Haftung und der Genossenschaften waren ebenso zu behandeln wie das Wechsel- und das Scheckgesetz.

Zwangsläufig hat sich dadurch, obwohl die alphabetische Reihenfolge, die ein Lexikon verlangt, gewahrt worden ist, eine gewisse Gliederung der zu behandelnden Materien ergeben: es wäre nicht zweckmäßig gewesen, Begriffe, welche ein- und demselben umfassenden Rechtsinstitut angehören wie z. B. die Aktiengesellschaft, die offene Handelsgesellschaft, der Wechsel u. a. m., rein schematisch unter dem alphabetischen Buchstaben zu behandeln, unter Hintansetzung des Grundsatzes einer gewissen Einheitlichkeit. Deshalb ist z. B. die gesamte Aktiengesellschaft unter dem Buchstaben A aufgeführt worden, allerdings dann an dieser Stelle aufgeteilt in die Einzelbegriffe entsprechend der alphabetischen Reihenfolge. Genau so ist bei den übrigen großen Materien verfahren worden, und zwar nicht nur, soweit sie in besonderen Gesetzen geregelt worden sind, sondern teilweise auch innerhalb des Handelsgesetzbuches, des HGB: die Einzelbegriffe z. B. des „Handelsregisters", des „Kommissionsgeschäftes", des „Handelsvertreters" u. a. m. finden sich jeweils unter dem Oberbegriff aufgezählt.

Dem Leser wird auf diese Weise einerseits das Aufsuchen und Nachschlagen sehr erleichtert, und andererseits ist dadurch, wie schon im ersten Bande, die Möglichkeit gegeben worden, sich gewissermaßen eine Generalinformation über ein ganzes Rechtsinstitut zu verschaffen.

Verweisungen sind nach Möglichkeit vermieden und, wo dies aus technischen Gründen nicht durchführbar war, auf ein Mindestmaß beschränkt worden.

Am Schluß dieses Buches sind angefügt worden: ein Verzeichnis der im Inhalt des Werkes behandelten oder erwähnten Gesetze sowie eine kurze Übersicht über die großen, unter dem gleichen Buchstaben behandelten Oberbegriffe, unter Angabe der Seitenzahlen.

**VERZEICHNIS**

**der im Inhalt des Werkes angewendeten Abkürzungen**

| | | |
|---|---|---|
| 1. AktGes. | = | Gesetz über Aktiengesellschaften und Kommanditgesellschaften auf Aktien vom 30. 1. 1937. |
| 2. ArbGerG. | = | Arbeitsgerichtsgesetz vom 3. 9. 1953. |
| 3. BetriebsverfG. | = | Betriebsverfassungsgesetz vom 11. 10. 1952. |
| 4. BGB | = | Bürgerliches Gesetzbuch vom 18. 8. 1896. |
| 5. Dep.Ges. | = | Gesetz über die Verwahrung und Anschaffung von Wertpapieren vom 4. 2. 1937, sog. Depotgesetz. |
| 6. GenGes. | = | Gesetz betreffend die Erwerbs- und Wirtschaftsgenossenschaften vom 1. 5. 1889, in der Fassung der Veröffentlichung im BGBl III 1961, Folge 28. |
| 7. GewO | = | Gewerbeordnung vom 21. 6. 1869. |
| 8. GmbHGes. | = | Gesetz über die Gesellschaften mit beschränkter Haftung vom 20. 4. 1892, in der Fassung der Veröffentlichung im BGBl III 1961, Folge 28. |
| 9. HandVertrGes. | = | Gesetz zur Änderung des Handelsgesetzbuches (Recht des Handelsvertreters) vom 6. 8. 1953. |
| 10. HGB | = | Handelsgesetzbuch vom 10. 5. 1897, in der Fassung der Veröffentlichung im BGBl III 1960, Folge 10. |
| 11. KO | = | Konkursordnung vom 10. 2. 1877. |
| 12. Mitbestimmungsgesetz | = | Gesetz über die Mitbestimmung der Arbeiter in den Aufsichtsräten vom 21. 5. 1951. |
| 13. ScheckGes. | = | Scheckgesetz vom 14. 8. 1933. |
| 14. Umwandlungsgesetz | = | Gesetz über die Umwandlung von Kapitalgesellschaften und bergrechtlichen Gewerkschaften vom 12. 11. 1956. |
| 15. UWG | = | Gesetz gegen den unlauteren Wettbewerb vom 7. 6. 1909. |
| 16. WG | = | Wechselgesetz vom 21. 6. 1933. |
| 17. Wirtschaftsprüferordnung | = | Gesetz über eine Berufsordnung der Wirtschaftsprüfer (Wirtschaftsprüferordnung) vom 24. 7. 1961. |
| 18. WZA | = | Gesetz zum Schutz der Warenbezeichnung vom 12. 5. 1894. |

# A

**Abandonrecht** s. Gesellschaft mit beschränkter Haftung, Abandonrecht.

**Abschlagsverteilung** s. Genossenschaften, Abschlagsverteilung.

**Abschriftenerteilung** s. Handelsregister, Abschriftenerteilung.

**Absender** s. Frachtgeschäft, Absender.

**Agent** s. Handelsvertreter.

**Agio** s. Aktiengesellschaft, Agio.

**Aktiengesellschaft** sie ist eine Kapitalgesellschaft (Mindestgrundkapital von DM 100 000, zerlegt in Aktien im Mindestnennbetrag von DM 100), stets eine Handelsgesellschaft, ohne Rücksicht auf den Gegenstand des Unternehmens, mit eigener Rechtspersönlichkeit, erworben durch Eintragung im Handelsregister: §§ 1, 3, 6—8, 34 Abs. 1 S. 1, 48 AktGes.

— **Abschlußprüfer** sie haben den Jahresabschluß samt Geschäftsbericht zu prüfen und einen schriftlichen Prüfungsbericht zu erstatten, der mangels Einwendungen mit einem, im Gesetz festgelegten Bestätigungsvermerk zu versehen ist; sie werden jährlich von der Hauptversammlung (HV) gewählt (zwingende Vorschrift!), haben dem Vorstand gegenüber ein Recht auf Aufklärung und Vorlegung der Unterlagen und haften der Aktiengesellschaft (AG) bei Pflichtverletzung auf Schadensersatz bis zu DM 100 000 (bei Fahrlässigkeit); zu Prüfern dürfen nur öffentlich bestellte Wirtschaftsprüfer und -Prüfungsgesellschaften gewählt bzw. gerichtlich bestellt werden, wobei jedes Abhängigkeitsverhältnis gegenüber der AG unzulässig ist: §§ 135 bis 142 AktGes.

— **Abstimmung** in der HV erfolgt derart, daß jede Aktie 1 Stimme — bei gleichen Nennbeträgen — gewährt, wobei durch Satzung bei Besitz mehrerer Aktien in der Hand eines Aktionärs ein Stimmrechtshöchstbetrag festgesetzt und ferner die Ausübung des Stimmrechts von der Vollzahlung für unabhängig erklärt werden kann; Vorrats- und eigene Aktien sowie Vorzugsaktien ohne Stimmrecht gewähren kein Stimmrecht: §§ 114, 115 AktGes; Beschlüsse bedürfen grundsätzlich nur der einfachen Mehrheit der abgegebenen Stimmen: § 113 AktGes.

— **Abwickler** sind, mangels Sonderbestimmung der Satzung oder eines HV-Beschlusses, die Vorstandsmitglieder, evtl. kann auf Antrag von Aktionären mit 5 % Kapitalanteilen das Gericht aus wichtigem Grunde Abwickler — auch juristische Personen! — bestellen: sie sind im Register einzutragen, haben einen Gläubigeraufruf zu erlassen, die laufenden Geschäfte zu beenden, das Vermögen zu versilbern, die Gläubiger zu befriedigen, bei Zahlungsunfähigkeit der aufgelösten AG Konkurseröffnung zu beantragen und sind grundsätzlich nur gesamtvertretungsbefugt (Firmenzeichnung mit Zusatz „i. L."): §§ 206 bis 210 AktGes.

— **Abwicklung** (Liquidation) erfolgt nach Auflösung der AG aus den in § 203 AktGes. genannten Gründen, bei Beginn ist die sog. Eröffnungsbilanz und später für den Schluß jeden Jahres eine Jahresbilanz — die Gliederungs- und Bewertungsvorschriften der §§ 131 ff entfallen, Tageswerte sind einzusetzen, Prüfung durch Abschlußprüfer ist nicht nötig — nebst Geschäftsbericht aufzustellen, worüber nunmehr die HV beschließt; das restliche, nach Schuldentilgung verbleibende Vermögen wird unter die Aktionäre entsprechend dem Verhältnis (Bruchteile! hier zeigt sich das Wesen des „Anteilrechts") verteilt — unter besonderer Berücksichtigung der Vorzugsaktien —, jedoch erst nach 1 Jahr seit der 3. Bekanntmachung des Gläubigeraufrufes; nach Ablegung der Schlußrechnung ist das Liquidationsende zum Register anzumelden, um die Firma zu löschen; die Bücher der AG sind 10 Jahre lang aufzubewahren: §§ 205, 211—214 AktGes.

— **Agio** ist der über den Nennbetrag einer Aktie hinausgehende Geldbetrag, für den sie ausgegeben wird: § 9 AktGes; er ist in die gesetzliche Rücklage einzustellen: § 130 Abs. 2 Ziff. 2 AktGes.

— **Aktien** sind die Anteile, in welche das Grundkapital zerlegt wird; sie müssen auf einen Mindestbetrag von DM 100, höhere Aktienbeträge auf volle DM 100 lauten, bei Gefahr der Nichtigkeit und der Schadensersatzhaftung der Ausgeber im Falle geringerer Nennbeträge, unter Ausschluß der Teilbarkeit und einer Ausgabe unter dem Nennbetrag; sie können als Namens-, Order- oder Inhaberpapiere (letztere dürfen vor Vollzahlung nicht ausgegeben werden!) ausgestellt werden, zu ihrer Unterzeichnung genügt eine vervielfältigte Unterschrift; jede Aktie — bis auf sog. stimmlose Vorzugsaktien! — gewährt das Stimmrecht: §§ 6, 8—13 AktGes.

— **Aktien, Arten** Stamm- und Vorzugsaktien (die günstige Stellung muß eine solche finanzieller Art sein, so Bevorzugung bei Verteilung von Gewinn und Liquidationserlös, unter grundsätzlichem Verbot des Mehrstimmrechts): § 12 AktGes, wobei die für die Vorzugseinräumung geleistete Zuzahlung in die gesetzliche Rücklage einzustellen ist: § 130 Abs. 2 Ziff. 4 AktGes; stimmlose Vorzugsaktien, die pekuniäre Vorzüge, aber kein Stimmrecht (Ausgabe nur statthaft in Höhe der Hälfte des Gesamtnennbetrages der anderen Aktien) haben, letzteres indes erhalten, wenn ihnen 2 Jahre hintereinander die Vorzüge nicht gewährt bzw. nachgewährt werden, und zwar solange, bis die Rückstände nachgezahlt sind: §§ 115 bis 117 AktGes; sog. vinkulierte Aktien, deren Übertragung an die Zustimmung der AG gebunden ist: § 61 Abs. 3 S. 1 AktGes; Aktien, deren Besitz das Recht gewährt, Mitglieder in den Aufsichtsrat zu entsenden (sie müssen stets vinkuliert sein!): § 88 AktGes; Vorrats- und eigene Aktien: §§ 51, 65 AktGes.

— **Aktien, eigene** sind Aktien, die ausgegeben und in den Verkehr gekommen waren, aber an die AG zurückgelangt sind: unentgeltlicher Erwerb, im Falle der Vollzahlung des Nennbetrages zulässig, entgeltlicher nur bei: Durchführung einer Einkaufskommission (sie sind bei der AG nur durchlaufender Posten!) oder im Falle der Einziehung zwecks Kapitalherabsetzung auf Grund eines HV-Beschlusses (sie verschwinden dann!), endlich bis zu 10 % des Grundkapitals, wenn der Erwerb zwecks Abwendung eines der AG drohenden schweren Schadens (Kursstützung!) erfolgt, oder um sie den Arbeitnehmern der AG anzubieten; das Verbot des Erwerbes bzw. der Beschränkung gilt auch für abhängige Konzernunternehmen gegenüber der herrschenden AG;

ein Erwerb unter Verstoß gegen das Verbot ist zwar gültig, erzeugt jedoch Schadensersatzhaftung des Vorstands und des Aufsichtsrates: §§ 84, 99 AktGes; aus eigenen Aktien kann die AG keine Rechte ausüben: § 65 AktGes; über sie muß der Geschäftsbericht Angaben enthalten: § 128 Abs. 2 Ziff. 2 AktGes, auch sind sie in der Bilanz gesondert im Umlaufsvermögen auszuweisen: § 131 A III Ziff. 5 AktGes.

— **Aktien, Vorratsaktien** sind Aktien, die ausgegeben, aber nicht in den Verkehr gelangt sind: ein Gründer oder Zeichner hat sie für Rechnung der AG oder eines abhängigen Unternehmens übernommen (Zweck: Einflußsicherung der AG!); Rechte aus der Aktie stehen ihm nicht zu, während er umgekehrt Aktionärspflichten zu erfüllen hat: §§ 51, 114 Abs. 6 AktGes; ein abhängiges Unternehmen selbst darf weder als Gründer noch als Zeichner Aktien der herrschenden AG übernehmen: § 51 Abs. 2 AktGes; Vorratsaktien und ihre Verwertung müssen im Geschäftsbericht erwähnt werden: § 128 Abs. 2 Ziff. 1 AktGes.

— **Aktienbuch** in ihm sind Namensaktien mit Inhabernamen, -Wohnort und -Stand einzutragen, ebenso ist jeder Übergang zu verzeichnen; der AG gegenüber gilt als Aktionär nur, wer im Aktienbuch eingetragen ist: §§ 61, 62 AktGes.

— **Aktionäre, Minoritätsrechte** eine Minderheit von 5 Teilen des Grundkapitals kann den Verzicht der AG gegenüber dem Vorstand oder einen Vergleich mit ihm bezüglich von Ersatzansprüchen verhindern: §§ 84 Abs. 4, 101 Abs. 4 AktGes; eine solche von 10 Teilen kann aus wichtigem Grunde die Abberufung von „nominierten" Aufsichtsratsmitgliedern durch das Gericht durchsetzen: § 88 Abs. 4 AktGes, die Bestellung von Sonderprüfern durch das Gericht verlangen: § 118 Abs. 2 AktGes, die Geltendmachung von Schadensersatzansprüchen gegen Gründer, Vorstands- und Aufsichtsratsmitglieder fordern: § 122 AktGes, die Vertagung einer HV, die über den Jahresabschluß verhandeln soll, durchsetzen: § 125 Abs. 7, gegen die Auswahl von Abschlußprüfern protestieren (Entscheidung durch das Gericht): § 136 Abs. 2 und 3 AktGes; eine Minderheit von 20 Teilen kann Einberufung einer HV verlangen: § 106 Abs. 2 AktGes, eine Anfechtungsklage erheben gegen einen HV-Beschluß wegen übermäßiger Abschreibungen oder Rücklagen im Jahresabschluß: § 198 Abs. 2, Bestellung von Liquidatoren durch das Gericht verlangen: § 206 Abs. 2 AktGes.

— **Aktionäre, Pflichten** sie haben den Nenn-, evtl. den höheren Ausgabebetrag ihrer Aktien zu zahlen, und zwar in bar oder durch Gutschrift auf ein Bank- oder Postscheckkonto der AG oder des Vorstandes, zu dessen freier Verfügung, wobei Aufrechnung mit einer Gegenforderung gegen die AG unzulässig ist: § 60 AktGes, Sacheinlagen sind in voller Höhe zu erbringen, ferner haben die Aktionäre einer sog. Nebenleistungs-AG ihre wiederkehrenden, nicht in Geld bestehenden Sachleistungen zu liefern: §§ 49, 50 AktGes.

— **Aktionäre, Rechte** sie haben Anspruch auf Reingewinn im Verhältnis ihrer Nennbeträge, mangels Satzungsvorschrift indes erst nach Vollzahlung, Zinsen stehen ihnen — bis auf sog. Bauzinsen — nicht zu, sie können Vergütung ihrer Leistungen bei einer Nebenleistungs-AG verlangen; ihnen steht ein Stimmrecht in der HV zu: § 102 AktGes,, endlich haben sie einen Anspruch auf Auszahlung ihres Anteils am Liquidationserlös nach § 212 AktGes., während sie in der Zeit des Bestehens der AG ihre Einlage nicht zurückfordern können: §§ 52 bis 55 AktGes; laut Satzung kann einem Aktionär persönlich oder dem jeweiligen Aktienbesitzer das Recht der Entsendung von Aufsichtsratsmitgliedern zustehen: § 88 AktGes.

— **Anfechtung von Beschlüssen der HV** ist statthaft wegen Verletzung des Gesetzes, der Satzung oder gegen einen Beschluß, bei dem ein Aktionär durch sein Stimmrecht vorsätzlich sich oder einem Dritten zum Nachteil der AG gesellschaftsfremde Vorteile erlangen wollte: § 197 AktGes; die Klage ist binnen 1 Monat beim zuständigen Landgericht zu erheben gegen die AG, vertreten durch Vorstand und Aufsichtsrat, evtl. nur durch den Vorstand bzw. Aufsichtsrat, unter Umständen unter Leistung einer Sicherheit: § 199 AktGes; klagebefugt ist: der Vorstand, ferner jedes einzelne Vorstands- oder Aufsichtsratsmitglied, falls die Beschlußausführung eine Bestrafung oder Schadensersatzpflicht herbeiführen kann, endlich ein einzelner Aktionär, wenn keine ordnungsgemäße Einberufung der HV vorlag oder er zu Unrecht zu der HV nicht zugelassen wurde oder er seinen Widerspruch gegen den Beschluß zu Protokoll erklärt hatte: § 198 AktGes; das die Nichtigkeit des Beschlusses erklärende Urteil wirkt für und gegen alle Aktionäre, der Vorstand hat es zum Handelsregister einzureichen; bei unbegründeter Anfechtung besteht Schadensersatzpflicht der Kläger: § 200 AktGes.

— **Anmeldungen** nach der Gründung hat die Anmeldung der AG zum Handelsregister durch sämtliche Gründer, Vorstands- und Aufsichtsratsmitglieder zu erfolgen, mit der Erklärung, daß mindestens 25 % des Grundkapitals und jeder Aktie eingezahlt zur Verfügung des Vorstandes stehen, desgleichen Sacheinlagen in voller Höhe, unter Beifügung der Satzung, der Gründungsprüfungsberichte und der Urkunden über Vorstands- und Aufsichtsratsbestellung: §§ 28, 29 AktGes; anmeldepflichtig ist ferner: eine Nachgründung: § 45 AktGes, jede Änderung des Vorstands: § 73 AktGes, eine Satzungsänderung: § 148 AktGes., der Beschluß über eine Kapitalerhöhung und die Durchführung: §§ 151, 155 AktGes, der Beschluß über eine bedingte Kapitalerhöhung: § 162 AktGes, der Beschluß und die Durchführung einer Kapitalherabsetzung: §§ 176, 180, 182 AktGes, ein Anfechtungs- oder Nichtigkeitsurteil: §§ 200, 201, 216 AktGes, die Auflösung und die Beendigung einer Liquidation: §§ 204, 214 AktGes, Verschmelzungen: §§ 239, 247 AktGes, Umwandlungen: § 261 AktGes u. a. m.

— **Apports** sind Sacheinlagen bei einer Sachgründung bzw. Sachübernahmen bei Übernahmegründung: § 20 AktGes.

— **Auflösung** erfolgt durch Zeitablauf, Beschluß der HV mit ¾-Mehrheit, Konkurseröffnung oder -Ablehnung mangels Masse: § 203 AktGes, durch staatliche Maßnahme bei gemeinwohl-gefährdendem Verhalten: § 288 AktGes; die Auflösung ist vom Vorstand zum Register anzumelden und wird eingetragen: § 204 AktGes; bei Auflösung durch Konkurs und Abschluß eines Zwangsvergleiches, ferner durch Zeitablauf oder HV-Beschluß; falls noch nicht mit der Vermögensverteilung unter die Aktionäre begonnen worden, kann durch ¾-Mehrheitsbeschluß der HV die Fortsetzung der aufgelösten AG beschlossen werden: der Beschluß ist von den Liquidatoren anzumelden und die Fortsetzung einzutragen: § 215 AktGes.

— **Aufsichtsrat (AR)** ist dasjenige Organ der AG, das besonders als Kontrollorgan gegenüber dem Vorstand, welcher nach § 70 AktGes die Gesellschaft zu leiten hat und in dessen Geschäftsführung die HV nicht eingreifen darf, in Frage kommt; er muß aus mindestens 3 — keine juristischen! — Personen und darf höchstens (entsprechend dem Grundkapital) aus 15 Personen bestehen, auch darf niemand mehr als 10 AG's als Aufsichtsratsmitglied angehören, ebensowenig kann jemand gleichzeitig in derselben AG Vorstands- und Aufsichtsratsmitglied sein: §§ 86, 90 AktGes.

— **AR, Abberufung** kann durch die HV erfolgen, durch einen Beschluß mit ¾-Mehrheit: § 87 AktGes.

— **AR, Anfechtung von HV-Beschlüssen** s. Anfechtung von Beschlüssen der HV.

— **AR, Anmeldung** und Bekanntmachung: schon die Anmeldung zwecks Eintragung der AG muß u. a. durch sämtliche AR-Mitglieder erfolgen, unter Beifügung des Prüfungsberichtes des AR: §§ 28, 29 AktGes; hingegen findet keine Eintragung, jedoch eine Veröffentlichung des Namens pp der Mitglieder des 1. AR statt: §§ 32, 33 AktGes; jeden Wechsel der Mitglieder muß der Vorstand in den Gesellschaftsblättern bekanntgeben: § 91 AktGes; in den Geschäftsbriefen einer AG muß der Vorsitzer des AR kenntlich gemacht werden: § 100 AktGes.

— **AR, Arbeitnehmer als Mitglieder des AR** soweit nach dem Mitbestimmungsgesetz vom 21. 5. 1951 Arbeitnehmer dem AR anzugehören haben, hat das Gericht bei Fehlen der erforderlichen Zahl sie auf Antrag unter bestimmten Umständen zu ergänzen; Gleiches gilt, wenn bei einem AR, dem Arbeitnehmer anzugehören haben, nicht das vorgeschriebene richtige Verhältnis zwischen Vertretern der Aktionäre und der Arbeitnehmer gewahrt ist: § 89 AktGes.

— **AR, Aufgaben** der von der Gründern gewählte erste AR bestellt den Vorstand: § 23 AktGes, er hat einen Gründungsprüfungsbericht zu erstatten und bei der Anmeldung der AG zwecks Eintragung mitzuwirken: §§ 25, 26, 28 AktGes; er überwacht die Geschäftsführung des Vorstandes, kann jederzeit, auch durch ein einzelnes Mitglied, vom Vorstand Berichterstattung verlangen, Unterlagen einsehen, die Kasse und Bestände prüfen, bei Notwendigkeit eine HV einberufen, die Zustimmung zu Maßnahmen des Vorstandes, falls die Satzung dies vorsieht, erteilen, ihm steht das Recht der Billigung und Ablehnung (dann Entscheidung durch die HV: § 125 Abs. 4!) des vom Vorstand aufgestellten Jahresabschlusses zu: §§ 95, 96 AktGes; er vertritt die AG bei Rechtsgeschäften mit Vorstandsmitgliedern oder bei Prozessen gegen diese: § 97 (bei Anfechtungsklagen gegen HV-Beschlüsse siehe § 199 AktGes), er bestellt den Vorstand und kann ihn aus wichtigem Grunde abberufen: § 75; er gibt die Zustimmung zur Gewährung von Krediten an Vorstandsmitglieder und leitende Angestellte: § 80 AktGes; er kann evtl. die Gesamtbezüge des Vorstandes herabsetzen bei nachträglicher wesentlicher Vermögensverschlechterung der AG: § 78 Abs. 2 AktGes.

— **AR, Berufung** Wahl erfolgt durch HV, kein Mitglied kann nach Ablauf des ersten Geschäftsjahres für länger als 4 Jahre (das erste Jahr nicht eingerechnet!) gewählt werden; jederzeitige Abberufung durch HV — s. AR, Abberufung — ist möglich, auch des ersten AR: § 87 AktGes; gewisse Aktionäre (personalgebunden) oder Aktien (papiergebunden) können laut Satzung das Recht der Entsendung von AR-Mitgliedern — nicht mehr als 1/3 des AR! — haben, mit dem Recht auch der Abberufung dieser Mitglieder, wobei solche Aktien — gelten nicht als Vorzugsaktien! — auf den Namen lauten und vinkuliert sein müssen: §§ 87, 88 AktGes.

— **AR, Beschlußfähigkeit** kann durch die Satzung bestimmt werden, doch muß die Hälfte der Mitglieder, mindestens jedoch 3 Personen, anwesend sein: § 89 AktGes; über Arbeitnehmer, s. AR, Arbeitnehmer als Mitglieder des AR.

— **AR, Beschlüsse** werden in den Sitzungen — lt. Satzung Vertretung, schriftliche Vollmacht! — mündlich gefaßt, schriftliche Stimmabgabe nur zulässig mangels Widerspruches eines Mitgliedes; über Verhandlungen und Beschlüsse sind Niederschriften anzufertigen und vom Vorsitzer bzw. dessen Stellvertreter zu unterschreiben: §§ 92, 93 AktGes.

— **AR, Einberufung** muß mindestens einmal im Kalenderhalbjahr und soll in der Regel einmal im Kalendervierteljahr erfolgen; jedes Mitglied oder der Vorstand kann unter Angabe von Zweck und Grund jederzeit Einberufung — Sitzung muß binnen 2 Wochen nach Einberufung stattfinden! — verlangen; wird dem Verlangen von Vorstand oder mindestens 2 AR-Mitgliedern seitens des Vorsitzers nicht entsprochen, so können die Antragsteller selbst den AR einberufen: § 94 AktGes.

— **AR, Ergänzung von Mitgliedern** erfolgt durch das Gericht bei Fehlen der zur Beschlußfähigkeit nötigen Mitglieder auf Antrag eines AR-Mitgliedes, eines Aktionärs oder des Vorstandes, wobei letzterer zu unverzüglicher Antragstellung verpflichtet ist; Ergänzung durch das Gericht erfolgt auch, wenn der AR länger als 3 Monate nicht die nach Gesetz oder Satzung festgesetzte Mitgliederzahl umfaßt: § 89 Abs. 2 und 3 AktGes.

— **AR, Haftung** die Aufsichtsratsmitglieder haften der AG wie die Mitglieder des Vorstandes, s. Vorstand, Haftung: § 99 AktGes; haben sie zusammen mit einem Dritten, der vorsätzlich unter Einflußausnutzung auf den AR gesellschaftsfremde Vorteile zum Schaden der AG angestrebt hat, gehandelt, so haften sie der AG gesamtschuldnerisch mit dem Dritten: § 101 Abs. 2 AktGes; die HV kann ferner beschließen, ebenso Aktionäre mit 10 % des Grundkapitals es verlangen, daß Ersatzansprüche gegen AR-Mitglieder geltend zu machen sind: § 122 AktGes.

— **AR, Kreditgewährung an Mitglieder des AR** Forderungen sind, soweit sie nicht aus Geschäften des gewöhnlichen Betriebes der AG stammen, in der Bilanz gesondert auszuweisen: § 131 A III Ziff. 11 AktGes; der Geschäftsbericht muß Angaben über die Gesamtbezüge des AR enthalten: § 128 Abs. 2 Ziff. 7 AktGes.

— **AR, Ordnung des AR** der AR muß aus seiner Mitte einen Vorsitzer und mindestens einen Stellvertreter wählen, welche Personen vom Vorstand dem Handelsregister namhaft zu machen sind; der AR kann Ausschüsse zur Vorbereitung und Überwachung der Ausführung seiner Beschlüsse bestellen; an den AR-Sitzungen sollen nur Vorstands- und AR-Mitglieder teilnehmen; für Einzelfälle können Sachverständige zugezogen werden: §§ 92, 93 AktGes.

— **AR, Vergütung** wird den Mitgliedern regelmäßig lt. Satzung gewährt; besteht sie in Tantième, d. h. Anteil am Jahresgewinn, so wird dieser Gewinn wie die Tantième des Vorstandes — s. Vorstand, Gewinnbeteiligung — berechnet, doch ist bei der Tantième des AR außerdem noch ein für die Aktionäre bestimmter Betrag von mindestens 4 % der geleisteten Einlagen abzusetzen: § 98 AktGes.

— **AR, Vertretung des Vorstands** für einen im voraus begrenzten Zeitraum kann der AR einzelne seiner Mitglieder zu Vertretern von behinderten Vorstandsmitgliedern bestellen, für welche Zeit sie aber nicht als AR-Mitglieder tätig sein dürfen: § 90 Abs. 2 AktGes.

— **Auskunftsrecht der Aktionäre in der HV** jeder Aktionär kann in der HV Auskunft über Angelegenheiten der AG verlangen, die aber mit dem Verhandlungsgegenstand zusammenhängen müssen; der Vorstand kann Auskunft nur verweigern, soweit dies überwiegende AG-Interessen fordern; ob diese Voraussetzung gegeben ist, entscheidet der Vorstand selbst: § 112 AktGes.

— **Bankaktien** wenn Banken in der HV das Stimmrecht ausüben wollen für Aktien, die ihnen — wirtschaftlich! — nicht gehören (z. B. bei Summen- oder Sammelverwahrung), so bedarf es dazu einer schriftlichen — widerruflichen, jeweils auf längstens 15 Monate beschränkten, in einer Sonderurkunde (nicht: in den allgemeinen Bankbedingungen) stehenden — Ermächtigung des Aktionär-Bankkunden gegenüber einer bestimmten Bank: § 114 Abs. 4 AktGes.

— **Bauzinsen** während sonst eine Zinszusage der AG gegenüber den Aktionären unzulässig ist, kann ihnen für die Zeit der Vorbereitung bis zum Anfang des vollen Betriebes — genaue Zeitfestlegung durch die Satzung! — Zinszahlung von bestimmter Höhe zugesagt werden: § 54 AktGes.

— **bedingte Kapitalerhöhung** s. Kapitalerhöhung, bedingte.

— **Bekanntmachungen** grundsätzlich sind alle Registereintragungen im Bundesanzeiger und in den Gesellschaftsblättern — s. auch Satzung der AG, welche die Form von Bekanntmachungen der AG bestimmen muß: § 16 AktGes! — bekanntzumachen; so z. B. die Eintragung der Errichtung der AG: § 33 AktGes, der Vertretungseinschränkung und Änderung von Vorstandsmitgliedern: §§ 71, 73 AktGes, die Durchführung der Kapitalerhöhung: § 157 AktGes, die Eintragung des Beschlusses einer bedingten Kapitalerhöhung: § 163 AG, die gewöhnliche und die vereinfachte Kapitalherabsetzung u. a. m.: ferner: die Ausschließung säumiger Aktionäre: § 58 AG, die Einberufung einer HV nebst Ankündigung der Tagesordnung: §§ 105, 108 AktGes, der Jahresabschluß mit vollem Wortlaut des Bestätigungsvermerkes: §§ 143, 144 AktGes, der Gläubigeraufruf bei einer Kapitalherabsetzung: § 178 AktGes, die Erhebung einer Anfechtungsklage und das Urteil: §§ 199, 200 AktGes, der Gläubigeraufruf bei einer Verschmelzung: § 241 AktGes, ebenso bei einer Umwandlung gemäß Umwandlungsgesetz: § 7 Ges. über Umwandlung von Kapitalgesellschaften.

— **Berechnung der Besitzzeit von Aktien** die Ausübung von Rechten aus der Aktie kann durch die Satzung von einer gewissen Besitzzeit abhängig gemacht werden: hier steht die Zeit der Eigentumsdauer und diejenige einander gleich, in welcher der Aktionär einen Übereignungsanspruch gegen eine Bank hat (z. B. bei Summenverwahrung u. a. m. durch eine Bank); die Eigentumszeit eines Rechtsvorgängers wird in gewissen Fällen dem Aktionär zugerechnet: § 64 AktGes.

— **Beschränkung der Stimmrechtsausübung** die Satzung kann für den Fall des Besitzes mehrerer Aktien durch einen Aktionär das Stimmrecht durch Festsetzung eines Höchstbetrages beschränken: § 114 Abs. 1 AktGes.

— **Bestätigungsvermerk des Abschlußprüfers** hat die Prüfung des Jahresabschlusses durch den Abschlußprüfer laut Prüfungsbericht zu Einwendungen keinen Anlaß gegeben, so ist dies durch Bestätigungsvermerk festzulegen, mit gesetzlich genau festgelegtem Inhalt; bei Erhebung von Einwendungen, desgleichen bei einem Geschäftsbericht, der offensichtlich eine falsche Darstellung der Verhältnisse der AG erweckt, ist die Bestätigung zu versagen oder einzuschränken; in allen Veröffentlichungen oder Vervielfältigungen des Jahresabschlusses ist der volle Wortlaut des Bestätigungsvermerkes wiederzugeben bzw. bei Versagung durch besonderen Vermerk auf diesen Umstand hinzuweisen: §§ 140, 144 AktGes.

— **Beteiligungen** soweit die AG solche besitzt, sind sie in der Bilanz auf der Aktivseite im Anlagevermögen besonders auszuweisen, gleichgültig, ob es eine Beteiligung an einer Personal- oder Kapitalgesellschaft — in letzterem Falle ist eine Beteiligung anzunehmen bei mindestens 25 %-Besitz am Kapital bzw. der Kuxe einer bergrechtlichen Gesellschaft! — ist und ohne Rücksicht darauf, ob eine Verkörperung in Wertpapieren vorliegt oder nicht: § 131 A II Ziff. 6 AktGes.

— **Bezugsrechte, bei Kapitalerhöhungen** hier muß jedem Aktionär auf Verlangen ein Teil der neuen Aktien zugeteilt werden, der seinem Anteil am bisherigen Grundkapital entspricht, wobei zur Bezugsausübung eine Frist von mindestens 2 Wochen bestimmt werden kann; die gänzliche oder teilweise Ausschließung des Bezugsrechts kann, nach vorheriger ausdrücklicher Ankündigung, durch einen HV-Beschluß mit ¾-Mehrheit ausgesprochen werden: § 153 AktGes, ein Bezugsrecht kann stets erst nach dem Beschluß über die Kapitalerhöhung und unter Vorbehalt des Bezugsrechts der Aktionäre Dritten zugesichert werden: § 154 AktGes.

— **Bezugsschuldverschreibungen** sind Wandelschuldverschreibungen, in denen den Gläubigern ein Bezugsrecht auf Aktien (neben den Obligationen!) eingeräumt wird: § 174 AktGes, im übrigen s. Wandelschuldverschreibungen.

— **Bilanz** die Jahresbilanz der AG (Erfolgsbilanz im Gegensatz zur Liquidationsbilanz, die eine Vermögensbilanz ist!) muß in den ersten 3 (lt. Satzung evtl. bis längstens 5) Monaten des Geschäftsjahres für das vergangene Geschäftsjahr vom Vorstand dem AR vorgelegt werden, der sich binnen 1 Monat zu erklären hat: billigt der AR die Bilanz, so ist sie damit festgestellt, andernfalls die — unverzüglich einzuberufende — HV über die Bilanz beschließt; das Gleiche geschieht, wenn Vorstand und AR sich für die Feststellung durch die HV entscheiden; vor der Vorlegung an den AR erfolgt die Prüfung der Bilanz durch Abschlußprüfer (bei Meinungsverschiedenheiten zwischen Vorstand und Prüfer über Auslegung der gesetzlichen Bilanzvorschriften entscheidet eine Spruchstelle); der AR hat den Jahresabschluß zu prüfen und der HV darüber Bericht zu erstatten, einschließlich von Beanstandungen: §§ 125, 135, 96 AktGes.

— **Bilanz, Anfechtung** hat die HV den Jahresabschluß festgestellt, so kann eine Anfechtungs-Klage wegen Verletzung der Gliederungsvorschriften nur auf wesentliche Beeinträchtigung der Klarheit und Übersichtlichkeit gestützt werden: § 197 Abs.

3 AktGes; eine Anfechtung wegen übermäßiger Abschreibungen, Rücklagen, Rückstellungen usw. kann nur durch eine Aktionärfraktion mit insgesamt wenigstens 5 % des Grundkapitals erhoben werden: § 198 Abs. 2 AktGes; Nichtigkeitsklage gegen den vom Vorstand festgestellten Jahresabschluß ist nur bei schweren, im Gesetz aufgezählten Verstößen statthaft: § 202 AktGes.

— **Bilanz, Arten** Eröffnungs-, Jahres-, Liquidations-, Konkurseröffnungs-, Verschmelzungsbilanz: §§ 125, 211, 242 AktGes., Umwandlungsbilanz: § 4 Ges. über Umwandlung von Kapitalgesellschaften.

— **Bilanz, Bewertung** Grundstücke, Maschinen, Werkzeuge und Inventar dürfen höchstens zu den Anschaffungs- oder Herstellungs-Kosten angesetzt werden, ebenso Konzessionen usw., Beteiligungen und andere Anlage-Wertpapiere, während für Objekte des Umlaufvermögens das Mindestwertprinzip gilt; Gründungs- und Kapitalbeschaffungs-Aufwendungen dürfen nicht aktiviert werden, ebenso der Firmenwert, sofern nicht bei Erwerb einer abgeleiteten Firma dafür eine Sondervergütung gezahlt wurde, doch ist dann der Betrag durch jährliche Abschreibungen zu tilgen; Anleihen sind mit dem Rückzahlungsbetrag, das Grundkapital ist mit dem Nennbetrag zu passivieren: § 133 AktGes.

— **Bilanz, Gliederung** die Aktivseite gliedert sich in: 1. ausstehende Einlagen auf das Grundkapital, 2. Anlagevermögen, 3. Umlaufvermögen, 4. Rechnungsabgrenzungsposten; die Passivseite gliedert sich in: 1. Grundkapital, 2. Rücklagen, 3. Wertberichtigungen hinsichtlich des Anlagevermögens, 4. Rückstellungen, 5. Verbindlichkeiten, 6. Rechnungsabgrenzungsposten; gesondert sind Reingewinn und -Verlust auszuweisen; Verrechnung von Forderungen mit Schulden ist unstatthaft; das Anlagevermögen betrifft Objekte, die dauernd dem Geschäftsbetrieb der AG dienen sollen; die Gliederung der Bilanz nach § 131 kann durch eine andere, gleichwertige ersetzt werden: § 131 AktGes.

— **Bilanz, Prüfung** s. Abschlußprüfer.

— **Bürgschaften** sowohl gewöhnliche wie auch Wechsel- und Scheckbürgschaften müssen auch bei Vorhandensein gleichwertiger Rückgriffsansprüche in voller Höhe in der Jahresbilanz vermerkt werden (gewöhnlich in der Vorspalte!): § 131 Abs. 7 AktGes.

— **Coupons** sind Gewinnanteilsscheine, sie werden bei Vorweisung des Talons (Erneuerungsschein) ausgegeben, es sei denn, daß der Aktienbesitzer widerspricht: dann sind sie nur bei Vorlage der Aktie selbst auszuhändigen: § 69 AktGes.

— **Dividende** ist Anteil am Reingewinn, er steht den Aktionären nach dem Verhältnis der Aktiennennbeträge zu, doch kann durch Satzung eine andere Art der Gewinnverteilung bestimmt werden (sind die Einlagen auf das Grundkapital in ungleichem Verhältnis geleistet, so soll jeder Aktionär 4 % seiner Einlage erhalten): § 53 AktGes; Vorzugsaktien erhalten Sondervorteile gegenüber gewöhnlichen Aktien: § 11 AktGes, ebenso stimmlose Vorzugsaktien, bei denen überdies, falls sie für die Dauer von 2 Jahren ihre Sondervorteile nicht erhalten haben, das Stimmrecht einsetzt bis zu Gewährung und Nachgewährung dieser Vorteile: §§ 115, 116 AktGes; eigene und Vorratsaktien erhalten keine Dividende: §§ 51, 65 Abs. 7 AktGes; haben Aktionäre gutgläubig zuviel Dividende bezogen, so kann die AG sie nicht zurückfordern, auch haften die Aktionäre dieserhalb nicht den Gläubigern der AG: § 56 AktGes.

— **Dividende, Genußscheine** gewähren Gewinnbezugsrechte, evtl. Teilnahme am Liquidationserlös, ohne Anteil am Grundkapital: sie dürfen nur auf Grund eines HV-Beschlusses mit ¾-Mehrheit ausgegeben werden: § 174 Abs. 3 AktGes.

— **Dividende, gesetzliche Rücklage** an diese sind 5 % solange abzuführen, bis diese Rücklage 10 % des Grundkapitals (oder einen in der Satzung bestimmten höheren Teil) erreicht: § 130 Abs. 2 Ziff. 1 AktGes.

— **Dividende, Zahlungsbeschränkung** nach einer vereinfachten Kapitalherabsetzung darf Dividende nicht ausgeschüttet werden, ehe die gesetzliche Rücklage 10 % des Grundkapitals erreicht hat; mehr als 4 % darf erst für ein Geschäftsjahr gezahlt werden, das später als 2 Jahre nach dem Beschluß über die Kapitalherabsetzung beginnt: § 187 AktGes.

— **eigene Aktion** s. Aktien, eigene.

— **Einberufung, der HV** erfolgt durch den Vorstand (als solcher gilt eine im Register eingetragene Person!), unter Veröffentlichung in allen Gesellschaftsblättern mit Angabe von Firma, Ort—Sitz der AG, bei börsenmäßig gehandelten Aktien evtl. am Sitz der Börse! — und Zeit der HV; einzuberufen ist sie in allen durch Gesetz und Satzung bestimmten Fällen, ferner kann, falls Aktionäre mit $^1/_{20}$ des Grundkapitals es schriftlich unter Angabe von Zweck und Grund verlangen (bei Ablehnung durch Vorstand und AR) das Gericht auf Antrag diese Aktionäre zur Einberufung der HV unter Bestimmung des Versammlungsvorsitzers ermächtigen: §§ 105, 106 AktGes; die Einberufungsfrist beträgt mindestens 2 Wochen, auch muß eine genügende Frist für eine Aktienhinterlegung gewährt werden, falls die Satzung Stimmrechtsausübung von Hinterlegungen abhängig macht: § 107 AktGes; ein Einberufungsrecht steht auch dem AR zu, wenn es das Wohl der AG fordert: § 95 Abs. 4 AktGes.

— **Einberufung der HV, Tagesordnung** der Zweck der HV ist in der Tagesordnung bekanntzugeben: über Gegenstände, die nicht ordnungsmäßig mindestens 1 Woche vor dem Tag der HV als Verhandlungspunkte angekündigt werden, ist Beschlußfassung unzulässig; soll in der HV über den Antrag auf Einberufung einer außerordentlichen HV Beschluß gefaßt werden, so erübrigt sich eine Ankündigung: § 108 AktGes; jeder Aktionär, der seine Aktie hinterlegt, kann Mitteilung durch eingeschriebenen Brief über Einberufung der HV und die Verhandlungsgegenstände verlangen, sobald öffentliche Bekanntmachung erfolgt ist: § 109 AktGes.

— **Eintragung der AG** diese erfolgt bei dem Gericht, in dessen Bezirk die AG ihren Sitz hat: § 28 AktGes; einzutragen sind: die Firma, der Sitz, der Gegenstand des Unternehmens, die Höhe des Grundkapitals, der Tag der Satzungsfeststellung, die Vorstandsmitglieder, evtl. die Zeitdauer, Vertretungsbeschränkungen der Vorstandsmitglieder und Angaben über genehmigtes Kapital gemäß Satzung: § 32, erst mit der Eintragung erlangt die AG Rechtsfähigkeit: § 34 Abs. 1 AktGes.

— **Einziehung von Aktien** kann nach Erwerb durch die AG oder zwangsweise erfolgen zum Zweck der Kapitalherabsetzung, aber nur, wenn vor Übernahme oder Zeichnung derartiger Aktien dies durch die ursprüngliche oder geänderte Satzung angeordnet oder gestattet war; die Regeln über ordentliche Kapitalherabsetzung sind zu befolgen, ein

HV-Beschluß mit einfacher Mehrheit ist nötig, ausgenommen bei einer durch Satzung angeordneten Zwangseinziehung: in diesem Fall ist das Grundkapital mit der Zwangseinziehung herabgesetzt, andernfalls erst mit der Eintragung des Beschlusses; die Aktien — sie sind zu eigenen Aktien der AG gem. § 65 Abs. 2 AktGes geworden! — sind zu vernichten: §§ 192 bis 194 AktGes.

— **Entlastung von Vorstand und Aufsichtsrat** erfolgt alljährlich durch die HV, und zwar in den ersten 5 — lt. Satzung evtl. bis zu 7 — Monaten des Geschäftsjahres; die Verhandlung über die Entlastung soll mit derjenigen über den Jahresabschluß und über die Gewinnverteilung verbunden werden, unter Vorlegung des Jahresabschlusses nebst dem Bericht des AR durch den Vorstand gegenüber der HV: § 104 AktGes.

— **Erneuerungsschein oder Talon** dient der Ausgabe neuer Gewinnbezugsscheine oder Coupons, welche nur an den Inhaber eines Talons ausgegeben werden dürfen, sofern nicht der Besitzer der Aktie widerspricht und Vorlegung der Haupturkunde erforderlich wird: § 69 AktGes.

— **Errichtung der AG** liegt vor, wenn die Aktionäre, welche die Satzung aufgestellt haben, alle Aktien übernehmen; übernehmen sie neben den bei der Gründung übernommenen Aktien nachträglich noch weitere Aktien, so ist hierfür öffentliche Beurkundung nötig, in welcher der Nenn- und Ausgabebetrag und bei Vorhandensein verschiedener Gattungen die Gattung der von jedem Beteiligten übernommenen Aktien anzugeben ist: § 22 AktGes; bei der — seltenen — Stufengründung beschließt die nach der Anmeldung der AG zum Register vom Gericht einberufene HV über die Errichtung: § 30 Abs. 6 AktGes.

— **Ersatzansprüche der AG gegen Abschlußprüfer** sind gegeben bei Schädigungen der AG durch: Verletzung der Prüfungspflicht, Verwertung von Geschäftsgeheimnissen u. a. m.; bei nur fahrlässigem Verhalten beschränkt sich die Ersatzpflicht auf DM 100 000 (je Prüfung), es wird gesamtschuldnerisch gehaftet, ein Ausschluß oder eine Beschränkung durch Vertrag ist unzulässig; die Ansprüche verjähren in 5 Jahren: § 141 AktGes.

— **Ersatzansprüche der AG gegen Aktionäre** sind nicht gegeben, soweit diese gutgläubig zuviel Dividende bezogen haben: § 16 Abs. 3 AktGes; im übrigen haften aber Aktionäre wegen rechtswidrig empfangener Zahlungen — bis auf gutgläubig bezogene überhöhte Dividende! — den Gläubigern der AG für Schulden der AG in Höhe von unzulässig erhaltenen Zahlungen: § 56 Abs. 1 AktGes.

— **Ersatzansprüche der AG gegen AR-Mitglieder** sinngemäß gelten die Vorschriften über Ersatzansprüche gegen Vorstandsmitglieder: § 99 AktGes.

— **Ersatzansprüche der AG gegen Vorstandsmitglieder** bestehen bei schuldhafter — Verschulden wird vermutet! — Pflichtverletzung und dadurch eingetretener Schädigung der AG; besonders wird gehaftet bei: unzulässiger Rückgewähr von Einlagen oder Dividendenzahlung an Aktionäre, Verteilung von Gesellschaftsvermögen, unstatthaften Erwerb eigener Aktien, Zahlungsleistung nach Konkursreife u. a. m.: § 84 Abs. 3; die Ersatzpflicht entfällt bei Vornahme der Handlung gemäß einem gesetzmäßigen HV-Beschluß, außerdem ist ein Verzicht oder Vergleich der AG hinsichtlich von Ersatzansprüchen erst nach 5 Jahren und nur durch HV-Beschluß statthaft, falls diesem nicht eine Minderheit von 20 % des Kapitals widerspricht; können Gläubiger der AG von dieser keine Befriedigung erlangen, so sind sie befugt, die Ersatzansprüche der AG geltend zu machen, und zwar bei den schweren Verstößen von § 84 Abs. 3 AktGes stets, bei anderen Verstößen nur, falls es sich um eine gröbliche Pflichtverletzung handelte; Verzichte, Vergleiche, Billigung der Handlungen durch HV-Beschluß oder Zustimmung des AR sind für Gläubiger nicht verbindlich: § 84 AktGes.

— **Familiengesellschaft** ist eine AG, deren Aktionär eine einzelne natürliche Person ist oder deren Aktionäre natürliche Personen sind, die untereinander verwandt oder verschwägert sind im Sinne des § 10 Nr. 2—5 des Steueranpassungsgesetzes vom 16. 10. 1934; sie unterliegen hinsichtlich der Gewinn- und Verlustrechnung einer Sonderbehandlung, und zwar sowohl bei Verwendung der Konto- wie der Staffelform: § 132 Abs. 5 AktGes.

— **Firma der AG** ist dem „Gegenstande des Unternehmens" zu entnehmen (also sog. Sachfirma!) und hat die Bezeichnung „AG" zu enthalten; nur wenn die AG ein bestehendes Handelsgeschäft unter Lebenden oder von Todeswegen erwirbt, darf sie die bisherige Personalfirma (bei ausdrücklicher Einwilligung des bisherigen Inhabers bzw. des Erben) nach § 22 HGB fortführen, jedoch auch hier mit dem Zusatz „AG": § 4 AktGes; die Firma muß in der Satzung enthalten sein und im Register eingetragen werden: §§ 16, 32 AktGes.

— **Firma der AG, bei Umwandlung** wird eine AG umgewandelt durch Übertragung des Vermögens auf eine bestehende oHG oder KG, die entweder alleiniger oder Hauptgesellschafter der AG ist, so kann die oHG bzw. KG bei Fortführung des von der AG betriebenen Handelsgeschäfts zwar ihre eigene bisherige Firma beibehalten, aber einen Zusatz des Inhalts beifügen, daß sie das Geschäft der AG übernommen hat. Sie kann aber auch ihre bisherige Firma gegen die der AG austauschen, allerdings nur dann, wenn die Firma einer AG eine Personalfirma — § 4 Abs. 2 AktGes — war, unter Weglassung des Zusatzes „AG". Endlich kann die oHG bzw. KG aus ihrer eigenen Firma und einer Personalfirma der AG eine neue bilden, allerdings nur bei Genehmigung durch das Registergerichts gemäß einem Antrag der oHG bzw. KG: § 6 Umwandlungsgesetz.

— **Firma, Wert in der Bilanz** für den Firmenwert darf ein Aktivposten nur eingesetzt werden, wenn es sich um eine abgeleitete Firma handelt und die AG für das Recht zur Firmenfortführung einen — besonders auszuweisenden — Betrag entrichtet hat, welcher später durch angemessene jährliche Abschreibungen oder Wertberichtigungen zu tilgen ist: § 133 Ziff. 5 AktGes.

— **Fortsetzung einer aufgelösten AG** s. Auflösung.

— **Fusion** s. Verschmelzung.

— **Gegenstand des Unternehmens** kann ein Handelsgewerbe nach § 1 HGB, ein sonstiges Gewerbe, aber auch jede andere Tätigkeit (kulturell, karitativ, wissenschaftlich) sein; die AG gilt stets als Handelsgesellschaft: § 3 AktGes; die Firma ist gewöhnlich diesem Gegenstand zu entnehmen: § 4 AktGes; er muß in der Satzung bestimmt sein und im Handelsregister eingetragen werden: §§ 16 Abs. 3 Ziff. 2, 32 AktGes; eine Satzungsänderung bezüglich des Gegenstandes bedarf eines HV-Beschlusses mit mindestens ¾-Mehrheit (die Satzung kann eine höhere, niemals eine geringere Mehrheit bestimmen!): § 146 AktGes.

— **genehmigtes Kapitel** s. Kapitalerhöhung, genehmigtes Kapitel.

— **Genuß-Schein** s. Dividende, Genuß-Scheine.

— **Geschäftsbericht** er ist vom Vorstand zusammen mit dem Jahresabschluß in den ersten 3 Monaten dem AR, mit dessen Bericht, der HV vorzulegen, falls diese den Jahresabschluß feststellen soll: § 127 AktGes; der Geschäftsbericht unterliegt der Prüfung durch die Abschlußprüfer: § 135 AktGes; er hat den Zweck, den Jahresabschluß zu erläutern und zu ergänzen (d. h. soweit es sich um Umstände handelt, welche die Bilanz z. B. nicht aufweist, die jedoch von wirtschaftlicher Bedeutung für die AG sind!); er hat Angaben zu machen über: Vorrats- und eigene Aktien, über das genehmigte Kapital und über Aktien, die bei bedingter Kapitalerhöhung bezogen werden, über Genußrechte, über die Gesamtbezüge von Vorstand und Aufsichtsrat, über Beziehungen zu Konzernunternehmen, vor allem aber über Haftungsverhältnisse, die nicht in der Bilanz stehen können (Pfänder, darunter auch Hypotheken, Sicherungsübereignungen und -Zessionen, Indossamentsverpflichtungen, Trattenausstellung u. a. m.); alle Mitglieder des Vorstandes und des AR, mit Hervorhebung der Vorsitzer, sind genau anzuführen: § 128 AktGes.

— **Gesellschaft des BGB, Umwandlung einer AG** in eine neu zu errichtende Gesellschaft des BGB, an der entweder alle oder nur die zustimmenden Aktionäre beteiligt sind, ist zulässig; dies kommt dann in Frage, wenn die Neuerrichtung einer oHG oder KG zum Zwecke der Umwandlung nicht möglich ist, weil die AG kein Handelsgewerbe — s. § 3 AktGes! — betrieben hat, sondern z. B. kulturelle Zwecke den Gegenstand des Unternehmens bilden: §§ 21, 22 Umwandlungsgesetz.

— **Gesellschaft mit beschränkter Haftung, umgewandelt aus einer AG** ein HV-Beschluß mit ¾-Mehrheit ist nötig, mit Fortsetzung der Firma, der Geschäftsanteile und sonstigen Satzungsänderungen, der Umwandlungsbeschluß ist anzumelden und einzutragen, wodurch von da ab die AG als GmbH weiterbesteht, das Grund- zum Stamm-Kapital, die Aktien zu Geschäftsanteilen werden; den sich meldenden Gläubigern ist Sicherheit zu leisten; Aktionäre, die der Umwandlung widersprochen haben, können ihre Geschäftsanteile zur Verfügung stellen, worauf die Anteile durch die GmbH für Rechnung dieser Gesellschafter durch öffentliche Versteigerung verkauft werden: §§ 263 ff AktGes.

— **Gesellschaft mit beschränkter Haftung, Umwandlung in eine AG** ist zulässig: § 269 AktGes; soll eine GmbH in eine AG umgewandelt werden, so ist ein Beschluß der Gesellschafterversammlung entsprechend den Regeln über Abänderungen des GmbH-Vertrages nötig, in welchem die Firma, die Zusammensetzung von Vorstand und AR, der Nennbetrag der Aktien enthalten sein müssen, auch sind die zustimmenden Gesellschafter namentlich aufzuführen; die Gesellschafter bestellen den ersten AR; die Vorschriften über die Gründungsprüfung bei einer AG sind anzuwenden, der Umwandlungsbeschluß ist anzumelden, die Umwandlung einzutragen, von welchem Zeitpunkt ab die GmbH nunmehr als AG weiter besteht; das Stammkapital wird zum Grundkapital, die Geschäftsanteile werden zu Aktien: §§ 269 ff AktGes.

— **Gesetzliche Rücklage** sie ist obligatorisch, in sie fließen: 1. 5 % des jährlichen Reingewinnes, bis 10 % des Grundkapitals erreicht sind, 2. das Agio einer Überpari-Emission, 3. Zuzahlungen für Gewährung von Aktien-Sondervorteilen, 4. Beträge, die bei bedingter Kapitalerhöhung den Nennbetrag der Bezugsaktien gegenüber dem Ausgabebetrag von Wandelschuldverschreibungen übersteigen, 5. Beträge, die bei vereinfachter Kapitalherabsetzung übrig bleiben, weil bei der Auflösung von Rücklagen die zu deckenden Verluste usw. zu hoch angenommen worden waren (§ 185 AktGes); die gesetzliche Rücklage, die in der Bilanz gemäß § 131 B II AktGes mit anderen Rücklagen auf der Passivseite steht, darf nur zur Deckung von Verlusten oder zum Ausgleich von Wertminderungen benutzt werden, auch wenn freie Rücklagen vorhanden sind: § 130 AktGes.

— **Gesetzliche Rücklage und vereinfachte Kapitalherabsetzung** letztere ist nur zulässig, wenn der über 10 % des nach Herabsetzung verbleibenden Grundkapitals hinausgehende Teil der gesetzlichen Rücklage vorweg ausgelöst worden ist: § 183 AktGes.

— **Gewerkschaft, Umwandlung in eine AG** eine bergrechtliche Gewerkschaft, aber nur eine solche mit eigener Rechtspersönlichkeit kann in eine AG umgewandelt werden, wozu ein — von der Bergbehörde zu bestätigender — Beschluß der Gewerkenversammlung mit ¾-Mehrheit aller Kuxe nötig ist; im Beschluß müssen Firma, Zusammensetzung von Vorstand und AR usw. festgesetzt sein; ab Eintragung der Umwandlung besteht die Gewerkschaft als AG weiter, die Kuxe werden zu Aktien: §§ 278, 279 AktGes.

— **Gewinnbeteiligung von Vorstand und AR** wird ihnen als Vergütung ein Anteil am Jahresgewinn gewährt, so sind vom Reingewinn vorher abzuziehen: Abschreibungen, Wertberichtigungen, die Rücklagen und Rückstellungen und derjenige Teil des Gewinns, der durch die Auflösung von Rücklagen entstanden ist, bei der Gewinnbeteiligung des AR überdies noch ein für die Aktionäre bestimmter Betrag von 4 % der geleisteten Einlagen; die Gewinnbeteiligungen sollen in angemessenem Verhältnis stehen zu den Aufwendungen der AG zugunsten der Belegschaft oder von gemeinnützigen Einrichtungen: §§ 77, 98 AktGes.

— **Gewinngemeinschaft** ist ein Vertrag der AG mit einem Dritten über die Abführung von Gewinn an diesen, wozu ein HV-Beschluß mit ¾-Mehrheit nötig ist, falls die AG, sei es gemäß diesem Vertrag allein oder in Zusammenhang mit anderen Verträgen, mehr als ¾ ihres gesamten Gewinnes abzuführen hat (ein gleicher HV-Beschluß ist nötig für die Verpachtung oder sonstige Überlassung des Betriebes an einen Dritten oder für Übernahme der Führung des Unternehmens für fremde Rechnung): § 256 AktGes.

— **Gewinnschuldverschreibungen** sind Wandelschuldverschreibungen, bei denen die Rechte der Obligationäre mit Gewinnanteilen von Aktionären verbunden sind; den Aktionären steht bei Ausgabe dieser Schuldverschreibungen ein Bezugsrecht zu: § 174 AktGes; im übrigen s. Wandelschuldverschreibungen.

— **Gewinn- und Verlustrechnung** ist vom Vorstand zusammen mit der Bilanz aufzustellen, dem AR vorzulegen, von dem Abschlußprüfer zu prüfen usw.: s. Bilanz, Jahresbilanz der AG: §§ 125, 135, 96 AktGes.

— **Gewinn- und Verlustrechnung, Gliederung** es kann entweder die Kontoform oder die Staffelform verwandt werden; in beiden Fällen dürfen bei Ermittlung sog. Umsatzerlöse nur Preisnachlässe und zurückgewährte Entgelte abgesetzt werden; bei der Kontoform erfolgt die Gliederung in: Aufwendungen (z. B. Bestandsminderungen, Aufwendungen für Rohstoffe pp, Löhne, Gehälter, soziale Abgaben und Aufwendungen, Zinsen, Steuern vom Einkommen, Ertrag, Vermögen und sonstige, Verlustvortrag, Reingewinn usw.) und Erträge (z. B. Umsatzerlöse, Bestandserhöhungen, Erträge aus Beteiligungen, Wertpapieren des Anlagevermögens, Zinsen, Entnahmen aus Rücklagen, Gewinnvortrag, Reinverlust usw.); bei der Staffelform sind gesondert auszuweisen: Umsatzerlöse, Bestandserhöhung oder -Verminderung, Gesamtleistung, Aufwendungen für Rohstoffe, Rohertrag und Rohaufwand, Erträge aus Beteiligungen pp, Löhne und Gehälter, Abschreibungen und Wertberichtigungen, Steuern, Jahresüberschuß und -Fehlbetrag usw.; Besonderheiten gelten bei beiden Formen für Aktien, die nicht zum Börsenhandel zugelassen oder in den geregelten Freiverkehr einbezogen sind: § 132 AktGes.

— **Gewinnverteilung** über sie beschließt die HV, und zwar in den ersten 5 — evtl. laut Satzung 7 — Monaten des Geschäftsjahres, nachdem der Vorstand seinen Verteilungsvorschlag dem AR eingereicht hat: der Vorschlag nebst Bericht des AR ist der HV vorzulegen, die an den vom AR gebilligten Jahresabschluß, also auch an die — die Grundlage des Vorschlages bildende — Gewinn- und Verlustrechnung gebunden ist; sie kann jedoch den Reingewinn ganz oder teilweise von der Verteilung ausschließen; mit Beschlußfassung über die Verteilung durch die HV wird der Dividendenanspruch (s. aber § 130 Abs. 2 Ziff. 1 AktGes) zur selbständigen Forderung: § 126 AktGes.

— **Gewinnvorschlag des Vorstandes** die HV ist insoweit an den Vorschlag gebunden, als sie ihn zwar unter-, aber nicht überschreiten darf: § 126 Abs. 3 AktGes.

— **Gläubiger der AG, Geltendmachung von Ersatzansprüchen** gegen Aktionäre, Vorstand und AR s. Ersatzansprüche gegen Aktionäre, AR, Vorstandsmitglieder.

— **Gläubigeraufruf** findet statt bei Bekanntmachung der Eintragung: einer ordentlichen Kapitalherabsetzung: § 178 AktGes, einer Verschmelzung: §§ 241, 247 AktGes, der mit einer Auflösung verbundenen Gesamtvermögensübertragung: § 255 Abs. 3 AktGes, der Umwandlung einer AG in eine GmbH: § 267 AktGes; ferner haben die Abwickler einer aufgelösten AG die Gläubiger, durch dreimalige Bekanntmachung in den Gesellschaftsblättern, zur Anmeldung ihrer Ansprüche aufzufordern: § 208 AktGes; endlich sind bei der Umwandlung einer AG in eine bestehende oder neu zu errichtende oHG bzw. KG oder im Falle der Vermögensübertragung auf einen Gesellschafter die Gläubiger bei Bekanntgabe der Eintragung zur Meldung aufzurufen: § 7 Umwandlungsgesetz.

— **Gläubigerschutz** in den Fällen des Gläubigeraufrufes — s. Gläubigeraufruf — ist den Gläubigern, die sich binnen 6 Monaten nach Bekanntgabe melden, bei: ordentlicher Kapitalherabsetzung, Verschmelzung durch Aufnahme oder Neubildung, Gesamtvermögensübertragung: § 255 Abs. 3 AktGes, Umwandlung einer AG in eine GmbH, Umwandlung einer AG in eine bestehende oder neu zu errichtende oHG usw. nach Umwandlungsgesetz Sicherheit zu leisten, sofern sie nicht etwa schon Befriedigung fordern können (Ausnahme: falls sie in einem Konkurs Absonderungsrechte aus einer kraft Gesetzes errichteten, staatlich überwachten Deckungsmasse haben!): §§ 178, 241, 255, 267 AktGes, § 7 Umwandlungsgesetz; bei ordentlicher Kapitalherabsetzung dürfen außerdem Zahlungen an Aktionäre erst nach 6 Monaten und Sicherheitsleistung erfolgen: § 178 Abs. 2 AktGes, bei vereinfachter Kapitalherabsetzung besteht der Gläubigerschutz im Dividendenstop bzw. Dividendenbeschränkung gegenüber Aktionären: § 187 AktGes, bei der Auflösung im Verbot der Vermögensverteilung an die Aktionäre vor Ablauf von 1 Jahr: § 213 AktGes, bei der Umwandlung gemäß Umwandlungsgesetz sind endlich die beiden Vermögensmassen für 6 Monate getrennt zu halten: § 8 Umwandlungsgesetz.

— **Gliederung der Bilanz** s. Bilanz, Gliederung.

— **Gliederung der Gewinn- und Verlustrechnung** s. Gewinn- und Verlustrechnung, Gliederung.

— **Grundkapital** ist die in Geld ausgedrückte, in Aktien zerlegte (beide stets auf Währung in DM lautend!) Rechnungsgröße, die nach außen hin für die Kreditwürdigkeit der AG maßgebend ist, vorgeschrieben ist Mindestnennbetrag von DM 100 000; das Grundkapital bildet unverändert den 1. Posten in der Bilanz auf der Passivseite — § 131 B I — und steht im Gegensatz zu der, Änderungen unterworfenen tatsächlichen Größe „Vermögen": §§ 1, 6, 7 AktGes; das Grundkapital ist in der Satzung aufgeführt, wird im Handelsregister eingetragen und veröffentlicht: §§ 16, 32, 33 AktGes; jede Kapitaländerung ist zugleich eine Satzungsänderung; eine Herabsetzung unter den Mindestnennbetrag ist unzulässig, ausgenommen bei einer Kapitalherabsetzung, die mit einer gleichzeitigen Kapitalerhöhung verbunden ist: §§ 181, 189 AktGes; bei Entstehung eines Verlustes in Höhe der Hälfte des Grundkapitals hat der Vorstand unverzüglich die HV einzuberufen und ihr dies zu berichten: § 83 AktGes.

— **Grundkapital, Kapitalerhöhung** s. Kapitalerhöhung.

— **Grundkapital, bedingte Kapitalerhöhung** s. Kapitalerhöhung, bedingte.

— **Grundkapital, Kapitalherabsetzung** s. Kapitalherabsetzung, ordentliche, vereinfachte.

— **Grundkapital, genehmigtes Kapital** s. Kapital, genehmigtes.

— **Gründer** sind diejenigen Personen — Mindestzahl 5 —, welche die Satzung nach § 16 aufstellen und Aktien übernehmen (bei nachträglicher weiterer Aktienübernahme ist öffentliche Beurkundung nötig!), bei einer Stufengründung nach § 30 überdies auch an der Satzungsfeststellung nicht beteiligte Aktionäre, aber nur bei Einbringung von Sacheinlagen: §§ 2, 21 AktGes; sie bestellen den ersten AR: § 23 AktGes und haben einen sog. Gründungsbericht zu erstatten (über Hergang der Gründung, über eingelegte oder übernommene Gegenstände, Anschaffungs- und Herstellungskosten, Gründerlohn, Aktienübernahme usw.): § 24 AktGes; sie haften gesamtschuldnerisch der AG wegen schuldhaft unrichtiger oder unvollständiger Angaben über Übernahme und Einzahlung von Aktien, Sondervorteile, Gründungsaufwand, Sacheinlagen und -Übernahmen, Annahme von zahlungsunfähigen Aktionären u. a. m.: § 39 AktGes; Ersatzansprüche gegen sie verjähren in 5 Jahren seit Eintragung: § 44 AktGes, auch kann die AG auf Ersatzansprüche gegen sie erst nach 5 Jahren verzichten oder einen Vergleich abschließen, durch einen HV-Beschluß: § 43 AktGes; sie sind der Strafvorschrift des § 295 Ziff. 1 AktGes ausgesetzt.

— **Gründergenossen** sind Personen, die einen sog. Gründerlohn, der nicht vorschriftsmäßig in den Gründungsaufwand aufgenommen war, empfangen und verheimlicht haben; ferner, wer bei einer schuldhaften Schädigung der AG durch Einlagen oder Sachübernahmen wissentlich mitgewirkt hat; endlich Personen, besonders Banken, welche Aktien zwecks Einführung in den Verkehr öffentlich angekündigt (sog. Prospektuierung) und hierbei unrichtige oder unvollständige Angaben gemacht haben; sie haften der AG gesamtschuldnerisch neben und gleich den Gründern gemäß § 39 AktGes: § 40 AktGes, Bestrafung erfolgt nach § 295 Ziff. 2 AktGes.

— **Gründerlohn** sind Leistungen, die zu Lasten der AG an Aktionäre oder andere Personen als Entschädigung oder als Belohnung für die Gründung oder ihre Vorbereitung erbracht werden; sie sind gesondert in der Satzung als sog. Gründungsaufwand festzusetzen, andernfalls Abkommen hierüber nichtig sind: § 19 Abs. 2 und 3 AktGes; über verheimlichten Gründerlohn s. Gründergenossen.

— **Gründung** sie besteht aus der Aufstellung der Satzung und der Aufbringung des Grundkapitals durch Übernahme — nicht: Zahlung! — der Aktien (diese sind bei Kapitalaufbringung sozusagen Additionsposten, die sich nachher in Divisionsposten verwandeln: Beteiligung an AG im Verhältnis der Teilung von Grundkapital durch Aktien- Nennbetrag, s. Verteilung bei Auflösung gemäß § 212 Abs. 2!); bei dieser Gründungsgesellschaft liegt nach der sog. Genossenschaftstheorie ein konstitutiver Gesamtwillensakt, gerichtet auf Schaffung der AG, vor (vorangehen: eine Vorgründungsgesellschaft zwecks Vorbereitung der Satzung und meistens eine Begebungsgesellschaft zwecks Unterbringung der künftigen Aktien, beides Gesellschaften des BGB): §§ 16, 22 AktGes.

— **Gründung, Arten** bezüglich der Aufbringung des Grundkapitals: Simultan- oder Einheits- und Stufengründung: §§ 22, 30 AktGes; ferner: einfache oder Bargründung und qualifizierte Gründung: §§ 20, 25 AktGes; endlich: Nachgründung: § 45.

— **Gründung, Gründungsbericht** ist zu erstatten durch die Gründer, die Mitglieder des Vorstandes und des AR, bei qualifizierter Gründung außerdem durch die Gründungsprüfer; die Berichte sind dem Gericht und der Industrie- und Handelskammer einzureichen: §§ 24 bis 26 AktGes.

— **Gründung, Gründungsprüfer** werden vom Gericht bestellt und sollen sein: in Buchführung ausgebildete und erfahrene Personen oder Prüfungsgesellschaften; Mitglieder des Vorstandes, des AR oder Angestellte der zu prüfenden AG sind als Prüfer ausgeschlossen, desgleichen Personen oder Prüfungsgesellschaften, die in irgendeiner Art dem Einfluß der AG unterliegen: § 25 Abs. 3—5 AktGes.

— **Gründung, Gründungsprüfung** hat sich zu beziehen auf die Gründerangaben über die Übernahme der Aktien, über die Einlagen auf das Grundkapital, auf die Apports und übernommene Objekte und darauf, ob die Leistungen für eingelegte oder übernommene Gegenstände angemessen sind: § 26 AktGes; das Gericht prüft bei Anmeldung der AG, ob diese ordnungsgemäß errichtet und angemeldet ist, unter Kontrolle der Prüfungsberichte: § 31 AktGes.

— **Gründung, Nachgründung** liegt vor, wenn die AG in den ersten 2 Jahren seit Eintragung durch Vertrag Anlagen oder sonstige Vermögensgegenstände für eine Vergütung, die höher als 10 % des Grundkapitals ist, erwerben will; nötig ist: Zustimmung der HV durch einen

Beschluß mit ¾-Mehrheit, ferner ein sog. Nachgründungsbericht des AR, eine Prüfung durch Gründungsprüfer, Anmeldung nebst Unterlagenbeifügung zum Register durch den Vorstand, Eintragung und Bekanntmachung: § 45 AktGes.

— **Gründung, qualifizierte** ist eine solche, bei welcher irgendwelche gefährlichen Momente vorhanden sind und die deshalb einer besonderen Prüfung durch Gründungsprüfer unterworfen ist; zu ihr rechnen: die Sach- und Übernahmegründung nach § 20 AktGes, ferner, wenn ein Mitglied von Vorstand oder AR zu den Gründern gehört, sich einen Gründerlohn ausbedungen — s. Gründerlohn! — hat oder für Rechnung dieser Personen Aktien übernommen wurden: § 25 AktGes.

— **Gründung, Sachgründung** liegt vor, wenn Aktionäre Einlagen machen, die nicht durch Einzahlung des Nennbetrages bzw. des Agios zu leisten sind; in der Satzung muß der Gegenstand der Sacheinlage und der Nennbetrag der bei der Sacheinlage zu gewährenden Aktie festgesetzt sein, andernfalls Vereinbarungen über Sacheinlagen und die Ausführungshandlungen der AG gegenüber unwirksam und die fraglichen Aktionäre zur Einzahlung des Aktien-Nennbetrages bzw. des Agios verpflichtet sind: § 20 AktGes; die Sachgründung unterliegt der Prüfung durch Gründungsprüfer: § 25 AktGes; bei der Stufengründung nach § 30 werden Aktionäre, die nicht an der Satzungsaufstellung beteiligt waren, aber Sacheinlagen machen, zu den Gründern gerechnet: § 21 S. 2 AktGes.

— **Gründung, Stufengründung** hier übernehmen die die Satzung feststellenden Aktionäre nicht alle Aktien, die nicht übernommenen Aktien werden erst später gezeichnet (Zeichnungsschein!), den 1. AR bestellt eine von den Gründern nach der Zeichnung des Grundkapitals einzuberufende HV, nach Anmeldung der AG zum Register beruft das Gericht die sog. konstituierende, unter Leitung des Richters stehende HV aller Aktionäre, welche die Aktien gezeichnet haben, diese AG beschließt über Entstehung der AG: § 30 AktGes.

— **Gründung, Übernahmegründung** ist an sich eine Bargründung, sie liegt vor, wenn die AG Anlagen oder sonstige Vermögensgegenstände (sog. Sachübernahmen) von Aktionären oder Dritten übernehmen soll; es gelten in Bezug auf Aufnahme in die Satzung, Gültigkeit, Gründungsprüfung die gleichen Regeln wie für die Sachgründung: § 20 AktGes, s. auch Gründung, Sachgründung.

— **Haftung der Aktionäre, bei Empfang verbotener Zahlungen** s. Ersatzansprüche der AG gegen Aktionäre.

— **Haftung des AR bei Pflichtverletzung** s. Ersatzansprüche gegen AR-Mitglieder.

— **Haftung der Prüfer** s. Ersatzansprüche der AG gegen Abschlußprüfer.

— **Haftung der Vormänner von Aktionären** s. Kaduzierung, Haftung der Vormänner.

— **Haftung des Vorstandes** s. Ersatzansprüche der AG gegen Vorstandsmitglieder.

— **Handeln vor Eintragung** da die AG vor Eintragung noch keine Rechtsfähigkeit besitzt, kann sie auch vor diesem Zeitpunkt weder handeln noch Rechte oder Pflichten haben; wird daher in ihrem Namen, d. h. unter ihrer Firma, gehandelt, so haftet der Handelnde persönlich, und bei mehreren Handelnden tritt gesamtschuldnerische persönliche

Haftung ein; nach erfolgter Eintragung kann jedoch die AG durch bloßen Vertrag mit dem Schuldner, d. h. dem Handelnden, die unter ihrem Namen eingegangenen Verpflichtungen derart übernehmen, daß sie an Stelle des Handelnden zur Schuldnerin wird, ohne daß eine Gläubigerzustimmung, wie sonst bei Schuldübernahme nötig ist; diese Vereinbarung muß dann jedoch zwischen der AG und dem Schuldner binnen 2 Monaten seit Eintragung getroffen und dem Gläubiger mitgeteilt werden: § 34 AktGes; Rechtsgeschäfte, die zur Entstehung der AG notwendig waren, gehen (RG 83 S.373) ohne weiteres auf sie über.

— **Handeln zum Nachteil der AG** liegt vor, wenn jemand seinen Einfluß auf die AG ausnutzt und ein Mitglied des Vorstandes oder des AR dazu bestimmt, zum Schaden der AG oder der Aktionäre zu handeln, um für sich selbst oder für einen Dritten gesellschaftsfremde Sondervorteile zu erlangen: der Handelnde ist der AG schadensersatzpflichtig, neben ihm das betreffende Mitglied von Vorstand und AR — Strafbarkeit nach § 294 AktGes! —; doch wird keine Haftung begründet bei Verfolgung der Vorteile durch Stimmrechtsausübung oder bei Benutzung des Einflusses zwecks Erlangung eines schutzwürdigen Interessen dienenden Vorteils; eine Ersatzpflicht wird auch begründet gegenüber Gläubigern der AG, soweit sie von der AG keine Befriedigung erlangen können: § 101 AktGes.

— **Handelsgesellschaft** s. Gegenstand des Unternehmens.

— **Hauptversammlung (HV)** ist dasjenige Organ der AG, durch welches die Aktionäre ihre Rechte in den Angelegenheiten der AG ausüben, mit Teilnahmeberechtigung der Mitglieder von Vorstand und AR; zuständig ist die HV nur in den durch Gesetz und Satzung ausdrücklich bestimmten Fällen: sie darf über Fragen der Geschäftsführung nur auf Verlangen des Vorstandes entscheiden: §§ 102, 103 AktGes; ihr obliegt die Entlastung von Vorstand und AR, die Entscheidung über die Gewinnverteilung, wobei sie über den Vorschlag des Vorstandes nicht hinausgehen darf: § 104 AktGes, sie bestellt Sonderprüfer: § 118 AktGes sowie die Abschlußprüfer: § 136 AktGes, beschließt über den Jahresabschluß, falls Vorstand und AR dies wünschen oder der AR die Aufstellung durch den Vorstand nicht billigt: § 125 AktGes; sie wählt den AR: § 87 AktGes, entscheidet über Satzungsänderungen einschließlich von Kapitalerhöhungen und -Herabsetzungen: §§ 145, 146, 149, 159, 175, 182 AktGes, über Ausgabe von Wandel- und Gewinnschuldverschreibungen: § 174 AktGes, über Auflösung: § 203 AktGes, über Verschmelzungen, Umwandlungen (auch nach Umwandlungs-Ges.), Vermögensübertragung usw.: §§ 234, 247, 257, 263, 255 AktGes.

— **HV, Einberufung** s. Einberufung der HV.

— **HV, Tagesordnung** s. Einberufung der HV, Tagesordnung.

— **Herabsetzung des Grundkapitals** s. Kapitalherabsetzung.

— **Herabsetzung der Nennbeträge** von Aktien und Grundkapital unter den Mindestnennbetrag ist unzulässig, ausgenommen bei einer Kapitalherabsetzung, die gleichzeitig mit einer Kapitalerhöhung verbunden wird; dies gilt sowohl für die ordentliche als auch für die vereinfachte Kapitalherabsetzung: §§ 181, 182 AktGes.

— **Herabsetzung der Vorstandsbezüge** erfolgt durch den AR, wenn nachträglich eine derart wesentliche Verschlechterung der Verhältnisse der

AG eintritt, daß die Weitergewährung der Bezüge eine schwere Unbilligkeit für die AG sein würde (Kündigungsrecht des Vorstands): § 78 Abs. 2 AktGes.

— **Hinterlegung von Aktien** durch die Satzung kann die Stimmrechtsausübung in der HV von der Hinterlegung der Aktien bis zu einem bestimmten Zeitpunkt vor der Versammlung abhängig gemacht werden, in welchem Fall für die Hinterlegung eine Frist von mindestens 2 Wochen frei bleiben muß; die Hinterlegung kann bei der AG selbst, bei einem Notar oder bei einer Wertpapiersammelbank erfolgen: § 107 Abs. 2 AktGes.

— **Industrieobligationen** hier handelt es sich gewöhnlich um Inhaberschuldverschreibungen, die von einer AG, welche ein industrielles Unternehmen betreibt, ausgegeben worden sind, vielfach gesichert durch sog. Inhaberschuldverschreibungshypotheken gemäß §§ 1187 ff BGB; sie sind in der Bilanz gesondert aufzuführen: § 131 B V Ziff. 1 AktGes.

— **Inhaberaktien** sind Aktien, bei denen der Berechtigte mit Namen nicht genannt ist; ob solche Aktien ausgegeben werden sollen, bestimmt die Satzung; sie dürfen nicht ausgegeben werden, bevor der Nenn- oder höhere Ausgabebetrag — sonst Strafbarkeit nach § 296 Abs. 1 Ziff. 3! — auf sie voll geleistet worden ist; Zwischenscheine auf den Inhaber sind nichtig: § 10 AktGes.

— **innerer Wert von Aktien** ist der den Nennwert übersteigende Anteilswert infolge des höheren Vermögens gegenüber dem Nennbetrag des Grundkapitals der AG; er zeigt sich durch den Börsenkurswert.

— **Interimsscheine** s. Zwischenscheine.

— **Jahresabschluß** s. Bilanz, Jahresbilanz.

— **Juristische Personen als Organe der AG** weder Mitglieder des Vorstandes noch des AR können juristische Personen sein: §§ 75, 86 AktGes; hingegen kann eine juristische Person zum Abwickler bestellt werden: § 206 AktGes; ebenso kann mit der Abschlußprüfung eine juristische Person (Wirtschaftsprüfungsgesellschaft) betraut werden: § 137 AktGes.

— **Kaduzierung** ist der Ausschluß von Aktionären, welche trotz Aufforderung die auf ihre Aktien noch zu zahlenden Beträge nicht rechtzeitig einzahlen; sie gehen ihrer Aktien und der geleisteten Einzahlungen zu Gunsten der AG verlustig, ihre Aktien werden für kraftlos erklärt; die AG gibt neue Aktien aus, die, falls sie nicht von den Vormännern des Ausgeschlossenen übernommen werden, von der AG zum Börsenpreis und mangels eines solchen durch öffentliche Versteigerung — evtl. sogar unter pari! — verkauft werden, wobei der Ausgeschlossene der AG für einen Fehlbetrag aufkommen muß: §§ 57—59 AktGes.

— **Kaduzierung, Erfordernisse** zunächst sind die Aktionäre zur Zahlung aufzufordern in der lt. Satzung für Bekanntmachungen vorgeschriebenen Art, dann kann säumigen Aktionären eine Nachfrist gesetzt werden mit der Androhung der Verlustigerklärung ihrer Aktien und der geleisteten Einzahlungen; die Nachfrist muß dreimal in den Gesellschaftsblättern bekanntgemacht werden, die erste Bekanntmachung muß mindestens 3 Monate, die letzte mindestens 1 Monat vor Fristablauf erfolgen; unterbleibt trotzdem die Zahlung, so findet, wiederum durch Bekanntmachung in den Gesellschaftsblättern, die Verlustigerklärung statt: § 58 AktGes.

— **Kaduzierung, Haftung der Vormänner** jeder im Aktienbuch verzeichnete Vormann eines ausgeschlossenen Aktionärs haftet der AG auf Zahlung des rückständigen Betrages, und zwar der Reihe nach, zurückgerechnet von dem kaduzierten Aktionär, wobei jedoch jeder Vormann nur zur Zahlung der Beträge verpflichtet ist, die binnen 2 Jahren eingefordert werden; erst wenn von den Vormännern Zahlung nicht zu erlangen ist, darf zum Verkauf der neuen Aktien geschritten werden: § 59 AktGes.

— **Kapital der AG** s. Grundkapital.

— **Kapitalbeschaffung** Maßnahmen hierzu sind Umstände, die sich stets in Bezug auf das Grundkapital auswirken, daher einer Satzungsänderung bedürfen.

— **Kapitalbeschaffung, Arten** Kapitalerhöhung, bedingte Kapitalerhöhung, genehmigtes Kapital, Ausgabe von Wandelschuldverschreibungen.

— **Kapital, genehmigtes** durch Satzung oder Satzungsänderung ist der Vorstand ermächtigt, für längstens 5 Jahre, das Grundkapital bis zu einem bestimmten Nennbetrag (nicht über die Hälfte des vorhandenen Grundkapitals!) durch Ausgabe neuer Aktien, unter Zustimmung des AR, gegen Einlagen zu erhöhen, jedoch erst nach Vollzahlung der alten Aktien; den alten Aktionären steht ein Bezugsrecht für die neuen Aktien zu, die Durchführung der Erhöhung ist zum Register anzumelden und einzutragen, mit Eintragung ist die Erhöhung wirksam geworden: §§ 169—171 AktGes; der Geschäftsbericht hat Angaben über das genehmigte Kapital zu enthalten: § 128 Abs. 2 Ziff. 4 AktGes.

— **Kapital, genehmigtes, Sacheinlagen** sind auf neue Aktien nur statthaft, falls dies in der Ermächtigung vorgesehen ist, wobei Gegenstand der Sacheinlage, Person des Leistenden und Nennbetrag der zu gewährenden Aktien in den Zeichnungsschein aufzunehmen sind, bei Gefahr der Nichtigkeit von Vereinbarungen und Ausführungshandlungen mangels vorgeschriebener Festsetzung und Verpflichtung des betreffenden Aktionärs zur Zahlung des Nennbetrages: § 172 AktGes.

— **Kapitalerhöhung** durch Ausgabe neuer Aktien bedarf eines HV-Beschlusses mit ¾-Mehrheit (die Satzung kann einfache Mehrheit zulassen), wobei Vorzugsaktionäre nach § 11 AktGes abstimmen und ebenfalls ¾-Mehrheit nötig ist und, falls die neuen Aktien ausgegeben werden sollen, der Mindestnennbetrag im HV-Beschluß festgesetzt sein muß; eine Erhöhung soll erst nach Vollzahlung der alten Aktien erfolgen; der Erhöhungsbeschluß und die Durchführung der Erhöhung sind vom Vorstand und vom Vorsitzer des AR zum Register anzumelden, unter Beifügung der Doppelstücke der Zeichnungsscheine und eines Verzeichnisses der Zeichner; mit Eintragung — sie ist zu veröffentlichen unter Angabe des Ausgabebetrages der Aktien — der Erhöhungsdurchführung ist die Kapitalerhöhung wirksam: §§ 149, 151, 155—157 AktGes.

— **Kapitalerhöhung, Ausgabe von Aktien und Zwischenscheinen** ist erst statthaft nach Eintragung der Erhöhungsdurchführung, bei Gefahr der Nichtigkeit und Schadensersatzpflicht der Ausgeber; auch können die neuen Anteilrechte erst nach Eintragung der Kapitalerhöhung übertragen werden: § 158 AktGes.

— **Kapitalerhöhung, Bezugsrechte und -Zusicherungen** s. Bezugsrechte bei Kapitalerhöhungen.

— **Kapitalerhöhung mit Sacheinlagen** Gegenstand der Sacheinlage, Person des Leistenden, Nennbetrag der zu gewährenden Aktien müssen im HV-Beschluß — ausdrückliche und fristgemäße Ankündigung ist nötig — festgesetzt werden: § 150 AktGes; die Folgen unterlassener Festsetzung sind die gleichen wie bei genehmigtem Kapital, s. Kapital, genehmigtes, Sacheinlagen.

— **Kapitalerhöhung, Zeichnungsschein** ist die schriftliche Erklärung der Zeichnung von neuen Aktien, aus welcher die Beteiligung nach Zahl, Nennbetrag, Gattung der Aktien, hervorzugehen hat; der — doppelt auszustellende — Zeichnungsschein muß enthalten: Tag des Erhöhungsbeschlusses, Ausgabebetrag der Aktien, Angaben über Sacheinlagen und über Gesamtnennbetrag verschiedener Aktiengattungen, Zeitpunkt, an dem, mangels Eintragung der Erhöhungsdurchführung, die Zeichnung unverbindlich wird; Zeichnungsscheine ohne diese Angaben oder solche mit Einschränkungen sind nichtig: § 152 AktGes.

— **Kapitalerhöhung — bedingte** — ist eine solche, die nur soweit durchgeführt werden soll, wie von einem unentziehbaren Umtauschs- oder Bezugsrecht Gebrauch gemacht wird, das die AG auf die neuen Bezugsaktien einräumt; sie wird durch die HV — mit ¾-Mehrheit (lt. Satzung evtl. andere, aber nur höhere Mehrheit!) — beschlossen, wobei der Beschluß enthalten muß: Zweck der bedingten Erhöhung (sie soll nur zwecks Gewährung von Umtausch- oder Bezugsrechten an Gläubiger von Wandelschuldverschreibungen oder zur Vorbereitung des Zusammenschluses mehrerer Unternehmen erfolgen!), Kreis der Bezugsberechtigten, Ausgabebetrag oder Grundlagen, wonach dieser Betrag errechnet wird, ferner bei Sacheinlagen: Gegenstand, Person des Leistenden, Nennbetrag der zu gewährenden Aktien (Hingabe von Obligationen im Umtausch gegen Bezugsaktien: keine Sacheinlage!), bei Gefahr der Unwirksamkeit der Apport-Vereinbarungen mangels Festsetzung; der Nennbetrag des bedingten Kapitals darf nicht höher als die Hälfte des vorhandenen Grundkapitals sein: §§ 159—161 AktGes.

— **Kapitalerhöhung, bedingte, Anmeldungen** 1. Beschluß über die bedingte Kapitalerhöhung selbst, durch Vorstand und Vorsitzer des AR (beizufügen: bei Sacheinlagen die der Festsetzung zu Grunde liegenden Verträge, Berechnung der Kosten usw.), die Bekanntmachung der Eintragung hat auch den Zweck der Erhöhung, die Bezugsberechtigten, den Ausgabebetrag zu enthalten: §§ 162, 163 AktGes; 2. Ausgabe von Bezugsaktien, und zwar durch den Vorstand, spätestens binnen 1 Monat nach Ablauf des Geschäftsjahres, mit der Erklärung, wieviel Bezugsaktien im abgelaufenen Geschäftsjahr ausgegeben wurden und daß sie nur in Erfüllung des im HV-Beschluß festgestellten Zweckes und nicht vor Voll-Leistung des Gegenwertes ausgegeben worden sind; beizufügen sind die Doppelstücke der Bezugserklärungen und ein Personenverzeichnis: § 168 AktGes.

— **Kapitalerhöhung, bedingte, Ausgabe der Bezugsaktien** sie dürfen nicht vor Eintragung des Erhöhungsbeschlusses ausgegeben werden, bei Gefahr der Nichtigkeit und der Schadensersatzpflicht der Ausgeber: § 164 AktGes; ferner darf der Vorstand sie nur in Erfüllung des im HV-Beschluß genannten Zweckes und nicht vor Voll-Leistung des Gegenwertes ausgeben; bei Wandelschuldverschreibungen endlich dürfen Bezugsaktien nur ausgegeben werden, wenn der Unterschiedsbetrag zwischen Obligation und Aktie entweder aus dem Reingewinn, einer freien Rücklage oder durch Zuzahlung des Umtauschenden gedeckt ist: § 166 AktGes.

— **Kapitalerhöhung, bedingte, Bezugserklärung** ist die schriftliche — Doppelausstellung! — Erklärung der Ausübung des Bezugsrechts, mit der gleichen Wirkung wie die Abgabe einer Zeichnungserklärung; sie muß die Beteiligung nach der Zahl, dem Nennbetrag, der Gattungsart enthalten, den Tag des HV-Beschlusses mit den Feststellungen über den Erhöhungszweck, die Bezugsberechtigten und den Ausgabebetrag; Bezugserklärungen ohne vorgeschriebenen Inhalt oder mit Beschränkungen sind nichtig, doch kann sich der Erklärende auf die Nichtigkeit nach Aktienausgabe nicht berufen, falls er Aktionärsrechte ausgeübt oder Pflichten erfüllt hat: § 165 AktGes.

— **Kapitalerhöhung, bedingte, Geschäftsbericht** er hat Angaben über Aktien zu enthalten, die bei bedingter Kapitalerhöhung im Geschäftsjahr bezogen worden sind: § 128 Abs. 2 Ziff. 3 AktGes.

— **Kapitalerhöhung, bedingte, gesetzliche Rücklage** in sie sind Beträge einzustellen, welche der Bezugsberechtigte als Unterschiedsbetrag zwischen Obligation und Aktie gezahlt hat: § 130 Abs. 2 Ziff. 3 AktGes.

— **Kapitalerhöhung, bedingte, Wirksamwerden** tritt ein mit Ausgabe der Bezugsaktien: § 167 AktGes.

— **Kapitalerhöhung aus Gesellschaftsmitteln** während bei den Kapitalerhöhungen nach AktGes sowohl das Grundkapital rechnerisch als auch das Vermögen real (durch Zuführung neuer Mittel!) erhöht wird, kann die AG nach dem Ges. vom 23. 12. 1959 über „Kapitalerhöhung aus Gesellschaftsmitteln usw." ihr „Nennkapital" (= Grundkapital) durch Umwandlung von Rücklagen im Grundkapital — ohne Zuführung neuer Mittel, nur durch Umbuchung des Postens „Rücklagen" auf den Posten „Grundkapital!" — erhöhen; nötig ist ein HV-Beschluß mit ¾-Mehrheit (lt. Satzung evtl. nur mit einfacher Mehrheit), der aber erst nach Feststellung des letzten Jahresabschlusses und Beschlußfassung über die Verteilung des Reingewinnes dieses Geschäftsjahres statthaft ist, unter Zugrundelegung einer Bilanz über die Umwandlung der Rücklagen: § 1 Ges. vom 23. 12. 1959.

— **Kapitalerhöhung aus Gesellschaftsmitteln, Abholung der neuen Aktien** nach Beschlußeintragung sind, falls eine Erhöhung durch Ausgabe von neuen Aktien vorliegt, die Aktionäre durch Bekanntgabe in den Gesellschaftsblättern zur Abholung der neuen Aktien aufzufordern, unter Hinweis auf das Recht der AG zum Verkauf dieser Aktien für Rechnung der Beteiligten, mangels Abholung binnen 1 Jahr seit öffentlicher Aufforderung; nach dreimaliger Androhung kann dann die AG die Aktien für Rechnung der Beteiligten verkaufen lassen, entweder durch einen Kursmakler zum amtlichen Börsenkurs oder mangels Börsenpreises durch öffentliche Versteigerung: § 11 Ges. vom 23. 12. 1959.

— **Kapitalerhöhung aus Gesellschaftsmitteln, Anmeldung und Eintragung** der Beschlußanmeldung ist die der Kapitalerhöhung zu Grunde gelegte, mit dem Bestätigungsvermerk der Prüfer versehene Bilanz, evtl. auch noch die letzte Jahresbilanz beizufügen, mit der Versicherung, daß bis zum Anmeldetag keine der Kapitalerhöhung entgegenstehende Vermögensminderung eingetreten ist; die Eintragung, aus welcher das Vorliegen einer Kapitalerhöhung aus Gesellschaftsmitteln hervorgehen muß, darf nur bei Abgabe der genannten Versicherung erfolgen und nur dann, wenn die Bilanz für einen höchstens 7 Monate vor der Anmeldung liegenden Zeitpunkt aufgestellt worden ist; mit Beschlußeintragung ist das Grundkapital erhöht, die neuen Anteile gelten als voll eingezahlt; vor Beschlußeintragung darf die AG weder neue Aktien noch Zwischenscheine ausgeben: §§ 7, 8, 16 Ges. vom 23. 12. 1959.

— **Kapitalerhöhung aus Gesellschaftsmitteln, Anteilsrechte und Aktien** die neuen Anteilsrechte stehen laut zwingender Vorschrift den Aktionären im Verhältnis ihrer Anteile am bisherigen Grundkapital — und in der gleichen Aktiengattung — zu, unter Teilnahme am Gewinn des ganzen Geschäftsjahres, in dem die Erhöhung beschlossen wurde: § 14 Ges. vom 23. 12. 1959; erfolgte die Erhöhung durch Ausgabe neuer Aktien und ist auf einen alten Anteil ein neuer nicht in Höhe des vollen Nennbetrages des alten entfallen (z. B. nur in Höhe der Hälfte!), so sind die neuen Teilrechte zwar selbständig vererblich und veräußerlich, also mit der Möglichkeit von Zu- und Verkauf, doch können aus diesen Teilrechten Berechtigungen erst dann geltend gemacht werden, wenn sie (durch Zukauf) zusammen ein volles Anteilsrecht ergeben (Zusammenschluß mehrerer Teilberechtigter ist statthaft, zur Rechtsausübung ist ein gemeinschaftlicher Vertreter nötig!): §§ 9, 10, 13 Ges. vom 23. 12. 1959.

— **Kapitalerhöhung aus Gesellschaftsmitteln, Ausführung** erfolgt durch Zuteilung neuer Mitgliedschaftsrechte an die bisherigen Aktionäre, entweder durch: Ausgabe neuer Aktien (obligatorisch, wenn alle Aktien der AG auf DM 100 oder ein Vielfaches davon lauten!) oder Erhöhung der Nennbeträge (obligatorisch hinsichtlich der auf nur teileingezahlte Aktien entfallende Aktien!), die AG kann beide Wege wählen, doch müssen bei neuen Aktien die Nennbeträge oder bei Erhöhung der Nennbeträge diese stets durch 10 teilbar sein (ausgenommen bei teileingezahlten Aktien: hier ist ein durch 5 teilbarer Betrag zulässig); der Beschluß muß die Art der Erhöhung enthalten; eigene Aktien der AG nehmen — Ausnahme zu § 65 Abs. 7 AktGes! — an der Erhöhung teil, ebenso teileingezahlte Aktien, obwohl bei solchen sonst Rechte erst mit Vollzahlung der Einlage oder entsprechend der geleisteten Einlage hergeleitet werden können: §§ 6, 12 Ges. vom 23. 12. 1959.

— **Kapitalerhöhung aus Gesellschaftsmitteln, Bilanz** zu Grunde gelegt werden kann entweder: 1. die letzte geprüfte, mit uneingeschränktem Bestätigungsvermerk versehene, nicht mehr als 7 Monate vor der Beschlußmeldung zwecks Registrierung liegende Jahresbilanz: § 3 Ges. vom 23. 12. 1959, oder 2. eine besondere, auf einen beliebigen Stichtag gestellte, ebenfalls mit Bestätigungsvermerk versehene Bilanz, deren Stichtag höchstens 7 Monate vor Beschlußfassung liegt (Gliederungs- und Bewertungsvorschriften der §§ 131, 133 AktGes sind zu beachten, die Abschlußprüfer sind von der HV zu wählen!), welche Bilanz dann während der letzten 2 Wochen vor dem Tage der HV in den Geschäftsräumen der AG zur Einsicht der Aktionäre ausgelegt werden muß: §§ 4, 5 Ges. vom 23. 12 1959.

— **Kapitalerhöhung aus Gesellschaftsmitteln, umwandlungsfähige Rücklagen** sind nur solche, die in der letzten Jahresbilanz bzw. in der besonderen Bilanz nach § 4 unter „Rücklagen" — d. h. nur offene, nicht stille! — ausgewiesen sind, und zwar: freie Rücklagen in voller Höhe, die gesetzliche Reserve: soweit sie 10 % (bzw. einen höheren Teil laut Satzung) des bisherigen Grundkapitals übersteigt; eine Umwandlung von Rücklagen ist unzulässig bei bilanzmäßiger Ausweisung eines Verlustes oder eines anderen Gegenpostens zum Eigenkapital, ferner können nicht umgewandelt werden: Rücklagen, die ausdrücklich als „Rücklage für die Lastenausgleichs - Vermögensabgabe" bezeichnet sind, ebensowenig: aufgelöste, zu Rücklagen gewordene Rückstellungen für laufende Pensionen oder Anwartschaften darauf, infolge der gesetzlichen Erhöhung der Sozialversicherungsrenten, endlich nicht: unter „Rücklagen" ausgewiesene Posten, die laut Steuervorschriften erst bei ihrer Auflösung zu versteuern sind (z. B. Preisdifferenz- oder Preissteigerungsrücklage u. a. m.): § 2 Ges. vom 23. 12. 1959.

— **Kapitalherabsetzung** man unterscheidet 1. die ordentliche, wobei das Grundkapital rechnerisch und das Vermögen effektiv (durch Rückzahlung) herabgesetzt wird: §§ 175 ff AktGes und 2. die vereinfachte, wo nur das Grundkapital herabgesetzt wird, um es dem verringerten Vermögen anzugleichen: §§ 182 ff AktGes.

— **Kapitalherabsetzung, durch Einziehung von Aktien** s. Einziehung von Aktien.

— **Kapitalherabsetzung, ordentliche** erfolgt durch einen HV-Beschluß mit ¾-Mehrheit (evtl. lt. Satzung durch andere, aber nur größere Mehrheit!) und, bei Vorhandensein von Vorzugsaktien, zusätzlich durch einen Beschluß der Vorzugsaktionäre mit der gleichen Majorität; der Beschluß muß den Herabsetzungszweck festsetzen, insbesondere, ob Teile des Grundkapitals zurückzuzahlen sind und die Art der Herabsetzung (durch sog. Herabstempeln = Herabsetzung der Aktien-Nennbeträge oder durch Zusammenlegung, was nur zulässig ist, soweit der Mindestnennbetrag der Aktien nicht innegehalten werden kann); Vorstand und Vorsitzer des AR haben den Herabsetzungsbeschluß zur Eintragung anzumelden, ebenso die Durchführung der Herabsetzung; mit Eintragung des Herabsetzungsbeschlusses ist das Grundkapital herabgesetzt: §§ 175 bis 177, 180 AktGes.

— **Kapitalherabsetzung, ordentliche, Gläubigerschutz** s. Gläubigeraufruf und Gläubigerschutz.

— **Kapitalherabsetzung, ordentliche, Herabsetzung unter den Mindestnennbetrag** des Grundkapitals ist zulässig, wenn dieser durch eine zugleich mit der Herabsetzung beschlossene Kapitalerhöhung (keine Sacheinlagen!) wieder erreicht wird; bei Gefahr der Nichtigkeit der Beschlüsse müssen diese und die Durchführung der Erhöhung binnen 6 Monaten nach Beschlußfassung in das Handelsregister eingetragen sein (möglichst gleichzeitige Eintragung!): § 181 AktGes.

— **Kapitalherabsetzung, ordentliche, Kraftloserklärung von Aktien** durch dreimalige Aufforderung mittels Bekanntmachung in den Gesellschaftsblättern unter Androhung der Kraftloserklärung sind die Aktionäre bei einer Kapitalherabsetzung im Wege der Zusammenlegung anzuhalten, ihre Aktien bei der AG einzureichen; mangels Einreichung kann die AG die alten Aktien für kraftlos erklären, sie muß die an ihrer Stelle neu auszugebenden Aktien, nach vorangegangener Benachrichtigung der Beteiligten, für deren Rechnung unverzüglich durch einen Kursmakler zum amtlichen Börsenpreis und beim Fehlen eines solchen durch öffentliche Versteigerung verkaufen: der Erlös ist den Beteiligten auszuzahlen oder evtl. zu hinterlegen: § 179 AktGes.

— **Kapitalherabsetzung, vereinfachte** dient nur dazu, entweder Wertminderungen auszugleichen, sonstige Verluste zu decken oder Beträge in die gesetzliche Rücklage einzustellen, wobei der HV-Beschluß den Zweck festsetzen muß; auf die vereinfachte Herabsetzung sind die Vorschriften über die ordentliche Herabsetzung anzuwenden, mit Ausnahme des § 178 AktGes über den Gläubigerschutz; sie ist erst statthaft nach Auflösung aller freien Reserven, soweit sie zum Ausgleich von Wertminderungen und zur Deckung sonstiger Verluste bestimmt sind, und der gesetzlichen Rücklage, soweit sie 10 % des Grundkapitals übersteigt: §§ 182, 183 AktGes.

— **Kapitalherabsetzung, vereinfachte, Einstellung von Beträgen in die gesetzliche Rücklage** aus der Auflösung von Rücklagen und aus der Kapitalherabsetzung gewonnene Beträge dürfen in die gesetzliche Rücklage nur eingestellt werden, soweit diese 10 % des Grundkapitals (= der sich durch die Herabsetzung ergebende Nennbetrag) nicht übersteigt: § 186 AktGes; ergibt sich bei der Jahresbilanz für das in den ersten 2 Jahren nach dem Herabsetzungsbeschluß beginnende Geschäftsjahr, daß zuviel Reserven aufgelöst wurden, weil nämlich Wertminderungen und sonstige Verluste tatsächlich nicht in der s. Zt. bei der Herabsetzung angenommenen Höhe entstanden waren, so muß der Unterschiedsbetrag in die gesetzliche Rücklage eingestellt werden: § 185 AktGes.

— **Kapitalherabsetzung, vereinfachte, Gewinnausschüttung** ist unzulässig, bevor die gesetzliche Rücklage 10 % des — herabgesetzten — Grundkapitals erreicht hat; mehr als 4 % Gewinn darf erst für das Geschäftsjahr ausgeschüttet werden, das später als 2 Jahre nach dem Herabsetzungsbeschluß beginnt, es sei denn, daß den sich meldenden Gläubigern Befriedigung oder Sicherheit — s. Gläubigerschutz! — geleistet worden ist: § 187 AktGes.

— **Kapitalherabsetzung, vereinfachte, Rückwirkung** im Jahresabschluß für das vor Herabsetzung abgelaufene Geschäftsjahr können Grundkapital und Rücklagen bereits in der nach Herabsetzung in Frage kommenden Höhe ausgewiesen werden, doch muß in diesem Falle der Jahresabschluß von der HV beschlossen werden, und zwar zusammen mit dem Herabsetzungsbeschluß (Nichtigkeit aller Beschlüsse, falls der Herabsetzungsbeschluß nicht binnen 3 Monaten in das Register eingetragen ist!): § 188 AktGes; die gleiche Rückwirkung ist statthaft bei Verbindung der Herabsetzung mit einer Erhöhung, doch müssen dann die neuen Aktien — keine Sacheinlagen! — schon gezeichnet und gezahlt sein (Nichtigkeit aller Beschlüsse, falls Eintragung der Beschlüsse und der durchgeführten Erhöhung nicht binnen 3 Monaten erfolgt ist!): § 189 AktGes; bei Rückwirkungen sind in der Gewinn- und Verlustrechnung gesondert auszuweisen: auf der Ertragseite die aus der Reserveauflösung pp gewonnenen Beträge, auf der Aufwendungsseite: welche Beträge zum Wertminderungsausgleich, zur Verlustdekkung, zur Einstellung in die gesetzliche Reserve verwandt werden: § 190 AktGes.

— **Kapitalherabsetzung, vereinfachte, Zahlungsverbot** die aus der Rücklagenauflösung und der Kapitalherabsetzung gewonnenen Beträge dürfen nur zum Wertminderungsausgleich usw. verwandt werden und auch nur, soweit dieser Zweck dem im Herabsetzungsbeschluß genannten Zweck entspricht; sie dürfen niemals zu Zahlungen an die Aktionäre oder dazu verwandt werden, Aktionäre von Zahlungsverpflichtungen hinsichtlich der Einlagen zu befreien: § 184 AktGes.

— **Kartelle** Zugehörigkeit der AG zu preis- und absatzregelnden Verbänden — soweit solche gesetzlich überhaupt zulässig sind! — und ähnliche Bindungen ist im Geschäftsbericht anzugeben: § 128 Abs. 2 Ziff. 9 AktGes.

— **Kassenbestand** der AG einschließlich von Bundesbank- und Postscheckguthaben ist in der Bilanz auf der Aktivseite im Umlaufvermögen gesondert auszuweisen: § 131 A III Ziff. 14 AktGes.

— **Kommanditgesellschaft auf Aktien** eine AG kann mit ihr verschmelzen oder sich in eine KomGaA umwandeln, ebenso ist das Umgekehrte statthaft: §§ 248, 257, 260 AktGes.

— **Konkurs** ist ein Grund für die Auflösung der AG, welche eintritt durch den Eröffnungsbeschluß, desgleichen durch rechtskräftigen, die Konkurseröffnung mangels Masse ablehnenden Beschluß: § 203 Ziff. 3 und Ziff. 4 AktGes; wird ein Konkursverfahren durch Abschluß eines Zwangvergleiches aufgehoben oder auf Antrag der AG eingestellt, so kann durch die HV die Fortsetzung der aufgelösten AG beschlossen werden: § 215 AktGes, desgleichen ist in einem solchen Fall noch eine Umwandlung in eine oHG oder KG oder durch Übertragung auf einen Aktionär möglich: § 2 Abs. 2 Umwandlungs-Ges.; bei Zahlungsunfähigkeit oder Überschuldung hat der Vorstand spätestens 3 Wochen nach Eintritt der Zahlungsunfähigkeit die Konkurseröffnung zu beantragen: § 83 Abs. 2 AktGes, andernfalls er sich bei Verschulden schadensersatzpflichtig macht: § 84 AktGes.

— **Konzern** ist 1. der Zusammenschluß rechtlich selbständiger Unternehmen zu wirtschaftlichen Zwecken unter einheitlicher Leitung; die einzelnen Unternehmen heißen „Konzernunternehmen" (die Rechtsform der Leitung kann eine BGB-Gesellschaft, eine oHG, AG u. a. m. sein), 2. ein rechtlich selbständiges Unternehmen, welches unter dem beherrschenden Einfluß (durch Beteiligungen oder sonst mittelbar oder unmittelbar) eines anderen Unternehmens steht (eines von beiden muß eine AG sein!), beide zusammen bilden den Konzern, die einzelnen Unternehmen gelten als „Konzernunternehmen": § 15 AktGes.

— **Konzern, Sondervorschriften** Kredite an gesetzliche Vertreter oder leitende Angestellte eines abhängigen oder herrschenden Unternehmens dürfen nur mit ausdrücklicher Zustimmung des AR des herrschenden Unternehmens gewährt werden: § 80 Abs. 1 S. 3 AktGes; der Geschäftsbericht muß Angaben enthalten über: Beziehungen zu einem Konzernunternehmen: § 128 Abs. 2 Ziff. 8 AktGes; in der Bilanz sind auf der Aktiv- und Passivseite gesondert auszuweisen: Forderungen an bzw. Verbindlichkeiten gegenüber Konzernunternehmen: § 131 A III Ziff. 9 und B V Ziff. 7 AktGes.

— **Konzessionen** sind in der Jahresbilanz auf der Aktivseite im Anlagevermögen gesondert auszuweisen, ebenso Patente, Lizenzen, Marken und ähnliche Rechte: § 131 A II Ziff. 5 AktGes.

— **Kraftloserklärung von Aktien** 1. sind sie abhanden gekommen oder vernichtet worden, so können im Wege des Aufgebotsverfahrens gemäß ZPO Aktien für kraftlos erklärt werden (Ausschlußurteil), ebenso Zwischenscheine; Inhabercoupons erlöschen, auch mit noch nicht fälligen Ansprüchen, mit der Kraftloserklärung der Aktie: § 66 AktGes, 2. ist der Aktieninhalt durch Rechtsänderung unrichtig geworden, so kann die AG selbst die Aktien, die trotz Aufforderung nicht zur Berichtigung oder zum Umtausch eingereicht worden sind, mit Genehmigung des Gerichts für kraftlos erklären; neue Aktien sind dann auszugeben und dem Berechtigten auszuhändigen bzw. zu hinterlegen: § 67 AktGes.

— **Kraftloserklärung von Aktien, bei Kaduzierung** s. Kaduzierung.

— **Kraftloserklärung von Aktien, bei Kapitalherabsetzung** s. Kapitalherabsetzung, ordentliche, Kraftloserklärung von Aktien.

— **Kreditgewährung an AR-Mitglieder** s. AR, Kreditgewährung an Mitglieder des AR.

— **Kreditgewährung an leitende Angestellte** es gilt das Gleiche wie bei Vorstandsmitgliedern, s. Vorstand, Kreditgewährung.

— **Kreditgewährung an Konzerne** s. Konzern, Sondervorschriften.

— **Kreditgewährung an Vorstandsmitglieder** s. Vorstand, Kreditgewährung.

— **Kuxe** besitzt eine AG Kuxe einer bergrechtlichen Gewerkschaft, deren Zahl insgesamt den vierten Teil der Kuxe dieser Gewerkschaft erreicht, so gelten sie im Zweifel als Beteiligung; sie sind in der Bilanz im Anlagevermögen gesondert auszuweisen: § 131 A II Ziff. 6 AktGes.

— **Leitende Angestellte der AG** sind Geschäftsführer und Betriebsleiter, die zur selbständigen Einstellung oder Entlassung der übrigen im Betriebe oder in der Betriebsabteilung Beschäftigten berechtigt sind oder denen Prokura oder Generalvollmacht erteilt ist: ihnen darf, wie Vorstandsmitgliedern, Kredit nur mit ausdrücklicher Zustimmung des AR gewährt werden; im übrigen s. Vorstand, Kreditgewährung: § 80 Abs. 1 S. 2 AktGes.

— **Liquidation** s. Abwicklung.

— **Mehrstimmrechtsaktien** sind unzulässig, doch können Ausnahmen mit ministerieller Erlaubnis gestattet werden: § 12 AktGes.

— **Mindestnennbeträge** sind für das Grundkapital 100 000 DM, für die Aktien 100 DM, höhere Aktienbeträge sollen auf volle hundert DM lauten; Aktien über einen Nennbetrag unter 100 DM sind nichtig, für den Schaden aus der Ausgabe sind den Besitzern die Ausgeber gesamtschuldnerisch haftbar (die Vorschriften gelten auch für Zwischenscheine!): §§ 7, 8 AktGes.

— **Mindestnennbeträge, Herabsetzung darunter** s. Kapitalherabsetzung, ordentliche, Herabsetzung unter den Mindestnennbetrag.

— **Minoritätsrechte der Aktionäre** s. Aktionäre, Minoritätsrecht.

— **Nachgründung** s. Gründung, Nachgründung.

— **Nebenleistungs-AG** ist eine AG, bei der durch Satzung den Aktionären die Verpflichtung auferlegt ist, neben den Einlagen auf das Grundkapital wiederkehrende, nicht in Geld bestehende Leistungen zu erbringen; in den Aktien, die vinkuliert sein müssen, d. h. deren Übertragung an die Zustimmung der AG gebunden ist, und in den Zwischenscheinen sind die Verpflichtung und der Umfang der Leistungen anzugeben; die Erfüllung der Nebenleistungen, für die ohne Rücksicht auf Gewinn und Verlust eine den Wert der Leistung nicht übersteigende Vergütung gezahlt werden darf, kann durch Vertragsstrafen gesichert werden: §§ 50, 55 AktGes.

— **Nebenverpflichtungen** im Sinne von § 50 AktGes können Aktionären nur durch einen HV-Beschluß auferlegt werden, der mit Zustimmung aller betroffenen Aktionäre zustande gekommen ist: § 147 AktGes.

— **Nichtigkeit** liegt, unter Ausschluß anderer Gründe, nur vor, wenn die

Satzung die nach § 16 Abs. 3 AktGes wesentlichen Bestimmungen (Firma, Sitz, Gegenstand des Unternehmens der AG, Höhe des Grundkapitals, Nennbeträge der Aktien, Art der Zusammensetzung des Vorstandes, Form der Bekanntmachungen der AG) nicht enthält oder eine davon nichtig ist, wobei ein Mangel in Bezug auf: Firma, Sitz, Gegenstand, Vorstandszusammensetzung, Bekanntmachungsform gemäß den Regeln über Satzungsänderungen heilbar ist: §§ 216, 217 AktGes.

— **Nichtigkeit der AG, Geltendmachung** sie kann nur im Klagewege — auf Nichtigerklärung — erfolgen, klageberechtigt ist jeder Aktionär und jedes Vorstands- und AR-Mitglied; die Klage kann bei Heilbarkeit eines Mangels nach § 217 AktGes erst erhoben werden nach Ablauf von 3 Monaten seit Aufforderung eines Klageberechtigten gegenüber der AG auf Mangelbeseitigung, sie muß im übrigen binnen 5 Jahren seit Eintragung der AG, nach den Regeln über die Anfechtung eines HV-Beschlusses — s. Anfechtung von Beschlüssen der HV! — angestrengt werden (Löschung von Amts wegen nach § 144 Abs. 1 FGG nicht ausgeschlossen!); der Vorstand hat eine Abschrift der Klage und des rechtskräftigen Urteils zum Registergericht einzureichen, welches das Urteil einträgt und bekanntgibt: § 216 AktGes.

— **Nichtigkeit der AG, Wirkung der Nichtigkeitseintragung** es findet eine Abwicklung gemäß den Regeln der Abwicklung bei Auflösung statt; die Gesellschafter müssen die bedungenen Einlagen leisten, soweit dies zur Erfüllung übernommener Verpflichtungen nötig ist; die unter der Firma der AG getätigten Rechtsgeschäfte werden durch die Nichtigkeit der AG nicht unwirksam: § 218 AktGes.

— **Nichtigkeit, von Beschlüssen der HV** liegt vor, wenn die HV einen von Abschlußprüfern nicht geprüften Jahresabschluß festgestellt hat: § 135 Abs. 1 S. 2 AktGes; ferner: bei Verstoß eines HV-Beschlusses gegen die Vorschriften hinsichtlich bedingter Kapitalerhöhung: § 159 Abs. 4 AktGes etc., dann: bei Verletzung der Vorschriften über Rückwirkung einer Kapitalherabsetzung: §§ 188, 189 AktGes; weiterhin: bei Verstößen gegen die Regeln über die Einberufung der HV, sofern nicht alle Aktionäre erschienen oder vertreten sind, und die Protokollierung (§§ 105, 111) des Beschlusses, ferner: wenn der Beschluß mit dem Wesen der AG unvereinbar ist oder gegen Vorschriften verstößt, die ausschließlich oder überwiegend zum Schutz der Gläubiger der AG oder sonst dem öffentlichen Interesse dienen, oder wenn er gegen die guten Sitten verstößt oder gemäß § 144 FGG auf Grund rechtskräftiger Entscheidung als nichtig gelöscht worden ist: § 195 AktGes; die Nichtigkeit kann geltend gemacht werden durch Klage auf Feststellung der Nichtigkeit oder in anderer Weise: § 201 AktGes.

— **Nichtigkeit von Beschlüssen der HV, Heilung** die Nichtigkeit eines HV-Beschlusses mangels ordnungsmäßiger Protokollierung kann nach Eintragung des Beschlusses ins Handelsregister nicht mehr geltend gemacht werden; das Gleiche gilt bei Nichtigkeit wegen nicht ordnungsmäßiger Einberufung der HV, Unvereinbarkeit des Beschlusses mit dem Wesen der AG oder Verstoßes gegen ein Schutzgesetz bzw. gegen die guten Sitten, falls seit Eintragung des Beschlusses 3 Jahre verstrichen sind (Löschung von Amts wegen nach § 144 FGG nicht ausgeschlossen!): § 196 AktGes.

— **Nichtigkeit des Jahresabschlusses** hat der Vorstand mit Billigung des

AR den Jahresabschluß festgestellt, so liegt Nichtigkeit, abgesehen vom Unterbleiben einer Prüfung durch Abschlußprüfer, nur vor: wenn Vorstand oder AR nicht ordnungsmäßig mitgewirkt haben, Unvereinbarkeit mit dem Wesen der AG bzw. ein Verstoß gegen eine Gläubiger-Schutzvorschrift oder gegen die guten Sitten vorliegt; bei Nichtigkeit wegen nicht ordnungsmäßiger Mitwirkung von Vorstand oder AR kann die Nichtigkeit nicht mehr geltend gemacht werden, wenn seit Einreichung der Bekanntmachung des Jahresabschlusses zum Handelsregister des Sitzes der AG 6 Monate verstrichen sind; die Nichtigkeit kann auf Grund einer Feststellungsklage oder in anderer Weise geltend gemacht werden: § 202 AktGes.

— **Niederschrift von HV-Beschlüssen** s. Protokollierung.

— **Obligationen** sind Inhaberschuldverschreibungen, von der AG zum Zwecke der Aufnahme von Anleihen ausgegeben, häufig dinglich gesichert durch Sicherungshypotheken gemäß §§ 1187 ff BGB; sie sind in der Bilanz auf der Passivseite besonders auszuweisen: § 131 B V Ziff. 1 AktGes.

— **Pflichten der Aktionäre** s. Aktionäre, Pflichten.

— **Prokuristen** können vom Abwickler nach Auflösung nicht bestellt werden: § 210 Abs. 5 AktGes.

— **Prospektuierung** ist die öffentliche Ankündigung von Aktien zwecks Einführung in den Verkehr, meist durch Banken: Haftung als „Gründergenossen" bei Ankündigung vor Eintragung der AG oder in den ersten 2 Jahren nach Eintragung, falls schuldhaft unrichtige oder unvollständige Angaben über die Gründung oder Sacheinlagen gemacht werden: § 40 Ziff. 3 AktGes; Strafbarkeit tritt gemäß § 295 Abs. 1 Ziff. 2 AktGes ein.

— **Protokollierung** jeder HV-Beschluß bedarf einer Beurkundung über die Verhandlung durch gerichtliche oder notarielle Niederschrift: anzugeben sind Ort und Tag der Verhandlung, der Name des Richters oder Notars, Art und Ergebnis der Abstimmung, die Feststellung des Vorsitzers über die Beschlußfassung; das Teilnehmerverzeichnis und die Belege über die ordnungsmäßige Einberufung der HV sind beizufügen, das Protokoll muß vom Richter bzw. Notar unterschrieben werden; der Vorstand hat eine öffentlich beglaubigte Protokollabschrift dem Register unverzüglich nach der HV einzureichen: § 111 AktGes. Bei Verletzung der Vorschrift des § 111 AktGes ist der HV-Beschluß nichtig: § 195 Ziff. 2 AktGes.

— **Prüfer** es sind zu unterscheiden 1. Gründungsprüfer, in den Fällen einer sog. qualifizierten Gründung nach § 25 Abs. 2 Ziff. 1—4 AktGes, die vom Gericht bestellt werden; 2. Abschlußprüfer zwecks Prüfung des Jahresabschlusses nach § 135 AktGes, sie werden von der HV gewählt: § 136 AktGes; 3. Sonderprüfer zwecks Prüfung von Vorgängen bei der Gründung oder Geschäftsführung, meist zur Einleitung der Geltendmachung von Schadensersatzansprüchen, sie werden von der HV bestellt: § 118 AktGes.

— **Prüfer, Eignung** als Gründungs- und Sonderprüfer sind zu bestellen: Personen, die in der Buchführung ausreichend vorgebildet und erfahren sind oder Prüfungsgesellschaften, von deren Inhabern, Vorstandsmitgliedern oder Geschäftsführern mindestens einer in der Buchführung ausreichend vorgebildet und erfahren ist: §§ 25 Abs. 4, 119 Abs. 1 AktGes; als Abschlußprüfer dürfen nur gewählt oder bestellt werden: öffentlich bestellte Wirtschaftsprüfer oder Wirtschaftsprüfungsgesellschaften: § 137 Abs. 1 AktGes.

— **Prüfung, durch das Gericht** bei Anmeldung der AG prüft das Gericht die Ordnungsmäßigkeit der Errichtung und der Anmeldung und hat bei Mängeln die Eintragung abzulehnen; es kann die Eintragung ablehnen, wenn offensichtlich oder laut Erklärung der Gründungsprüfer der Gründungs- oder Prüfungsbericht unrichtig oder unvollständig ist, den gesetzlichen Vorschriften nicht entspricht oder wenn die für eingelegte oder übernommene Gegenstände gewährten Leistungen unangemessen sind: § 31 AktGes.

— **Prüfung, der Gründung** erfolgt stets durch die Mitglieder des Vorstandes und des AR und in den Fällen der sog. qualifizierten Gründung, außerdem durch Gründungsprüfer: § 25 AktGes, im übrigen s. Gründung, Gründungsprüfung.

— **Prüfung, Jahresabschluß** s. Abschlußprüfer und Bestätigungsvermerk.

— **Qualifizierte Gründung** s. Gründung, qualifizierte.

— **Rechnungsabgrenzungsposten** sind in der Bilanz auf der Aktiv- und Passivseite auszuweisen: § 131 A IV und B VI AktGes.

— **Rechtsgemeinschaft, an einer Aktie** wenn eine Aktie mehreren Berechtigten zusteht, können aus der Aktie nur durch einen gemeinschaftlichen Vertreter Rechte ausgeübt werden, während für Leistungen auf die Aktie gesamtschuldnerisch gehaftet wird; von der AG abzugebende Willenserklärungen können einem der Berechtigten gegenüber abgegeben werden: § 63 AktGes; die Aktie selbst ist unteilbar: § 8 Abs. 4 AktGes; über Verselbständigung von Teilrechten bei einer Kapitalerhöhung aus Gesellschaftsmitteln: s. Kapitalerhöhung aus Gesellschaftsmitteln, Anteilsrechte und Aktien.

— **Reingewinn und -Verlust** Reingewinn ist der Überschuß der Aktivposten über die Passivposten, Reinverlust derjenige der Passiv- über die Aktivposten: beide sind am Schluß der Jahresbilanz ungeteilt und gesondert auszuweisen, unter Vermerk eines vorjährigen Gewinn- oder Verlustvortrages: § 131 Abs. 3 AktGes; bei der Gewinn- und Verlustrechnung unter Verwendung der Kontoform ist auf der Seite der Aufwendungen als Schlußposten der Reingewinn, auf der Seite der Erträge ebenso der Reinverlust aufzuführen, während bei Verwendung der Staffelform der Reingewinn/Reinverlust den letzten Posten bildet: § 132 AktGes.

— **Rücklagen oder Reserven** können offene oder stille Reserven sein, ferner gibt es die gesetzliche Rücklage und eine solche, die durch die Satzung vorgesehen ist oder besonders gebildet wird; Rücklagen erscheinen in der Bilanz auf der Passivseite, und zwar gesondert in: gesetzliche Rücklagen und freie Rücklagen: § 131 B II AktGes; über Auflösung von Rücklagen bei vereinfachter Kapitalherabsetzung s. Kapitalherabsetzung, vereinfachte; über Umwandlung von Rücklagen bei Kapitalerhöhung aus Gesellschaftsmitteln s. Kapitalerhöhung aus Gesellschaftsmitteln, umwandlungsfähige Rücklagen.

— **Rücklage, gesetzliche** s. Gesetzliche Rücklage.

— **Rückstellungen** sind Posten für ungewisse Verbindlichkeiten, dem Grund oder der Höhe nach (z. B. Steuern, Schadensersatzforderungen usw.): sie sind in der Jahresbilanz auf der Passivseite gesondert auszuweisen und dürfen nicht als Verbindlichkeiten aufgeführt werden: § 131 B IV und Abs. 5 AktGes.

— **Rückwirkung der Kapitalherabsetzung** s. Kapitalherabsetzung, vereinfachte, Rückwirkung.

— **Sacheinlagen** s. Gründung, Sachgründung, ferner: Kapital, genehmigtes, Sacheinlagen und Kapitalerhöhung mit Sacheinlagen; ist im Namen der AG vor der Eintragung gehandelt und sind Verpflichtungen aus Vereinbarungen über Sacheinlagen eingegangen worden, so können solche Verpflichtungen, im Gegensatz zu anderen, von der AG nach Eintragung nicht durch Vertrag mit dem Schuldner übernommen werden: § 34 Abs. 3 AktGes.

— **Sanierung** hierunter versteht man gewöhnlich eine Kapitalherabsetzung, die gleichzeitig mit einer Kapitalerhöhung verbunden ist (Zweck: Verluste der Vergangenheit auszugleichen und der AG die für die Zukunft erforderlichen Mittel zuzuführen): § 189 AktGes.

— **Satzung** ist die Organisation der AG, die durch öffentliche Beurkundung festgestellt wird und enthalten muß: Nenn- und Ausgabebetrag der einzelnen Aktien und, bei Vorhandensein mehrerer Gattungen, die Gattung der einzelnen Aktien, die Zusammensetzung des Vorstandes, die Form der Bekanntmachungen der AG; wird keine Bestimmung über die Wertpapiernatur der Aktien getroffen, so sind Namensaktien (Orderpapiere) auszustellen; die Satzung kann ferner neben dem Bundesanzeiger andere Blätter als „Gesellschaftsblätter" bezeichnen; aufzunehmen sind ferner: Sondervorteile für einzelne Aktionäre mit Namensnennung, gesondert: der Gründungsaufwand, der zu Lasten der AG an Aktionäre oder Dritte als Entschädigung oder Belohnung für die Gründung gewährt wird, desgleichen Sacheinlagen oder -Übernahmen, bei Gefahr der Nichtigkeit bei fehlender Festsetzung: §§ 16—20 AktGes.

— **Satzungsänderung** kann nur durch HV-Beschluß (Befugnis zu Änderungen lediglich in Bezug auf die Fassung kann die HV dem AR übertragen!) erfolgen, nach ausdrücklicher und fristgemäßer Ankündigung des wesentlichen Inhalts der beabsichtigten Änderung (Änderung von rechtswirksam festgestellten Sondervorteilen, Gründungsaufwand, Sacheinlagen und -Übernahmen erst nach 5 Jahren seit Eintragung der AG statthaft), mit einer ¾-Majorität, sofern die Satzung nichts anderes bestimmt (für: Gegenstandsänderung, bedingte Kapitalerhöhung, genehmigtes Kapital, Kapitalherabsetzung jedoch nur höhere Mehrheit zulässig!); bei benachteiligender Änderung des bisherigen Verhältnisses mehrerer Aktien-Gattungen (Vorzugsaktien!) ist daneben noch ein Sonderbeschluß der benachteiligten Aktionäre mit ¾-Mehrheit nötig: die Änderung ist erst wirksam mit Registereintragung: §§ 145—148 AktGes.

— **Sitz** ist gewöhnlich der Ort des Betriebes, der Geschäftsleitung oder der Verwaltung; unter dem Gericht im Sinne des AktGes ist das Gericht des Sitzes der AG zu verstehen; die Satzung muß den Sitz des AG bestimmen: §§ 5, 14, 16 Abs. 3 Ziff. 1 AktGes; Sitzverlegung im Inland muß beim Gericht des bisherigen Sitzes angemeldet werden, welches seinerseits die Sitzverlegung unverzüglich dem Gericht des neuen Sitzes mitteilen muß, das nach Prüfung die Sitzverlegung und die bisherigen Eintragungen in sein Register übernimmt; das Gericht des bisherigen Sitzes hat, nach Mitteilung der Neueintragung, von Amts wegen die erforderliche Löschung vorzunehmen: § 38 AktGes.

— **Sondermitteilung** Aktionäre, welche Aktien bei der AG hinterlegen, haben das Recht auf Mitteilung durch eingeschriebenen Brief über die Einberufung der HV und die Verhandlungsgegenstände, sobald öffentliche Bekanntmachung erfolgt ist, desgleichen über die gefaßten Beschlüsse; die gleiche Befugnis steht den Mitgliedern des AR zu: § 109.

— **Sonderprüfung** die HV kann durch einfachen Mehrheitsbeschluß Prüfer zwecks Untersuchung von Vorgängen bei der Gründung oder der Geschäftsführung bestellen; bei Ablehnung durch die HV kann das Gericht auf Antrag einer Kapitalminderheit von 10 % die Prüfer bestellen, falls der Verdacht besteht, daß bei dem Vorgang Unredlichkeiten oder grobe Verstöße gegen das Gesetz oder die Satzung geschehen sind; die Antragsteller müssen bis zur Entscheidung über den Antrag ihre Aktien unter Glaubhaftmachung dreimonatigen Besitzes hinterlegen. Vor der Bestellung sind Vorstand und AR zu hören, auch kann bei gerichtlicher Bestellung die Leistung von Sicherheiten durch die Antragsteller angeordnet werden. Der Vorstand muß den Prüfern Einsicht in alle Unterlagen, Vermögensgegenstände, Kassen- und Wertpapierbestände gestatten, über das Prüfungsergebnis haben die Prüfer einen schriftlichen Bericht zu erstatten, der dem Vorstand und dem Registergericht unverzüglich einzureichen ist; diesen Bericht hat der Vorstand bei der Einberufung der nächsten HV als Gegenstand der Beschlußfassung anzukündigen: §§ 118—121 AktGes.

— **Staat** kann die AG auf Antrag der Regierung auflösen, wenn die AG durch ein Verhalten ihrer Verwaltungsträger gröblich gegen das Gesetz verstößt; Entschädigungen werden nicht gewährt. Die Zulassung einer ausländischen AG zum Gewerbebetrieb im Inland bedarf ministerieller Genehmigung: §§ 288 bis 293 AktGes.

— **Steuern** in der Gewinn- und Verlustrechnung sind bei der Verwendung der Kontoform auf der Seite der Aufwendungen auszuweisen: Steuern vom Einkommen, vom Ertrag und vom Vermögen einerseits und sonstige Steuern andererseits; auch bei Verwendung der Staffelform sind die Steuern in gleicher Weise gesondert auszuweisen: § 132 Abs. 2 I Ziff. 11 und Abs. 3 Ziff. 24 AktGes.

— **Stille Reserven** bestehen regelmäßig in Abschreibungen und Unterbewertungen, in gewissem Umfange können sie auch in Rückstellungen für ungewisse Schulden enthalten sein.

— **Stimmlose Vorzugsaktien** s. Aktien, Arten.

— **Stimmrecht** jede Aktie gewährt das Stimmrecht, das nach den Nennbeträgen ausgeübt wird, wobei durch die Satzung eine Stimmrechtsbeschränkung angeordnet werden kann; das Stimmrecht beginnt grundsätzlich erst mit der vollständigen Leistung der Einlage, doch kann die Satzung den Beginn des Stimmrechts von der Leistung der Mindesteinlage abhängig machen (evtl. Abstufungen!). Ausübung des Stimmrechts ist durch einen Vertreter mit schriftlicher, an die AG abzuliefernder Vollmacht möglich; eigene und Vorratsaktien gewähren kein Stimmrecht, auch kann ein Aktionär nicht abstimmen, soweit es sich um seine eigenen Belange handelt: § 114 AktGes.

— **Stimmrecht der Banken** s. Bankaktien.

— **Stimmrechtsbeschränkung** s. Beschränkung der Stimmrechtsausübung.

— **Strafvorschriften** Vorstands- oder AR-Mitglieder sowie Abwickler, die vorsätzlich zum Nachteil der AG handeln, werden bestraft; Strafe wegen falscher Angaben trifft: Gründer und Gründergenossen, Personen, besonders Banken, wegen falscher Prospektuierung, Vorstands- und AR-Mitglieder sowie Abwickler; strafbar sind ferner Vorstand und AR wegen falscher Übersichten (Bilanzen) oder Auskünfte gegenüber den Prüfern, wegen verbotener Aktienausgabe; Strafe trifft den Vorstand wegen schuldhaft verzögerter Antragstellung auf Konkurseröffnung; Straftaten stellen Fälschungen bzw. Verfälschungen von Hinterlegungsbescheinigungen dar, ebenso sog. Stimmenkauf und Stimmrechtsmißbrauch; strafbar machen sich Prüfer und deren Gehilfen wegen unrichtiger Berichte oder Verletzung der Verschwiegenheitspflicht: §§ 294—304 AktGes.

— **Stufengründung** s. Gründung, Stufengründung.

— **Tagesordnung** s. Einberufung der HV, Tagesordnung.

— **Talon** s. Erneuerungsschein.

— **Überpari-Emission** ist die Ausgabe von Aktien für einen höheren Betrag als den Nennbetrag: § 9 Abs. 2 AktGes; in der Satzung ist der Ausgabebetrag anzugeben, ebenso in der Bekanntmachung der Eintragung: §§ 16 Abs. 2, 33 Abs. 1 Ziff. 2 AktGes; das Agio ist bei der Überpari-Emission in die gesetzliche Rücklage einzustellen: § 130 Abs. 2 Ziff. 2 AktGes.

— **Überschuldung** d. h. wenn das Vermögen der AG nicht mehr die Schulden deckt, ist Konkursgrund, neben Zahlungsunfähigkeit: § 83 Abs. 2 S. 2 AktGes.

— **Übertragung der Aktien** Inhaberaktien werden durch Einigung und Übergabe nach § 929 BGB übertragen, Namensaktien mit der Klausel „nicht an Order" (sog. Rekta-Aktien) durch Abtretung nach § 398 BGB, Namensaktien ohne Sonderklausel (sog. Order-Aktien) durch Indossament und Papieraushändigung: § 61 Abs. 2 AktGes; auf den Namen lautende Aktien sind bei Übergang unter Nachweis desselben bei der AG anzumelden und vorzulegen, welche nach Prüfung der Ordnungsmäßigkeit der Rechte, der Indossamente bzw. Abtretungserklärungen, den Übergang im Aktienbuch vermerkt: der AG gegenüber gilt als Aktionär nur, wer als solcher im Aktienbuch eingetragen ist: § 62 AktGes.

— **Umtauschschuldverschreibungen** sind Schuldverschreibungen, bei denen den Gläubigern ein Recht auf Umtausch der Obligation gegen eine Aktie eingeräumt wird; ihre Ausgabe ist nur auf Grund eines HV-Beschlusses mit ¾-Mehrheit (laut Satzung evtl. auch geringere Majorität) zulässig, außerdem ist ministerielle Genehmigung nötig, den Aktionären steht ein Bezugsrecht zu: § 174 AktGes.

— **Umwandlung der AG in eine GmbH** s. Gesellschaft mit beschränkter Haftung, umgewandelt aus einer AG und: Gesellschaft mit beschränkter Haftung, Umwandlung in eine AG.

— **Umwandlung der AG in eine KGaA** nötig ist ein HV-Beschluß und die öffentlich beurkundete Beitrittserklärung mindestens eines persönlich haftenden Gesellschafters, im HV-Beschluß sind die Firma und die weiteren zur Umwandlungsdurchführung nötigen Satzungsänderungen festzusetzen; anzumelden zur Eintragung sind: der Umwandlungsbeschluß und die persönlich haftenden Gesellschafter, beizufügen ist eine Umwandlungsbilanz; ab Eintragung besteht die AG weiter als KGaA, die Komplementäre haften den Gläubigern der ehemaligen AG unbeschränkt: §§ 257—259 AktGes.

— **Umwandlung einer Gewerkschaft in eine AG** s. Gewerkschaft, Umwandlung in eine AG.

— **Umwandlung einer AG nach dem Umwandlungsgesetz vom 12. 11. 1956** kann erfolgen 1. in eine — schon bestehende oder neu zu errichtende — oHG oder KG oder in eine neu zu errichtende Gesellschaft nach BGB, 2. durch Übertragung des Vermögens ohne Liquidation auf einen Aktionär; die Umwandlung kann auch noch nach Auflösung der AG durch Zeitablauf oder Beschluß der HV erfolgen, solange noch nicht mit der Vermögensverteilung an die Aktionäre begonnen worden ist (ebenso nach Auflösung durch Konkurs und Aufhebung desselben durch Zwangsvergleich oder Einstellung desselben auf Antrag der AG), ferner auch in sonstigen Fällen der Auflösung, jedoch nur dann, wenn auch die Fortsetzung beschlossen werden könnte: §§ 1, 2 Umwandlungsgesetz.

— **Umwandlung einer AG nach dem Umwandlungsgesetz in eine bestehende oHG als Aktionärin** hat die oHG alle Aktien in der Hand, so genügt der Umwandlungsbeschluß der HV, den der Vorstand unter Beifügung der — höchstens 6 Monate vor Anmeldung liegenden — Umwandlungsbilanz zum Register anzumelden hat: mit Eintragung gehen Aktiva und Passiva der AG, die damit aufgelöst ist, auf die oHG über, den sich binnen 6 Monaten seit Bekanntgabe meldenden Gläubigern ist Sicherheit zu leisten, die Vermögen von AG und oHG sind für 6 Monate getrennt zu verwalten, bis zu welcher Zeit für Gläubiger der AG das übernommene Vermögen noch als AG-Vermögen gilt und Zahlungen an die oHG-Gesellschafter unstatthaft sind: §§ 3, 8 Umwandlungsgesetz.

— **Umwandlung einer AG nach dem Umwandlungsgesetz in eine bestehende oHG als Hauptaktionärin** hat die oHG mehr als ¾ des AG-Grundkapitals in der Hand, so kann sie durch Mehrheitsbeschluß der HV die Umwandlung herbeiführen, auch gegen den Widerspruch der übrigen Aktionäre (eigene Aktien werden den Aktionären nach dem Beteiligungsverhältnis zugerechnet!), doch muß der Gegenstand des Beschlusses ordnungsmäßig angekündigt und allen Aktionären die Umwandlungsbilanz und ein Abfindungsangebot oder die Erklärung der Antragstellung auf Feststellung der Abfindung im Spruchstellen-Verfahren bekanntgegeben worden sein; die ausscheidenden Aktionäre haben einen — in 5 Jahren seit Bekanntmachung der Umwandlungseintragung verjährenden — Anspruch auf angemessene Entschädigung, die im sog. Spruchverfahren festgestellt werden kann: §§ 9—14 Umwandlungsgesetz.

— **Umwandlung einer AG nach dem Umwandlungsgesetz in eine oHG oder durch Übertragung auf einen Aktionär, Firma** s. Firma der AG bei Umwandlung.

— **Umwandlung einer AG durch Vermögensübertragung auf einen Aktionär lt. Umwandlungsgesetz** ist er Alleinaktionär, so sind die §§ 3—8, ist er hingegen Hauptaktionär, d. h. hat er mehr als ¾ des AG-Grundkapitals, so sind die §§ 9—14 Umwandlungsgesetz anzuwenden: an die Stelle der oHG und der geschäftsführenden Gesellschafter tritt der übernehmende Aktionär, der eine natürliche Person, eine AG, eine KGaA, eine GmbH oder eine Genossenschaft sein kann; war der Aktionär noch nicht im Handelsregister eingetragen, so ist er gemäß HGB einzutragen, wobei nicht § 19, sondern § 18 HGB anzuwenden ist: § 15 Umwandlungsgesetz.

— **Umwandlung einer AG unter Neuerrichtung einer oHG lt. Umwandlungsgesetz** 1. sollen an der neuen oHG alle Aktionäre teilnehmen, so ist nicht nur ein HV-Beschluß nötig, dem alle anwesenden Aktionäre zustimmen müssen, es ist auch die — öffentlich zu beurkundende — Zustimmung der nicht erschienenen Aktionäre erforderlich; im Umwandlungsbeschluß muß festgelegt werden: Firma und Sitz der oHG, auch sind die weiteren zur Umwandlungsdurchführung und zur oHG-Errichtung nötigen Maßnahmen zu treffen; die oHG entsteht mit der — von Amts wegen erfolgenden — Eintragung des Umwandlungsbeschlusses, der Anmeldung des Beschlusses ist die Zustimmungserklärung und eine Gesellschafterliste beizufügen: §§ 16 bis 18 Umwandlungsgesetz, 2. sollen nur die zustimmenden Aktionäre an der neuen oHG teilnehmen, so bedarf der Beschluß der HV mindestens einer ¾-Mehrheit und, wenn diese Mehrheit nicht zugleich $^{9}/_{10}$ des gesamten Grundkapitals umfaßt, außerdem die — öffentlich zu beurkundende — Zustimmung der nicht erschienenen Aktionäre bis zur Erreichung dieser $^{9}/_{10}$-Mehrheit: § 19 Umwandlungsgesetz.

— **Umwandlung einer AG unter Neuerrichtung einer BGB-Gesellschaft lt. Umwandlungsgesetz** die HV der AG kann die Errichtung einer Gesellschaft des BGB und die Übertragung des Vermögens der AG auf die Gesellschafter (Gesellschaftsvermögen) beschließen derart, daß an der BGB-Gesellschaft entweder alle oder nur die zustimmenden Aktionäre teilnehmen; die Vorschriften über die Neuerrichtung einer oHG unter Teilnahme aller oder nur der zustimmenden Aktionäre finden entsprechende Anwendung; die Möglichkeit der Neuerrichtung einer BGB-Gesellschaft ist deshalb vorgesehen, weil die umzuwandelnde AG unter Umständen kein Handelsgewerbe betreibt (s. § 3 AktGes), sondern eine andere, z. B. kulturelle, wissenschaftliche usw. Tätigkeit, so daß die Umwandlung in eine oHG oder KG ausscheiden muß und andernfalls eine Umwandlung nicht möglich wäre: §§ 21, 22 Umwandlungsgesetz.

— **Umwandlung einer AG in eine bestehende oder neu zu errichtende KG lt. Umwandlungsgesetz** die Vorschriften über die Umwandlung einer AG in eine bestehende oHG, die entweder alleinige oder Hauptaktionärin ist, oder unter Neuerrichtung einer oHG, an der entweder alle oder nur die zustimmenden Aktionäre teilnehmen, finden entsprechende Anwendung; der Umwandlungsbeschluß muß hierbei auch die Bezeichnung der Kommanditisten und den Betrag der Einlage eines jeden von ihnen enthalten: § 20 Umwandlungsgesetz.

— **Umwandlung einer AG lt. Umwandlungsgesetz, Spruchverfahren** die den ausscheidenden Aktionären nach § 12 Umwandlungsgesetz zu gewährende Entschädigung kann nach § 13 in einem Spruchverfahren festgestellt werden, Spruchstelle ist das zuständige Oberlandesgericht, das Verfahren richtet sich nach den Normen des FGG, die Entscheidung des OLG ist endgültig; den Antrag kann die Personalgesellschaft oder der Hauptaktionär stellen, desgleichen die ausscheidende Aktionärfraktion, wenn sie zusammen den 20. Teil des Nennkapitals erreicht, aber erst nach Umwandlung und nur bis zum Ablauf von 6 Monaten; wird der Antrag nicht von der Aktionärfraktion gestellt, so hat ihr die Spruchstelle einen gemeinsamen Vertreter zur Wahrung ihrer Rechte zu bestellen; die Entscheidung der Spruchstelle wirkt, mangels anderer Bestimmung, für und gegen alle ausscheidenden Aktionäre und bindet die Gerichte und Verwaltungsbehörden; im übrigen kann auch Klage auf Abfindung vor dem ordentlichen Gericht erhoben werden: §§ 30—37 Umwandlungsgesetz.

— **Unterpari-Emission** d. h. Ausgabe der Aktien für einen geringeren Betrag als den Nennbetrag ist verboten: § 9 Abs. 1 AktGes (Ausnahme: bei Verkauf neuer Aktien, die anstelle von kaduzierten Aktien nach § 58 AktGes ausgegeben werden).

— **Unterzeichnung der Aktien** es genügt eine vervielfältigte Unterschrift, doch kann die Gültigkeit der Unterzeichnung von einer besonderen Form (Formvorschrift muß in der Urkunde enthalten sein!) abhängig gemacht werden: § 13 AktGes.

— **Urkunden, neue, anstelle beschädigter Aktien** ist eine Aktie durch Beschädigung zum Umlauf nicht mehr geeignet, ihr wesentlicher Inhalt mit Unterscheidungsmerkmalen aber noch erkennbar, so kann der Berechtigte von der AG eine neue Urkunde verlangen, gegen Rückgabe der alten und Tragung der Kosten: § 68 AktGes.

— **Verantwortlichkeit der Abschlußprüfer** s. Abschlußprüfer.

— **Verantwortlichkeit der Gründer und Gründergenossen** s. Gründer und s. Gründergenossen.

— **Verbotene Aktienausgabe** Inhaberaktien dürfen nicht vor der vollen Leistung des Nennbetrages ausgegeben werden: § 10 AktGes. Vor Eintragung der AG dürfen Aktien, bei Gefahr der Nichtigkeit, nicht ausgegeben werden: § 34 Abs. 4 AktGes; bei Kapitalerhöhung dürfen neue Aktien bei Gefahr der Nichtigkeit nicht vor Eintragung der Durchführung der Kapitalerhöhung ausgegeben werden: § 158 AktGes, bei bedingter Kapitalerhöhung sind Bezugsaktien nichtig, die vor Eintragung des Beschlusses über die bedingte Kapitalerhöhung ausgegeben werden: § 164 AktGes.

— **Verjährung** in 5 Jahren verjähren: die Ersatzansprüche der AG gegen Gründer, Gründergenossen, Gründungsprüfer, Vorstand und AR wegen Verletzung ihrer Pflichten bezüglich der Gründung: § 44 AktGes, ferner: die Ansprüche der Gläubiger der AG gegen Aktionäre bei Empfang verbotener Zahlungen: § 56 Abs. 4 AktGes; weiterhin: die Ansprüche der AG gegen Mitglieder des Vorstandes und des AR wegen schuldhafter Pflichtverletzung: §§ 84 Abs. 6, 99, gegen Abschlußprüfer und Sonderprüfer: §§ 120, 141 Abs. 5 AktGes; in der gleichen Zeit verjähren auch Ansprüche wegen Handelns zum Schaden der AG zum Zwecke der Erlangung gesellschaftsfremder Vorteile: § 101 Abs. 6 AktGes u. a. m.

— **Vermögensübertragung** des ganzen AG-Vermögens ist nur statthaft auf Grund eines HV-Beschlusses mit ¾-Mehrheit (evtl. laut Satzung mit anderer, jedoch nur größerer Majorität), der Vertrag, durch den sich die AG zur Gesamtvermögensübertragung verpflichtet, bedarf öffentlicher Beurkundung; wird zugleich die Auflösung der AG beschlossen (also Zweck der Gesamtvermögensübertragung: Vermeidung einer besonderen Liquidationsdurchführung!), so sind die Vorschriften über die Abwicklung der §§ 205 ff zu beachten, wobei die Abwickler alle zur Ausführung der Vermögensübertragung nötigen Schritte vorzunehmen haben; der Auflösungsanmeldung ist eine Ausfertigung oder öffentlich-beglaubigte Abschrift des Vertrages beizufügen: § 255 AktGes.

— **Vermögensübertragung, besondere Fälle** 1. Übertragung ohne Abwicklung auf den Bund, ein Land (sog. Verstaatlichung), eine Gemeinde oder einen Gemeindevorstand (sog. Kommunalisierung): § 253 AktGes; 2. Übertragung auf einen Versicherungsverein auf Gegenseitigkeit: § 254 AktGes.

— **Verschmelzung** ist statthaft bei zwei AG's derart, daß mindestens eine von ihnen verschwindet und eine Vereinigung, unter Liquidationsausschluß, erfolgt; dies kann geschehen durch 1. Aufnahme: eine Gesamtvermögensveräußerung seitens der übertragenden auf die übernehmende AG findet statt, gegen Gewährung von Aktien der übernehmenden AG, 2. Neubildung: die Vermögen von zwei AG's gehen auf eine neu gebildete AG über, gegen Gewährung von Aktien dieser neuen AG: § 233 AktGes.

— **Verschmelzung durch Aufnahme** hierzu ist ein HV-Beschluß mit ¾-Mehrheit bei jeder der beiden AG's nötig (entfällt bei der übernehmenden AG, falls der Gesamtnennbetrag der zu gewährenden Aktien 10 % ihres Grundkapitals nicht übersteigt!), der — von den Vorständen der beiden AG's abzuschließende — Vertrag bedarf öffentlicher Beurkundung (falls der Vertrag erst nach mehr als 10 Jahren in Kraft treten soll, können ihn beide Teile nach 10 Jahren mit halbjährlicher Frist kündigen), wobei die Vorschriften über die sog. Nachgründung des § 45 AktGes anzuwenden sind, wenn der Vertrag in den ersten 2 Jahren seit Eintragung der übernehmenden AG im Register abgeschlossen wird: §§ 234 bis 236 AktGes.

— **Verschmelzung durch Aufnahme, Anfechtung des Fusionsbeschlusses** ist der Verschmelzungsbeschluß im Handelsregister der übertragenden AG eingetragen und soll er angefochten werden, so ist eine Anfechtung gegen die übernehmende AG zu richten: § 246 AktGes.

— **Verschmelzung durch Aufnahme, Durchführung** kann erfolgen 1. ohne Kapitalerhöhung der übernehmenden AG, soweit sie eigene Aktien oder Aktien der übertragenden AG besitzt und diese zur Entschädigung der Aktionäre der übertragenden AG benutzen kann: § 238 AktGes; 2. unter Kapitalerhöhung seitens der übernehmenden AG, damit sie durch die neuen Aktien die Aktionäre der übertragenden AG entschädigen kann, wobei die Vorschriften der §§ 149 Abs. 4, 151 bis 155 AktGes über die gewöhnliche Kapitalerhöhung nicht anzuwenden sind: § 237 AktGes.

— **Verschmelzung durch Aufnahme, Eintragung** Anmeldung hat durch den Vorstand jeder AG bei dem Handelsregister des Sitzes seiner AG zu erfolgen, unter Beifügung des Vertrages, der Protokolle, der HV-Beschlüsse, und, soweit es sich um die übertragende AG handelt, einer Bilanz, die höchstens 6 Monate zurückliegt, vom Tage der Anmeldung ab gerechnet: § 239 AktGes; mit der Fusionseintragung im Register der übertragenden AG erlischt diese, ohne besondere Löschung, und ihr Vermögen geht mit Aktiven und Passiven auf die übernehmende AG über, außerdem wird durch die Eintragung ein Formmangel des Fusionsvertrages geheilt; erfolgt zwecks Verschmelzungsdurchführung eine Kapitalerhöhung der übernehmenden AG, so muß erst die Durchführung dieser Erhöhung und dann erst die Verschmelzung eingetragen werden; für den Empfang der Aktien hat die übertragende AG einen Treuhänder zu bestellen: die Eintragung der Verschmelzung ist erst nach Anzeige des Treuhänders über den Aktienbesitz zulässig: § 240 AktGes.

— **Verschmelzung durch Aufnahme, Gläubigerschutz** den Gläubigern der übertragenden AG, die sich binnen 6 Monaten nach Bekanntgabe der

Verschmelzungseintragung melden, ist Sicherheit zu leisten, soweit sie nicht schon Befriedigung verlangen können; auf dieses Recht sind sie bei der Bekanntmachung hinzuweisen: § 241 AktGes.

— **Verschmelzung durch Aufnahme, Schadensersatzpflichten** 1. die Vorstands- und AR-Mitglieder der übernehmenden AG sind der AG, den Aktionären und den Gläubigern der AG gemäß den §§ 84, 99 AktGes und den Vorschriften des BGB schadensersatzpflichtig, soweit diese infolge schuldhaften Verhaltens der Organsmitglieder Schaden erleiden: § 245 AktGes; 2. die Vorstands- und AR-Mitglieder der übertragenden AG haften dieser selbst, ihren Aktionären und Gläubigern für Verschulden, falls diese Personen durch die Verschmelzung Schaden erleiden; bezüglich dieser Ansprüche gilt die übertragende AG, trotz der Fusion, als fortbestehend, die Ersatzansprüche können jedoch nur durch einen besonderen — vom Gericht des Sitzes der übertragenden AG zu bestellenden — Vertreter geltend gemacht werden, welcher die Aktionäre und die Gläubiger öffentlich zur Anmeldung ihrer Ansprüche auffordert und welcher die durch Geltendmachung der Ansprüche der AG erzielten Beträge erst zur Befriedigung der Gläubiger verwendet und den Rest an die Aktionäre der übertragenden AG entsprechend ihrer Beteiligung verteilt: §§ 243, 244 AktGes.

— **Verschmelzung durch Aufnahme, Wertansätze** die in der nach § 239 Abs. 3 AktGes einzureichenden Bilanz der übertragenden AG eingesetzten Werte (keine Auflösung der stillen Rücklagen!) haben für die Jahresbilanzen der übernehmenden AG als Anschaffungskosten gemäß § 133 Nr. 1—3 AktGes zu gelten; wenn der Gesamtnennbetrag der Aktien, die von der übernehmenden AG gewährt werden, die Schlußbilanzwerte der einzelnen Vermögensobjekte übersteigt, so darf der — gesondert auszuweisende — Unterschiedsbetrag unter die Posten des Anlagevermögens aufgenommen werden, ist jedoch durch angemessene jährliche Abschreibungen zu tilgen: § 242 AktGes.

— **Verschmelzung durch Neubildung** richtet sich im allgemeinen nach den Regeln über die Aufnahme-Verschmelzung, doch darf sie erst erfolgen, wenn jede der beiden AG's bereits mindestens 2 Jahre im Handelsregister eingetragen war; außerdem ist die Zustimmung der HV der sich vereinigenden AG's erforderlich für die Satzung und die Bestellung von AR-Mitgliedern der neuen AG, wobei für die Bildung dieser neuen AG die Gründungsvorschriften der §§ 16, 22, 23, 32, 34 AktGes sinngemäß gelten, doch müssen in die Satzung der neuen AG die in den Satzungen der sich vereinigenden AG's enthaltenen Festsetzungen über Sondervorteile, Sacheinlagen usw. mangels einer Satzungsänderung gemäß § 145 Abs. 3, übernommen werden: § 247 Abs. 1—4 AktGes.

— **Verschmelzung durch Neubildung, Besonderheiten** die Anmeldung der neuen AG muß durch die Vorstände der beiden sich vereinigenden AG's bei dem Register des Sitzes der neuen AG erfolgen, erst nach dieser Eintragung darf die Verschmelzung in den Registern eingetragen werden, welche für die sich vereinigenden AG's zuständig sind; der Vermögensübergang auf die neue AG vollzieht sich mit ihrer Eintragung, wobei zugleich die beiden bisherigen AG's erlöschen; gehen auf die neue AG Abnahme-, Lieferungs- oder ähnliche Verpflichtungen aus gegenseitigen Verträgen der bisherigen AG's über, die jedoch von keiner Seite vollständig erfüllt sind, miteinander unvereinbar sind oder die beide zu erfüllen sich als schwere Unbilligkeit für die neue AG darstellen würde, so richtet sich der Umfang der Verpflichtungen nach der Billigkeit, unter Berücksichtigung der Vertragsrechte aller Beteiligten: § 247 Abs. 5—7 AktGes.

— **Verschmelzung, mit sonstigen Unternehmen** eine AG kann sich auch vereinigen mit einer KGaA, einer GmbH oder einer bergrechtlichen Gewerkschaft mit eigener Rechtspersönlichkeit: §§ 248, 249, 251 AktGes.

— **Verteilung des Vermögens** das bei der Abwicklung nach Schuldenberichtigung verbleibende Vermögen der AG wird unter die Aktionäre nach dem Verhältnis der Aktiennennbeträge verteilt (hier zeigt sich die Rechtsnatur der Aktien als „Beteiligungsrecht" besonders deutlich!), soweit nicht Vorzugsaktien bevorrechtigt bei der Verteilung zu berücksichtigen sind; waren Einlagen nicht auf alle Aktien im gleichen Verhältnis geleistet, so werden zuerst die geleisteten Einlagen erstattet, dann wird der Überschuß nach dem Verhältnis der Aktiennennbeträge verteilt: § 212 AktGes.

— **Verzeichnis der Teilnehmer der HV** in der HV ist ein Teilnehmerverzeichnis aufzustellen, in welchem getrennt aufgeführt werden: 1. die erschienenen Aktionäre, 2. die vertretenen Aktionäre, 3. die Personen, welche im eigenen Namen ein Stimmrecht für ihnen nicht gehörende Aktien ausüben (z. B. bei einer Summenverwahrung nach § 700 BGB!); anzugeben ist: der Name des Aktionärs bzw. des Vertreters nebst Wohnort, der Betrag der Aktien unter Bezeichnung der Gattung (über Bankenstimmrecht s. § 114 Abs. 4 AktGes); das vom Vorsitzer zu unterzeichnende Verzeichnis muß vor der Abstimmung zur Einsicht ausgelegt werden: § 110 AktGes.

— **Verzicht der AG auf Ersatzansprüche** s. Ersatzansprüche der AG gegen Vorstandsmitglieder und: Ersatzansprüche der AG gegen AR-Mitglieder, ferner: Gründer.

— **Vinkulierte Aktien** s. Aktien, Arten.

— **Vorratsaktien** s. Aktien, Vorratsaktien.

— **Vorsitzer des AR** s. AR, Ordnung.

— **Vorsitzer des Vorstands** besteht der Vorstand aus mehreren Mitgliedern, so kann der AR ein Mitglied zum Vorsitzer des Vorstands ernennen; dieser entscheidet, falls die Satzung nichts anderes bestimmt, bei Meinungsverschiedenheiten im Vorstand: §§ 75 Abs. 2, 70 Abs. 2 AktGes.

— **Vorstand** er hat die Leitung der AG, unter eigener Verantwortlichkeit, desgl. die gerichtliche und außergerichtliche Vertretung, die mit Wirkung nach außen hin — wohl aber im Innenverhältnis, besonders durch die Pflicht, für die Vornahme gewisser durch Satzung bestimmter Angelegenheiten die Zustimmung des AR einzuholen — nicht eingeschränkt werden kann; setzt sich der Vorstand aus mehreren Mitgliedern zusammen, so besteht Gesamtvertretung, doch kann durch die Satzung Einzelvertretung, Vertretung durch mehrere Mitglieder oder durch ein Mitglied zusammen mit einem Prokuristen bestimmt werden; Zeichnung erfolgt durch Namensunterschrift des Zeichnenden unter Zufügung der Firma; eine juristische Person kann nicht Vorstandsmitglied, auch kann niemand gleichzeitig Vorstand und AR-Mitglied sein: §§ 70—74, 75 Abs. 1 S. 3, 90 AktGes.

— **Vorstand, Aufgaben** er hat grundsätzlich alle Aufgaben zu erledigen, soweit sie nicht durch Gesetz oder Satzung anderen Organen zugewiesen sind (Vermutung der Zuständigkeit!); so hat er z. B. einen Gründungsbericht dem Registergericht einzureichen: §§ 25, 26 AktGes, für die Buchführung zu sorgen: § 82 AktGes, die nötigen Anmeldungen zum Handelsregister zu bewirken, den Jahresabschluß nebst dem Geschäftsbericht anzufertigen: §§ 125, 127 AktGes, den Gewinnvorschlag zu machen: § 126 AktGes, die HV einzuberufen: § 105 AktGes., er kann Beschlüsse der HV anfechten: § 198 Abs. 1 Ziff. 4 und 5, er muß dem AR längstens vierteljährlich Bericht erstatten: § 81 AktGes, bei Bestehen eines Verlustes der AG in Höhe von ½ des Grundkapitals eine HV einberufen und bei Zahlungsunfähigkeit oder Überschuldung die Eröffnung des Konkurs- bzw. Vergleichsverfahrens beantragen (bei schuldhafter Verzögerung: Haftung!): § 83 AktGes.

— **Vorstand, Bestellung und Abberufung** der — von den Gründern — bestellte erste AR beruft den Vorstand: § 23 AktGes, auch später bestellt der AR den Vorstand, jedoch auf längstens 5 Jahre, wobei eine wiederholte Bestellung zulässig ist: § 75 AktGes; fehlen die zur Vertretung der AG erforderlichen Mitglieder, so kann auf Antrag eines Beteiligten das Gericht bis zur Mangelbehebung in dringenden Fällen ein Vorstandsmitglied bestellen: § 76 AktGes, der AR kann aus wichtigem Grunde — als solcher gilt besonders grobe Pflichtverletzung oder Unfähigkeit zur Geschäftsführung — die Bestellung zum Vorstandsmitglied widerrufen: der Widerruf (inzwischen ist vom AR ein neues Vorstandsmitglied zu bestellen!) ist wirksam, solange — meist auf Klage des abgesetzten Mitglieds — keine rechtskräftige Entscheidung über die Unwirksamkeit vorliegt: § 75 Abs. 3 AktGes.

— **Vorstand, Bezüge** sie werden durch Anstellungsvertrag bestimmt, sollen jedoch in angemesenem Verhältnis zu den Aufgaben des Mitglieds und der Lage der AG stehen; hierfür hat der AR Sorge zu tragen, welcher auch zu einer späteren Herabsetzung befugt ist: bei wesentlicher Verschlechterung der Verhältnisse der AG und Vorliegen einer schweren Unbilligkeit für die AG durch Weitergewährung der bisherigen Bezüge (Kündigungsrecht des Vorstandsmitgliedes mit 6-Wochenfrist zum Quartalsende), im Konkurs der AG kann der Verwalter den Anstellungsvertrag kündigen, wobei Schadensersatz für längstens 2 Jahre verlangt werden kann: § 78 AktGes; Bezüge können bestehen in: Gehalt, Gewinnbeteiligung — s. § 77 AktGes —, Aufwandsentschädigung, Versicherungsentgelten, Provisionen usw.; der Geschäftsbericht muß die Gesamtbezüge des Vorstands angeben: § 128 Abs. 2 Ziff. 7 AktGes.

— **Vorstand, Ersatzansprüche der AG** s. Ersatzansprüche der AG gegen Vorstandsmitglieder.

— **Vorstand, Gewinnbeteiligung** s. Gewinnbeteiligung, von Vorstand und AR.

— **Vorstand, an Gründung beteiligt** gehört ein Vorstandsmitglied zu den Gründern, so liegt ein Fall der sog. qualifizierten — einer besonderen Prüfung durch Gründungsprüfer unterworfenen — Gründung vor: § 25 Abs. 2 Ziff. 1 AktGes.

— **Vorstand, Handeln vor Eintragung der AG** s. Handeln vor Eintragung.

— **Vorstand, Kapital genehmigtes** s. Kapital, genehmigtes.

— **Vorstand, Kreditgewährung an Vorstandsmitglieder** — ihnen stehen gleich: Ehegatten, minderjährige Kinder des Vorstandsmitgliedes sowie eine für Rechnung des Vorstandsmitgliedes handelnde dritte Person — dürfen nur mit ausdrücklicher Zustimmung des AR gewährt werden, unter Regelung der Verzinsung und der Rückzahlung, wobei die Gestattung einer die Vergütung übersteigenden Entnahme, besonders eines Vergütungsvorschusses, einer Kreditgewährung gleichgesetzt wird; die Zustimmung kann allerdings auch im voraus für gewisse Kreditgeschäfte oder Arten hiervon erteilt werden, jedoch nicht für länger als 3 Monate, ferner unterliegen Kredite nicht der Zustimmungspflicht, wenn sie ein Monatsgehalt nicht übersteigen; Kredite, die entgegen der gesetzlichen Vorschrift gewährt werden, müssen mangels nachträglicher Zustimmung des AR sofort zurückgezahlt werden: § 80 AktGes; in der Bilanz sind Forderungen gegen Vorstandsmitglieder aus zustimmungspflichtigen Krediten gesondert auszuweisen: § 131 A III Ziff. 10 AktGes.

— **Vorstand, Stellvertreter** durch die Satzung kann die Bestellung von Vertretern der Vorstandsmitglieder bestimmt werden, für sie gelten die Regeln über den Vorstand: § 85 AktGes.

— **Vorstand, Strafvorschriften** s. Strafvorschriften.

— **Vorstand, Vertretung durch ein AR-Mitglied** ist ein Vorstandsmitglied — aus tatsächlichen oder rechtlichen Gründen — an der Ausübung seiner Funktionen behindert, so kann der AR einzelne seiner Mitglieder zu Vertretern des Vorstandsmitgliedes bestellen, jedoch nur für einen im voraus begrenzten Zeitraum, innerhalb dessen jedoch keine Tätigkeit als AR-Mitglied ausgeübt werden kann: § 90 Abs. 2 AktGes.

— **Vorstand, Vorsitzer** bei Vorhandensein von mehreren Mitgliedern kann der AR ein Mitglied zum Vorsitzer des Vorstandes ernennen, der bei Meinungsverschiedenheiten im Vorstand, mangels Bestimmung der Satzung, die Entscheidung trifft: §§ 75 Abs. 2, 70 Abs. 2 AktGes.

— **Vorstand, Wettbewerbsverbot** ohne Einwilligung des AR darf kein Vorstandsmitglied ein Handelsgewerbe betreiben, im Geschäftszweig der AG für eigene oder fremde Rechnung Geschäfte machen oder sich an einer anderen Handelsgesellschaft als persönlich haftender Gesellschafter beteiligen; bei Verstoß gegen das Verbot kann die AG entweder Schadensersatz begehren oder verlangen, daß die für eigene Rechnung gemachten Geschäfte als für Rechnung der AG zu gelten haben bzw. bei für fremde Rechnung getätigten Geschäften die bezogene Vergütung herausgegeben oder der Anspruch darauf abgetreten wird; die Ansprüche der AG verjähren in 3 Monaten seit Kenntnis, spätestens aber in 5 Jahren: § 79 AktGes.

— **Vorzüge von Aktien, Aufhebung bei stimmlosen Vorzugsaktien** soll bei ihnen der Vorzug aufgehoben werden, so ist Zustimmung der Vorzugsaktionäre nötig, worüber in gesonderter Versammlung Beschluß zu fassen ist: mit Vorzugsaufhebung gewähren die Aktien wieder das Stimmrecht; sollen neue Aktien ausgegeben werden mit vorhergehenden oder gleichstehenden Rechten, so ist ebenfalls Zustimmung der — stimmlosen — Vorzugsaktionäre nötig, denen über dies ein unentziehbares Bezugsrecht hinsichtlich der neuen Aktien zusteht: § 117 AktGes.

— **Vorzugsaktien** s. Aktien, Arten.

— **Wandelschuldverschreibungen** sind Obligationen, d. h. Inhaberschuldverschreibungen, bei denen den Gläubigern das Recht zusteht, statt (Umtauschrecht) oder neben (Bezugsrecht) der Obligation eine Aktie zu verlangen; die Ausübung eines solchen Rechts wirkt sich dann stets auf den Bilanzposten „Grundkapital" aus, daher ist auch die Ausgabe nur auf Grund eines HV-Beschlusses mit ¾-Mehrheit (lt. Satzung evt. geringere Mehrheit) zulässig, während die Ausgabe gewöhnlicher Obligationen durch den Vorstand allein erfolgt; den Aktionären steht bei Ausgabe ein Bezugsrecht auf die Wandelschuldverschreibungen zu, die Genehmigung der Regierung ist außerdem zur Ausgabe erforderlich: § 174 AktGes.

— **Wechsel, in Bilanz und Geschäftsbericht** aktiviert werden in der Bilanz Forderungen gegen Akzeptanten bei gezogenen Wechseln sowie gegen den Aussteller bei eigenen Wechseln: § 131 A III Ziff. 12, während Akzeptantenverpflichtungen und Verbindlichkeiten aus der Ausstellung von eigenen Wechseln passiviert werden: § 131 B V Ziff. 8 AktGes; Verbindlichkeiten aus Wechselbürgschaften sind, auch bei Vorhandensein gleichwertiger Rückgriffsrechte, in der Bilanz zu „vermerken" (z. B. in der Vorspalte): § 131 Abs. 7 AktGes; Verbindlichkeiten aus der Begebung (d. h. Ausstellung, Indossierung) von gezogenen Wechseln sind im Geschäftsbericht anzugeben: § 128 Abs. 2 Ziff. 6 AktGes.

— **Werte, in der Jahresbilanz** s. Bilanz, Bewertungen.

— **Wertberichtigungen zu Posten des Anlagevermögens** sind bereits in der Jahresbilanz zu passivieren, soweit sie für das Geschäftsjahr gemacht werden, sie dürfen jedoch nicht als Verbindlichkeiten aufgeführt werden: § 131 B III Abs. 2, Abs. 5 AktGes.

— **Wertminderungen** zum Ausgleich von Wertminderungen ist sog. vereinfachte Kapitalherabsetzung zulässig: § 182 AktGes, s. im übrigen: Kapitalherabsetzung, vereinfachte.

— **Wertpapiere** soweit durch sie Beteiligungen verbrieft werden, sind sie auf der Aktivseite im Posten „Beteiligungen", soweit sie zwar zwecks Vermögensanlage angeschafft wurden, aber keine Beteiligung darstellen, gesondert im Anlagevermögen zu aktivieren: § 131 A II Ziff. 6 und 7 AktGes; im übrigen sind Wertpapiere im Umlaufvermögen zu aktivieren: § 131 A III Ziff. 4 AktGes.

— **Wettbewerbsverbot, für den Vorstand** s. Vorstand, Wettbewerbsverbot.

— **Wirtschaftsprüfer** nur öffentlich bestellte Wirtschaftprüfer oder Wirtschaftsprüfergesellschaften dürfen als Abschlußprüfer gewählt oder bestellt werden: § 137 AktGes; über: Voraussetzungen für die Berufsausübung, Prüfung, Bestellung, Wirtschaftsprüfungsgesellschaften, Rechte und Pflichten, Berufsorganisation und -Gerichtsbarkeit usw. stellt die sog. Wirtschaftsprüferordnung vom 24. 7. 1961 Vorschriften auf.

— **Zahlungsmittel, gesetzliche** nur diese dürfen zur Zahlung der auf die Aktien vor Anmeldung der AG eingeforderten Beträge benutzt werden, es kann die Zahlung aber auch durch Gutschrift auf ein inländisches Bank- oder Postscheckkonto der AG oder des Vorstandes zu seiner freien Verfügung erfolgen, während Erfüllung der Leistungspflicht durch Aufrechnung mit Forderungen gegen die AG verboten ist: §§ 49, 60 AktGes.

— **Zahlungsunfähigkeit der AG** ist neben Überschuldung, Konkursgrund: § 83 AktGes; s. auch Konkurs.

— **Zeichnung der Aktien** ist die Übernahme von Anteilsrechten durch die Beteiligten bei der Errichtung der AG; in der Urkunde über die Feststellung der Satzung sind Nenn- und Ausgabebetrag der Aktien anzugeben, die jeder Beteiligte übernimmt: § 16 AktGes.

— **Zeichnungsschein bei Kapitalerhöhung** s. Kapitalerhöhung, Zeichnungsschein.

— **Zinsen** dürfen den Aktionären weder zugesagt noch ausgezahlt werden: § 54 AktGes, s. aber sog. Bauzinsen.

— **Zuständigkeit** soweit die Zuständigkeit eines Gerichts gemäß AktGes in Frage kommt, ist unter „Gericht" mangels anderer Bestimmung das Gericht des Sitzes der AG zu verstehen: § 14 AktGes.

— **Zweigniederlassungen** der Vorstand hat die Errichtung der Filiale beim Register des Hauptsitzes der AG zur Eintragung in das Register des Sitzes der Filiale anzumelden, worauf das Gericht der Hauptniederlassung die Anmeldung mit einer beglaubigten Abschrift seiner eigenen Eintragung an das Gericht der Filiale weitergibt; nach Prüfung der ordnungsmäßigen Errichtung der Filiale und der Beachtung der handelsrechtlichen Firmenvorschriften trägt das Gericht der Filiale diese ein und teilt dies dem Gericht der Hauptniederlassung mit, das seinerseits die Filialerrichtung vermerkt; alle späteren Eintragungen sind im Register der Hauptniederlassung vorzunehmen, das diese Eintragungen dem Gericht der Filiale mitteilt, das dann seinerseits zur Eintragung schreitet: §§ 35 bis 37 AktGes.

— **Zwischenscheine** sind Urkunden, die vor Aushändigung der Aktien an den Beteiligten ausgegeben werden, sie müssen stets auf den Namen lauten, auf den Inhaber lautende Zwischenscheine sind nichtig, die Ausgeber solcher Urkunden sind dem Besitzer für den durch Ausgabe entstehenden Schaden gesamtschuldnerisch haftbar: § 10 AktGes; auch die Übertragung von Zwischenscheinen ist statthaft, sie ist zur Eintragung im Aktienbuch unter Nachweis des Überganges bei der AG anzumelden: §§ 61, 62 AktGes; an Stelle beschädigter, aber bezüglich des wesentlichen Inhalts noch erkennbarer Zwischenscheine hat die AG auf Verlangen neue Zwischenscheine auszustellen: § 68 AktGes.

**Akzept** s. Wechsel, Akzept.

**aliud** s. Handelskauf, aliud.

**Anstalt** s. Kaufmann, Arten der Handelsgewerbe nach § 1 HGB Ziff. 5 und: Lagergeschäft, Anstalten.

**Anweisung, kaufmännische** s. Orderpapiere, gewillkürte oder kaufmännische.

**Artvollmacht** s. Handelsvertreter, Artvollmacht.

**Aufsichtsrat** s. AG, Aufsichtsrat; s. Genossenschaften, Aufsichtsrat; s. KomGaA, Aufsichtsrat.

**Ausbildung** s. Handlungslehrling, Ausbildung.

**Ausgleichsanspruch** s. Handelsvertreter, Ausgleichsanspruch.

**Ausschließlichkeitsprinzip** s. Firma, Ausschließlichkeitsprinzip.

**Aval** s. Wechsel, Bürgschaft; s. Scheck, Bürgschaft.

## B

**Banken, Bankier** s. Kaufmann, Arten der Handelsgewerbe nach § 1 HGB.

**Beförderung auf Eisenbahnen** s. Eisenbahnen.

**Beförderungsfrist** s. Frachtgeschäft, Beförderungsfrist.

**Beiträge** s. oHG, Beiträge der Gesellschafter.

**Besitzkonstitut** s. Kommissionsgeschäft, Besitzkonstitut bei der Einkaufskommission.

**Betriebsrat** s. Handlungsgehilfe, Befugnisse eines Betriebsrates.

**Bezirksvertreter** s. Handelsvertreter, Bezirksvertreter.

**Bilanz** s. Handelsbücher, Bilanz.

**Binnengewässer** s. Frachtführer.

**Bodmereibrief** s. Orderpapiere, gewillkürte.

**Bürgschaft** s. Handelsgeschäfte, Besonderheiten.

## C

**Cif-Klausel** s. Handelskauf, Cif-Klausel.

**Commis intéressé** s. Handlungsgehilfe, Commis interéssé.

**Coupon** s. Aktiengesellschaft, Coupons.

**Courtage** s. Handelsmakler, Lohn.

## D

**Deckungskauf** s. Handelskauf, Deckungskauf.

**Delkredere** s. Handelsvertreter, Delkredereprovison; s. auch Kommissionär, Delkrederehaftung.

**Derivative Firma** s. Firma, abgeleitete.

**Dispositionspapiere** s. Orderpapiere, gewillkürte, als Dispositionspapiere.

**Distanzkauf** s. Handelskauf, Distanzkauf.

**Dividende** s. Aktiengesellschaft, Dividende, s. GmbH, Dividende, s. Kommanditgesellschaft auf Aktien, Dividende.

**Domizilwechsel** s. Wechsel, Domizilwechsel.

**Druckerei** s. Kaufmann, Arten der Handelsgewerbe nach § 1 HGB.

**Duplikat** s. Wechsel, Vervielfältigungen.

## E

**Ehrverletzungen** s. Handlungsgehilfe, Ehrverletzungen.

**Einkaufskommission** s. Kommissionsgeschäft, Arten.

**Eintragungsfähige Tatsachen** s. Handelsregister, eintragungsfähige Tatsachen.

**Eisenbahnen, des öffentlichen Verkehrs** sind solche, die nach ihrer Zweckbestimmung jedermann zur Personen- oder zur Güterbeförderung benutzen kann: § 2 Abs. 1 Allg. Eisenbahngesetz vom 29. 3. 1951; sie gehören nach Art. 87 GG zum Bundesvermögen, im Gegensatz zu den Eisenbahnen des nichtöffentlichen Verkehrs (Lokal-, Vizinal-, Werkbahnen u. a. m.), die im Eigentum der Gemeinden, Kreise oder von Privaten stehen.

— **Beförderungsgeschäfte** 1. von Gütern: Regelung ist durch §§ 453—458 HGB erfolgt, z. T. nach den Normen über Frachtgeschäfte, ferner durch die Eisenbahnverkehrsordnung vom 8. 9. 1953 mit der VO vom 17. 11. 1961 und vom 26. 5. 1962; 2. von Personen: Regelung ist durch die EVO erfolgt: § 460 HGB.

— **Haftung** besteht wegen Verlust oder Beschädigung des Gutes während der Beförderung, und zwar sogar für Zufall, jedoch nicht: bei höherer Gewalt, bei Schadensentstehung durch Verschulden oder wegen einer Weisung des Verfügungsberechtigten, infolge unzulänglicher Verpackung oder der natürlichen Beschaffenheit des Gutes: § 454 HGB; Haftung ist auch für einen Schaden wegen Versäumung der Lieferfrist gegeben, sofern diese nicht durch ein Ereignis veranlaßt wurde, das die Bahn weder herbeigeführt hat noch abzuwenden vermochte: § 455 HGB; die Eisenbahn hat auch für ihre Bediensteten zu haften und für andere, bei der Beförderungsausführung herangezogene Personen: § 456 HGB.

— **Kontrahierungszwang** für Güterbeförderung besteht nicht die sonst übliche Vertragsfreiheit, vielmehr sind die genannten Eisenbahnen verpflichtet, die Beförderung von Gütern innerhalb des Bundesgebietes von und nach Bahnhöfen und Güternebenstellen — und zwar grundsätzlich in der Reihe der Beförderungsannahme — auszuführen; der Absender muß sich jedoch den Transportbedingungen unterwerfen, die Beförderung darf nicht gesetzlich verboten, das Gut muß zur Beförderung geeignet, der Transport mittels gewöhnlicher Verkehrsmittel möglich und die Bahn nicht durch höhere Gewalt am Transport verhindert sein; schuldhafte Verstöße der Bahn gegen die Vertragszwangspflicht — sie entspricht der Monopolstellung der Bahn! — begründen Schadensersatzansprüche: § 453 HGB.

— **Pfandrecht** kraft Gesetzes, entspricht dem gesetzlichen Pfandrecht des gewöhnlichen Frachtführers: § 457 HGB.

— **Reisegepäck** d. h. das zur Beförderung im gleichen Zug aufgegebene und das in den Wagen mitgenommene Gepäck (sog. Handgepäck) unterliegt den §§ 453 ff HGB über die Güterbeförderung: § 459 HGB.

# F

**Filiale** s. Handelsregister, Zweigniederlassung.

**Filialprokura** s. Prokura, Filialprokura.

**Fixgeschäft** s. Handelskauf, Fixgeschäft.

**Firma** ist der Name des Kaufmannes, unter dem er im Handel seine Geschäfte betreibt und die Unterschrift leistet: § 17 Abs. 1 HGB; sie ist nur im Handelsverkehr, nicht im Privatleben (z. B. bei Testamenten) zu führen, sie stellt die Zusammenfassung von Inhaber und Unternehmen dar, sie ist ein Personalrecht und kein Vermögensobjekt, mag sie auch Vermögenswert (good will!) besitzen.

— **abgeleitete** oder derivative ist eine solche, die — im Gegensatz zur ursprünglichen oder originären Firma — nicht vom Namen des derzeitigen Geschäftsinhabers, sondern von anderen Personen (z. B. Erblasser, Veräußerer) her ihren Ursprung hat.

— **der AG** ist stets Sachfirma (Gegenstand des Unternehmens), nur ausnahmsweise, wenn aus Personalgesellschaft entstanden, Personalfirma, stets mit dem Zusatz AG: § 4 AktGes.

— **Anmeldung** jeder Kaufmann muß seine Firma und den Ort der Handelsniederlassung — wichtig für Erfüllungsort und Gerichtsstand besonderer Art! — beim zuständigen Register (d. h. Bezirk der Niederlassung) zwecks Eintragung anmelden: § 29 HGB; bei juristischen Personen hat Anmeldung durch sämtliche Vorstandsmitglieder, unter Beifügung der Satzung und Urkunde über Vorstandsbestellung, zu erfolgen: § 33 HGB; anzumelden ist auch jede Änderung der Firma, der Inhaber, sowie eine Verlegung des Sitzes und das Erlöschen der Firma: § 31 HGB.

— **Arten** man unterscheidet: Personalfirmen (Person), Sachfirmen (Gegenstand des Unternehmens) und gemischte (Person und Gegenstand) Firmen.

— **Aufbewahrung der Firmenzeichnung** der Kaufmann hat seine Firma zu zeichnen und das Schriftstück dem Registergericht einzureichen, wo es aufbewahrt wird: § 29 HGB; Mitglieder des Vorstandes und Liquidatoren einer juristischen Person unterliegen der gleichen Pflicht: § 35 HGB.

— **Ausschließlichkeitsprinzip** jede neue Firma muß sich von am gleichen Ort schon bestehenden, ins Register eingetragenen Firmen deutlich unterscheiden; das Prinzip wird daher nur innerhalb des gleichen Registerbezirks angewendet (erweiterter Schutz evtl. durch § 16 UWG): § 30 HGB; bei gleichen Vor- und Zunamen muß irgendein Unterscheidungszusatz beigefügt werden; diese Regel ist auch dann zu beachten, wenn lediglich eine Zweigniederlassung begründet werden soll: § 30 Abs. 2 und 3 HGB.

— **des Einzelkaufmannes** hat den Familiennamen und mindestens einen ausgeschriebenen Vornamen (also stets Personalfirma!) zu enthalten, wobei ein irgendein Gesellschaftsverhältnis andeutender Zusatz oder ein anderer, der zur Täuschung über Art oder Umfang (z. B. „Werke" bei kleinem Betrieb) des Geschäfts oder die persönlichen Verhältnisse des Inhabers (z. B. Dr.-Titel) führen könnte, verboten ist: § 18 HGB.

— **bei Erbfolge** die bisherige Firma kann fortgeführt werden, mit oder ohne einen das Nachfolgeverhältnis andeutenden Zusatz: § 22 HGB.

— **Erbenhaftung bei Fortführung** s. Handelsgeschäft, Erwerb von Todes wegen.

— **Fortführung trotz Inhaberänderung** ist statthaft 1. bei Eintritt eines Gesellschafters in ein bisheriges Einzelunternehmen, 2. bei Eintritt eines neuen Gesellschafters in eine bestehende Gesellschaft, 3. bei Ausscheiden eines Gesellschafters aus einer Gesellschaft, selbst wenn dadurch ein Einzelunternehmen entsteht; war jedoch der Name des Ausgeschiedenen in der Firma enthalten, so ist seine oder seiner Erben ausdrückliche Einwilligung nötig: § 24 HGB.

— **der GmbH** kann Personal-, Sach- oder gemischte Firma sein, mit dem Zusatz „mbH": § 4 GmbHGes.

— **der Genossenschaft** muß stets Sachfirma sein, mit einem Zusatz, ob beschränkte oder unbeschränkte Haftpflicht (in Wirklichkeit: Nachschußpflicht!) vorliegt: § 3 GenGes.

— **Geschäftsbezeichnung** z. B. „Kolonialwarenhandlung" oder „Hotel zur Krone" hat nichts mit der Firma zu tun, falls sie nicht ein Bestandteil derselben ist; ein Schutz gegen Verletzung kann ev. durch das UWG, besonders durch § 16, gegeben sein.

— **gewerberechtliche Vorschriften** wer ein Gewerbe in einem offenen Laden oder einer Wirtschaft betreibt, muß die Firma am Eingang anbringen: § 15a GewO.

— **Handelsgeschäft** s. Handelsgeschäft oder Unternehmen.

— **Inhalt der Registereintragung** s. Handelsregister, eintragungsfähige und -pflichtige Tatsachen.

— **der KG** muß den Namen — Vorname nicht nötig! — wenigstens eines persönlich haftenden Gesellschafters, darf aber nicht den Namen eines Kommanditisten enthalten, mit einem das Gesellschaftsverhältnis andeutenden Zusatz; die Beifügung „KG" ist nicht erforderlich (also: nach außen kein Unterschied zur oHG!): § 19 HGB.

— **der KGaA** ist die gleiche wie die der AG, mit dem Zusatz „KomGaA": § 220 AktGes.

— **Konkurs** die Eröffnung, die Aufhebung des Eröffnungsbeschlusses sowie Konkurseinstellung und -Aufhebung sind von Amts wegen einzutragen, ohne öffentliche Bekanntmachungen: § 32 HGB; im übrigen fällt die Firma, da sie kein einer Zwangsvollstreckung unterliegendes Vermögensobjekt, trotz des Vermögenswertes, ist, nicht in die Konkursmasse, und der Konkursverwalter kann sie ohne Zustimmung des Inhabers bei Gesamtveräußerung des Geschäfts nicht übertragen.

— **sog. Leerübertragung** die Firma allein kann nie ohne das Handelsgeschäft, für welches sie geführt wird, veräußert werden, während umgekehrt das Handelsgeschäft übertragen werden kann unter Verbot der Fortführung der bisherigen Firma: § 23 HGB.

— **Minderkaufmann** er darf weder eine Firma führen noch eine solche ins Handelsregister eintragen lassen: § 4 HGB; er führt sein Unternehmen unter seinem bürgerlichen Namen, evtl. mit einer bloßen Geschäftsbezeichnung.

— **Namensänderung** des Geschäftsinhabers (z. B. durch Verheiratung einer Kauffrau, durch Adoption usw.) oder eines in der Firma genannten Gesellschafters erfordert nicht eine Änderung der Firma: § 21 HGB.

— **Nießbrauchbestellung an einem Handelsgeschäft** es gilt das Gleiche wie bei einer Inhaberänderung: § 22 Abs. 2, s. Firma, Fortführung trotz Inhaberänderung.

— **Öffentlichkeitsgrundsatz** wird verwirklicht durch die Eintragung in das Handelsregister, zu deren Herbeiführung der Kaufmann verpflichtet ist, selbst wenn die Eintragung nicht zur Erlangung der Kaufmannseigenschaft — nach § 1 HGB! — erforderlich ist: § 29 HGB; staatliche oder kommunale Unternehmungen brauchen sich nicht eintragen zu lassen: § 36 HGB.

— **der oHG** hat den Namen — Vorname nicht nötig — wenigstens eines der Gesellschafter mit einem ein Gesellschaftsverhältnis andeutenden Zusatz oder die Namen aller Gesellschafter zu enthalten, darf aber nicht noch Namen anderer Personen aufweisen: § 19 HGB.

— **Pachtvertrag** hinsichtlich des Handelsgeschäfts: es gilt das Gleiche wie bei Inhaberwechsel: § 22 Abs. 2, s. **Firma**, Fortführung trotz Inhaberänderung.

— **im Prozeß** ein Kaufmann kann unter seiner Firma klagen und verklagt werden: § 17 Abs. 2 HGB, diese Vorschrift dient nur der erleichterten Prozeßführung; Prozeßpartei ist nicht die Firma, sondern der Firmeninhaber zur Zeit der Klageerhebung (bei Inhaberwechsel also Änderung der Parteibezeichnung nötig!); in der Praxis wird oft die Formel „Klage der Firma X" gebraucht.

— **Schutz** wird in doppelter Weise gewährt: 1. öffentlich-rechtlich durch das Registergericht, gegenüber unbefugtem Firmengebrauch, was der Fall ist, wenn im Geschäftsverkehr eine Firma geführt wird unter Verletzung der Vorschriften der §§ 17 ff HG (z. B. Führung einer Firma durch einen Nichtkaufmann, Verwendung täuschender Zusätze, Gebrauch der eingetragenen Firma eines anderen usw.); nach vergeblicher Mahnung werden Ordnungsstrafen zwecks Unterlassung verhängt: § 37 Abs. 1 HGB, § 140 FGG; 2. privat-rechtlich, wobei aber als weitere Voraussetzung die Rechtsverletzung eines anderen hinzukommen muß: der Verletzte kann dem — auch ohne Verschulden — Verletzenden gegenüber Unterlassungsklage, evtl. auf Einwilligung in die Löschung im Register, erheben; Schadensersatz kann nur bei unerlaubter Handlung, also bei Verschulden, verlangt werden: § 37 Abs. 2 HGB: in beiden Fällen ist aber der Schutz des § 37 HGB nur bei Verstößen innerhalb desselben Registerbezirkes gegeben; bei Verstößen außerhalb des Bezirkes kann das UWG oder das WZG zur Anwendung kommen.

— **Ubergang von Geschäftsforderungen und -Schulden** s. Handelsgeschäft, Erwerb unter Lebenden.

— **unlauterer Wettbewerb** liegt vor, wenn jemand 1. gegen die sog. Allgemeinklausel verstoßend, die Firma eines anderen, im Geschäftsverkehr zu Zwecken des Wettbewerbs in sittenwidriger Weise oder 2. durch sog. Reklameunfug die Firma oder Teile hiervon eines anderen benutzt, falls dies zu einer unrichtigen Angabe führt, die geeignet ist, den Anschein eines besonders günstigen Angebotes zu erwecken oder 3. durch sog. Firmenmißbrauch eine Firma gebraucht, falls ihre Benutzung zur Verwechslung mit der Firma eines anderen führen kann, die dieser mit Recht führt: §§ 1, 3, 16 UWG; es kann Klage auf Unterlassung und bei Verschulden auf Schadensersatz erhoben werden.

— **ursprüngliche oder originäre** ist eine Bezeichnung, die bei der Errichtung eines Handelsgeschäfts durch einen Einzelkaufmann oder eine Handelsgesellschaft entsprechend den Vorschriften der §§ 18, 19 HGB gebildet wird.

— **bei Veräußerung des Handelsgeschäfts durch den Erben** nur mit seiner ausdrücklichen Einwilligung darf der Erwerber die Firma des Erblassers weiterführen: § 22 HGB.

— **Vermögensobjekt** ist sie nicht, trotz des etwaigen Vermögenswertes.

— **Wahrheitsgrundsatz** die Firma soll angeben, 1. wer als Inhaber in Frage kommt und 2. welche Rechtsgestalt das Unternehmen hat: §§ 18, 19 HGB; sie soll den wirklichen Verhältnissen entsprechen und alle Zusätze irreführender Art vermeiden: § 18 Abs. 2 HGB. Das Prinzip der Firmenwahrheit ist praktisch jedoch nur bei originären Firmen völlig durchführbar, während es bei abgeleiteten Firmen (Veräußerung des Geschäfts, Veränderung der Inhaber pp), wegen des Firmenwertes, vielfach durchbrochen wird.

— **Warenzeichen** ein Verstoß gegen das WZG liegt vor, wenn in einer Firma ein Wort verwendet wird, welches für ein Warenzeichen von einem anderen bereits benutzt wird und in die Warenzeichenrolle eingetragen ist; es kann auf Beseitigung des zu Unrecht benutzten Wortes, evtl. auf Löschung im Handelsregister, auch auf Schadensersatz geklagt werden; der Schutz ist örtlich unbegrenzt: §§ 12—14 WZG.

— **Wechsel der Geschäftsinhaber** teilweise oder völlig, s. Firma, Fortführung trotz Inhaberänderung.

— **Wert oder good will** hierfür darf grundsätzlich kein Aktivposten in die Bilanz eingesetzt werden, ausgenommen bei einer AG, falls es sich um eine abgeleitete Firma handelt und die AG für das Recht der Firmenfortführung ein besonderes Entgelt gewährt hat, der Posten muß aber in gewisser Zeit abgeschrieben werden: § 133 AktGes; der Firmenwert spielt bei Geschäftsveräußerungen eine bedeutende Rolle!

— **Zeichnung** s. Firma, Aufbewahrung der Firmenzeichnung.

— **Zusätze** s. Firma des Einzelkaufmannes.

— **Zweigniederlassung** s. Handelsregister, Zweigniederlassung.

**Fob-Klausel** s. Handelskauf, Fob-Klausel.

**Formkaufmann** s. Kaufmann, Formkaufmann.

**Forstwirte** s. Kaufmann, Land- und Forstwirte.

**Frachtbrief** s. Frachtgeschäft, Frachtbrief.

**Frachtführer** ist, wer gewerbsmäßig — Voll- oder Minderkaufmann nach § 1 Ziff. 5 HBG — Güter, auch Tiere, zu Lande, auf Flüssen oder sonstigen Binnengewässern befördert, innerhalb der gleichen Ortschaft oder von einem Ort zum anderen, sei es durch Maschinen, durch Tiere oder mit eigener Kraft: § 425 HGB.

**Frachtgeschäft** ist ein Werkvertrag gemäß §§ 631 ff BGB, also stets entgeltlich, der herbeizuführende Erfolg ist die Beförderung; neben §§ 425 ff HGB sind ergänzend anzuwenden §§ 631 BGB, bei Beförderung durch Kraftfahrzeuge auch das Güterkraftverkehrsgesetz vom 17. 10. 1952, ferner bei Schiffsbeförderung das Gesetz über gewerblichen Binnenschiffsverkehr vom 1. 10. 1953: ein sog. uneigentliches Frachtgeschäft liegt vor, wenn ein Kaufmann, der nicht Frachtführer ist, gelegentlich Güter für andere in seinem Handelsgewerbebetrieb mitbefördert: § 451 HGB.

— **Ablieferungshindernis** der Frachtführer kann, möglichst nach vorheriger Benachrichtigung des Absenders, bei solchen Hindernissen das Gut in einem öffentlichen Lagerhaus oder sonstwie hinterlegen, evtl. sogar zum Selbsthilfeverkauf nach § 373 HGB schreiten; er erhält allerdings dann unter Umständen nicht den vollen Entgelt (Fracht): § 437 HGB.

— **Absender, Pflichten und Rechte** er hat auf Verlangen einen Frachtbrief auszustellen: § 426 HGB, muß die zur Ablieferung an den Empfänger nötigen Papiere, für deren Vollständigkeit und Richtigkeit er nach § 427 haftet, dem Frachtführer aushändigen, hat die nötigen Weisungen zu erteilen und hat den Lohn, d. h. die Fracht, evtl. einen Teil davon bei Rücktritt vom Vertrag wegen zeitweiliger Undurchführbarkeit des Transportes nach § 428 HGB zu zahlen; er kann einen anderen Empfänger benennen, das Gut anhalten oder zurückfordern, aber nicht mehr, wenn der Empfänger am Ablieferungsort den Frachtbrief erhalten oder Klage auf Übergabe von Gut und Frachtbrief erhoben hat: § 433 HGB.

— **Beförderungsfrist** sie bestimmt sich mangels Vereinbarung nach Ortsgebrauch oder den Umständen, bei ihrer Nichteinhaltung — Antritt oder Fortsetzung — ohne Verschulden des Absenders steht diesem ein Rücktrittsrecht zu, wobei er nur einen entsprechenden Teil der Fracht zahlen muß: § 428 HGB; bei schuldhafter — Verschulden wird vermutet! — Versäumung der Lieferfrist ist der Frachtführer schadensersatzpflichtig: § 429 HGB.

— **durchgehender Frachtbrief** § 432 Abs. 2 HGB; s. Frachtgeschäft, Unterfrachtführer.

— **Empfänger, Rechte und Pflichten** vor Ankunft des Gutes kann er nur die nötigen Sicherungsmaßnahmen treffen, dem Frachtführer insoweit Weisungen erteilen, ohne indes vor Ankunft des Gutes Auslieferung fordern zu können (der Frachtvertrag ist kein echter Vertrag zu Gunsten Dritter!); nach Ankunft des Gutes aber kann er in eigenem Namen, für eigene oder fremde Rechnung, Übergabe von Gut und Frachtbrief verlangen, indes nur gegen Erfüllung der Vertragspflichten, besonders Entrichtung der Fracht: durch Annahme von Gut und Frachtbrief wird er gesamtschuldnerisch — gesetzliche Schuldnerhäufung! — neben dem Absender zum Schuldner der Fracht: §§ 434—436 HGB.

— **Erlöschen der Verpflichtungen des Frachtführers** tritt ein bei Zahlung der Fracht nebst Begleichung der sonstigen Ansprüche des Frachtführers und Annahme des Gutes, sofern nicht der Schaden oder die Minderung des Gutes amtlich genau festgestellt ist — Kosten hat bei der Feststellung des Schadens der Frachtführer zu tragen! — oder der Frachtführer den Schaden vorsätzlich oder grob fahrlässig herbei geführt hat; bei nicht erkennbaren Schäden bleibt er auch haftbar trotz Zahlung der Fracht und Annahme des Gutes: § 438 HGB.

— **Fracht** ist der an den Frachtführer zu entrichtende Werklohn.

— **Frachtbrief** die Ausstellung desselben kann der Frachtführer vom Absender verlangen, wobei dieser für Richtigkeit und Vollständigkeit der darin enthaltenen Angaben haftet; er ist eine Beweisurkunde, welche die wichtigsten Punkte des Frachtvertrages zum Inhalt hat (Name von Frachtführer und Empfänger, Bezeichnung des Gutes nach Art und Verpackung, Angabe über die Fracht, Ausstellungs- und Ablieferungsort, Unterschrift des Ausstellers usw.): § 426 HGB; durch Frachtbriefübergabe an den Empfänger am Ablieferungsort erlischt das Verfügungsrecht des Absenders hinsichtlich des Gutes: § 433 Abs. 2 HGB; nach Ankunft des Gutes kann der Empfänger, gegen Erfüllung der Absenderpflichten, Übergabe des Frachtbriefes verlangen, durch dessen Annahme er aber auch, neben dem Absender, dem Frachtführer für Zahlung der Fracht haftet: §§ 435, 436 HGB; über sog. durchgehenden Frachtbrief s. Frachtgeschäft, Unterfrachtführer.

— **Haftung des Frachtführers** besteht wegen eines Schadens am Gut durch Verlust oder Beschädigung, bei Kostbarkeiten, Kunstgegenständen, Geld und Wertpapieren jedoch nur bei Angabe von Beschaffenheit und Wert: ferner haftet er für Schäden durch Versäumung der Lieferzeit; die Haftung ist nur bei Verschulden des Frachtführers gegeben, das jedoch vermutet wird: § 429; er haftet auch für das Verschulden seiner Erfüllungsgehilfen und seiner "Leute", d. h. für Personen, die seinem Betrieb angehören, ohne direkt mit dem Beförderungsvertrage etwas zu tun zu haben: § 431 HGB, endlich auch für das Verschulden von sog. Unterfrachtführern: § 432 HGB, während er beim Heranziehen von sog. Zwischenfrachtführern nicht für diese haftet, sondern nur für eigene schuldhafte schlechte Auswahl.

— **Ladeschein** im Landfrachtverkehr ungebräuchlich, hingegen üblich bei Binnenschiffahrtsgüterbeförderung (§§ 72 ff Binnenschiffahrtsgesetz), ist ein vom Frachtführer ausgestelltes, dem Absender ausgehändigtes Wertpapier, mit ähnlichem Inhalt wie der Frachtbrief und entscheidend für das Rechtsverhältnis zwischen Frachtführer und Empfänger — für dasjenige zwischen Frachtführer und Absender kommen die Bestimmungen des Frachtbriefes in Frage —, wobei der Frachtführer Weisungen des Absenders über eine abweichende Auslieferung nur gegen Rückgabe des Ladescheines befolgen darf; das Papier ist ein sog. gewillkürtes Orderpapier nach § 363 Abs. 2 HGB: empfangsberechtigt ist der im Ladeschein Benannte bzw. bei Ausstellung als Orderpapier der Indossatar; das Gut ist nur gegen Rückgabe des quittierten Ladescheines abzuliefern: §§ 444 bis 448 HGB.

— **Ladeschein als sog. Dispositionspapier** die Übergabe des Ladescheines an den durch die Urkunde zum Empfang Berechtigten — ursprünglich Benannten, evtl. Zessionar oder Indossatar — kommt der körperlichen Übergabe des Gutes gleich, so daß man eine Übereignung oder Verpfändung des Gutes durch Einigung nach § 929 bzw. § 1205 BGB und Übergabe des Papiers vornehmen kann: § 450 HGB.

— **letzter Frachtführer** bei Beteiligung mehrerer Frachtführer, als Unter- oder Zwischenfrachtführer, an der Beförderung hat der letzte von ihnen ihre Forderungen einzuziehen und ihre Pfandrechte auszuüben und ist ihnen bei schuldhafter Pflichtverletzung schadensersatzpflichtig; bei Befriedigung eines vorhergehenden Frachtführers durch den nachfolgenden gehen Forderung und Pfandrecht des früheren auf den späteren über: §§ 441, 442 HGB.

— **Leute** s. Frachtgeschäft, Haftung des Frachtführers.

— **Pfandrecht** wegen aller Forderungen aus dem Frachtvertrag hat der Frachtführer ein gesetzliches Pfandrecht am Gut, aber nicht nur, solange er es in Besitz hat oder mittels Dispositionspapiers (Lagerschein usw.) darüber verfügen kann, sondern auch noch 3 Tage nach Ablieferung, wenn er es in dieser Zeit gerichtlich geltend macht: § 440 HGB; beim Zusammentreffen gesetzlicher Pfandrechte von: Kommissionär, Spediteur, Lagerhalter und Frachtführern gehen diejenigen der mit der Beförderung befaßten Personen denen der anderen vor; ferner geht das jüngste Pfandrecht dem älteren vor: § 443 HGB.

— **der Post** wird nicht nach den §§ 425 ff HGB, sondern nach Postgesetz behandelt, die Post gilt nicht als Kaufmann im Sinne des HGB: § 452 HGB.

— **Schadensersatz** der Frachtführer hat bei schuldhafter Vertragsverletzung wegen Verlust oder Beschädigung des Gutes nicht vollen Schadensersatz zu leisten, sondern nur den „gemeinen Handelswert" (= am Ablieferungsort zu erzielender Durchschnittspreis, evtl. Börsen- oder Marktwert) und in dessen Ermangelung den „gemeinen Wert" (= Wert des Gutes für jeden Besitzer) zu ersetzen, es sei denn, daß Vorsatz oder grobe Fahrlässigkeit vorliegt: § 430 HGB.

— **Unterfrachtführer** der Frachtvertrag wird vom Absender nur mit dem

Hauptfrachtführer unter Ausstellung eines „durchgehenden Frachtbriefes" abgeschlossen; der Hauptfrachtführer läßt jedoch den Transport teilweise durch einen anderen, den Unterfrachtführer, durchführen, für dessen Verschulden er als dasjenige eines Erfüllungsgehilfen haftet; neben ihm (sog. Samtfrachtführer) haftet aber auch dieser Unterfrachtführer dem Absender unmittelbar; im Innenverhältnis der Frachtführer hat derjenige den Schaden zu tragen, der ihn verschuldet hat: § 432 HGB; der das Gut übernehmende Unterfrachtführer haftet, falls ein Ladeschein in Frage kommt, gemäß diesem Schein: § 449 HGB.

— **Unterschied zur Spedition** der Spediteur schließt für den Versender den Frachtvertrag mit dem Frachtführer ab, der seinerseits den Transport ausführt; über den Spediteur als Frachtführer s. Speditionsgeschäft, Selbsteintrittsrecht des Spediteurs.

— **Verjährung** der Ansprüche gegen den Frachtführer erfolgt in 1 Jahr: § 439 HGB.

— **Zwischenfrachtführer** hier übernimmt der erste Frachtführer den Transport nur für einen Teil der Strecke und übergibt das Gut, mit einem besonderen Frachtbrief, im eigenen Namen, aber für Rechnung des Absenders einem anderen Frachtführer, dem sog. Zwischenfrachtführer, welcher dem Absender für Verschulden allein haftet; der Hauptfrachtführer haftet dem Absender für später entstehende Schäden nur, sofern er den Zwischenfrachtführer schuldhaft schlecht ausgewählt oder informiert hat.

**Fürsorgepflicht** s. Handlungsgehilfe, Fürsorgepflicht; s. Handlungslehrling, Fürsorgepflicht.

## G

**Gefälligkeitsakzept** s. Wechsel, Gefälligkeitsakzept.

**Gehalt, über DM 8000** s. Handlungsgehilfe, Wettbewerbsverbot, Angestellte mit Gehalt über DM 8000 jährlich.

**Geldwechsler** s. Kaufmann, Arten der Handelsgewerbe nach § 1 HGB.

**Generalvollmacht** s. Handlungsvollmacht, Generalvollmacht.

**Genossenschaften, eingetragene** sind juristische Personen, aber keine Kapitalgesellschaften (kein Grundkapital, keine geschlossene Mitgliederzahl),! sie gelten als Kaufleute gemäß HGB; sie haben den Zweck, durch gemeinschaftlichen Geschäftsbetrieb den Erwerb oder die Wirtschaft ihrer Mitglieder zu fördern: §§ 1, 17 GenG.

— **Abschlagsverteilung** soweit in einem Konkurs von den Genossen Nachschüsse zur Masse eingezogen worden sind, kann bei längerer Konkursdauer der Konkursverwalter mit Zustimmung von Konkursgericht und Gläubigerausschuß zwecks Durchführung einer Nachtragsverteilung diese Beiträge an die Gläubiger verteilen; bei Überzahlung ist ein etwaiger Überschuß den Genossen zurückzuerstatten: § 115 a GenG.

— **Änderungen des Statuts** erfolgen nur durch Beschluß der Generalversammlung, wobei zur Änderung des Gegenstandes des Unternehmens sowie zur Geschäftsanteilserhöhung eine ¾-Mehrheit der erschienenen Genossen nötig ist; erst mit Eintragung ins Genossenschaftsregister ist die Änderung rechtswirksam:

§ 16 GenG; bei Herabsetzung des Geschäftsanteils muß der Beschluß seinem wesentlichen Inhalt nach durch das Gericht bekanntgegeben werden, unter Wahrung der Gläubigerrechte (Sicherheitsleistung!): § 22 GenG.

— **Anfechtung von Beschlüssen wegen Verstoßes gegen Bilanzvorschriften** nach §§ 33 d—f ist unzulässig bei nur geringfügiger Beeinträchtigung der Bilanzklarheit: § 33 h GenG.

— **Anfechtung von Generalversammlungsbeschlüssen** kann mittels Klage beim Landgericht — Frist von 1 Monat — wegen Verletzung des Gesetzes oder Statuts erfolgen durch jeden Genossen, der nicht geladen, nicht zugelassen war oder seinen Widerspruch zu Protokoll erklärt, ferner durch den Vorstand, ein Mitglied von Vorstand oder Aufsichtsrat; die Klage ist zu richten gegen die Genossenschaft, vertreten durch den Vorstand und Aufsichtsrat, evtl. durch eines dieser Organe, sie ist öffentlich bekannt zu geben; das den Beschluß für nichtig erklärende Urteil wirkt für und gegen alle Genossen; bei böswillig erhobener, unbegründeter Klage ist der Kläger schadensersatzpflichtig: §§ 51, 52 GenG.

— **Anfechtung der vollstreckbaren Vorschußberechnung im Konkurs** kann durch jeden Genossen mittels Klage gegen den Verwalter binnen 1 Monat beim Amtsgericht erfolgen, wenn der Genosse im Erklärungstermin den Anfechtungsgrund geltend gemacht hatte; das rechtskräftige Urteil wirkt sich bezüglich aller beitragspflichtigen Genossen aus: §§ 111, 112 GenG.

— **Anmeldung** zwecks Eintragung erfolgt durch den Vorstand unter Beifügung von unterzeichnetem Statut, Liste der Genossen, Abschrift der Urkunden über Vorstands- und Aufsichtsratsbestellung, Bescheinigung eines Prüfungsverbandes über Zulassung der Genossenschaft zum Beitritt; die Vorstandsmitglieder müssen gleichzeitig ihre Unterschrift vor dem Gericht zeichnen: § 11 GenG.

— **Antrag auf Konkurseröffnung** oder des Vergleichsverfahrens hat bei Zahlungsunfähigkeit der Vorstand — jedes Mitglied ist antragsberechtigt — ohne schuldhaftes Zögern, spätestens 3 Wochen nach Eintritt der Zahlungsunfähigkeit zu stellen; Antragsabweisung mangels Masse ist unzulässig: §§ 99, 100 GenG.

— **Arten** 1. rechtlich: mit unbeschränkter Haftpflicht: hier haften die Genossen für Verbindlichkeiten ohne Summenbeschränkung, und: mit beschränkter Haftpflicht, wo die Haftung auf eine bestimmte Summe beschränkt ist; in Wirklichkeit handelt es sich in beiden Fällen nur um eine Nachschußpflicht, denn die Haftung besteht nicht den Gläubigern, sondern der Genossenschaft gegenüber: § 2 GenG; 2. wirtschaftlich: Vorschuß- und Kreditvereine, Absatz- und Produktivgenossenschaften, Konsumvereine, Rohstoffvereine, Vereine zwecks Wohnungsbeschaffung u. a. m.: § 1 GenG; unzulässig ist die Genossenschaftsform für Bausparkassen, Hypothekenbanken, Versicherungen.

— **Auflösung** erfolgt durch Beschluß mit ¾-Mehrheit, durch Zeitablauf — in beiden Fällen kann wieder Fortsetzung beschlossen werden, solange noch keine Vermögensverteilung begonnen hat: § 79a GenG! —, bei Absinken der Mitgliederzahl unter 7 durch das Gericht, ferner durch die Verwaltungsgerichtsbarkeit bei gesetzwidrigem, das Gemeinwohl gefährdendem Verhalten: §§ 78, 79—81 GenG, durch Konkurseröffnung: § 101 GenG; Vorschuß- und Kreditvereine können nur durch eine ausschließlich für den

Auflösungszweck berufene Versammlung aufgelöst werden: § 78a GenG; wenn laut Gutachten des Revisionsverbandes die Auflösung Mittelstandsinteressen widerspricht, so bedarf es zweier Beschlüsse, im Abstand von 1 Monat: § 78b GenG; auch aufgelöste Genossenschaften unterliegen nach wie vor der Revision: § 64c GenG.

— **Aufsichtsrat** ist obligatorisch, die Mitglieder müssen Genossen sein (keine Registereintragung!): § 9 GenG; die Mindestzahl beträgt 3 Personen, Wahl erfolgt durch die Generalversammlung, Tantièmebezug ist unstatthaft, ebenso gleichzeitige Zugehörigkeit zum Vorstand (nur kurzfristig kann bei Behinderung eines Vorstandsmitgliedes ein Mitglied des Aufsichtsrates zum Vertreter bestellt werden): §§ 36, 37 GenG.

— **Aufsichtsrat, Aufgaben** der Aufsichtsrat hat Kontroll- und Informationsrechte gegenüber dem Vorstand, prüft den Jahresabschluß, kann eine Generalversammlung bei Vorliegen des Genossenschaftsinteresses einberufen; er vertritt sie bei Verträgen und Prozessen mit dem Vorstand, welcher zur Gewährung eines Kredites der Zustimmung des Aufsichtsrates bedarf; er kann nach seinem Ermessen Vorstandsmitglieder von ihren Geschäften bis zur Entscheidung durch die Versammlung entheben; der Aufsichtsrat haftet der Genossenschaft für schuldhaft verursachten Schaden: §§ 38—41 GenG.

— **Ausscheiden von Genossen** erfolgt durch: schriftliche Kündigung mindestens 3 Monate vorher zum Geschäftsjahresende (bei Auflösung vor diesem Zeitpunkt: kein Ausscheiden!), die Kündigung kann auch durch einen Gläubiger des Genossen erfolgen, der die Pfändung und Überweisung des Auseinandersetzungsguthabens erwirkt hat; Ausscheiden erfolgt ferner bei: Wohnsitzaufgabe, falls die Mitgliedschaft an den Wohnsitz in einem bestimmten Bezirk geknüpft ist, endlich: durch Ausschließung wegen Verlustes der bürgerlichen Ehrenrechte oder wegen Mitgliedschaft an einer gleichartigen Genossenschaft: §§ 65—68 GenG; das Ausscheiden hat der Vorstand dem Gericht anzuzeigen und in die Liste aufzunehmen, ev. unter Aufnahme einer Vormerkung; mit dem Ausgeschiedenen wird die Auseinandersetzung durchgeführt (Bilanz!); Ausscheiden findet auch durch Tod statt: §§ 69—77 GenG.

— **Berufung der Generalversammlung** erfolgt durch den Vorstand in den durch Statut oder Gesetz genannten Fällen, ferner stets dann, wenn dies im Interesse der Vereinigung liegt, und zwar in der statutenmäßig bestimmten Weise mit einer Frist von 1 Woche, unter Angabe des Zwekkes und der Gegenstände, über die Beschluß gefaßt werden soll; wenn 1/10 der Genossen Einberufung fordert und der Vorstand dem Verlangen nicht entspricht, so kann das Gericht diese Genossen zur Einberufung ermächtigen: §§ 44—46 GenG (Gleiches gilt für die Vertreterversammlung nach § 43a!); ein Einberufungsrecht hat auch ein Prüfungsverband bei ungebührlicher Verzögerung der Beschlußfassung über den Prüfungsbericht: § 60 GenG.

— **Besonderheiten bei beschränkter Haftpflicht** die einzelne Haftsumme darf nicht niedriger als der Geschäftsanteil sein; die Beitrittserklärung muß den gesetzlich vorgeschriebenen Text, besonders über die Haftungs(-Nachschuß-)-Summe, bei Gefahr der Nichtigkeit, enthalten; die Erhöhung der Haftsumme, durch Erhöhung des Geschäftsanteils, bedarf eines Beschlusses mit

¾-Mehrheit, was auch nötig ist: für die Zerlegung von Geschäftsanteil und Haftsumme — gilt nicht als Herabsetzung! — in gleiche Teile; durch Statut kann die Höchstzahl einer Mehrfachbeteiligung — keine Vervielfachung des Stimmrechts! — bestimmt werden, was jedoch zur Vervielfältigung der Haftsumme führt und nur nach Erreichung des 1. Geschäftsanteils zulässig ist, auch kann Übertragung nur an einen Genossen erfolgen, der die Höchstzahl noch nicht erreicht hat; mit jeder Bilanz ist der Gesamtänderungsbetrag von Geschäftsguthaben und Haftsummen zu veröffentlichen, unter Angabe der Gesamthaftsumme; Konkurs ist bei Zahlungsunfähigkeit oder Überschuldung, falls diese ¼ des Gesamthaftungsbetrages aller Genossen übersteigt, gegeben: §§ 131—142 GenG.

— **Besonderheiten bei unbeschränkter Haftpflicht** jeder Genosse darf nur mit einem Geschäftsanteil beteiligt sein, die Beitrittserklärung muß einen genau vorgeschriebenen Wortlaut aufweisen, mit Klarheit über die Bedeutung der unbeschränkten Haft-(Nachschuß-)Pflicht; Überschuldung ist hier kein Konkursgrund wegen der unbeschränkten Genossenverpflichtung: sobald keine genügende Deckung vorhanden ist, muß der Vorstand eine Versammlung einberufen zur Beschlußfassung über die etwaige Auflösung der Genossenschaft: §§ 119—121 GenG.

— **Bestellung von Liquidatoren oder eines Prüfungsverbandes durch das Gericht** erstere werden auf Antrag des Aufsichtsrates oder von 1/10 der Genossen gerichtlich bestellt: § 83 GenG; ein Prüfungsverband hingegen wird durch das Gericht bestellt, wenn die Genossenschaft keinem Prüfungsverband angehört (d. h. weil ihrem bisherigen Verband nach § 64a GenG das Prüfungsrecht entzogen worden ist!): § 64b GenG.

— **Bilanzpflicht des Vorstandes** er hat nach Ablauf eines jeden Geschäftsjahres eine Bilanz, eine Gewinn- und Verlustrechnung sowie einen Geschäftsbericht anzufertigen, dem Aufsichtsrat und mit dessen Bemerkungen der Generalversammlung vorzulegen: § 33 GenG.

— **Bilanzvorschriften** die Bilanz muß so klar und übersichtlich sein, daß sie den Beteiligten einen möglichst sicheren Einblick in die Lage der Genossenschaft gewährt, unter Beachtung von Bewertungs- und Gliederungsregeln: § 33b GenG.

— **Bilanz-Bewertungs-Vorschriften** Anlagewerte sind höchstens mit Anschaffungskosten anzusetzen, für das Umsatzvermögen herrscht Niederstbewertungsprinzip,Gründungskosten und Firmenwert dürfen nicht aktiviert werden, letzterer ist aktivierbar, wenn er bei Erwerb eines Unternehmens mitbezahlt werden mußte (jedoch Tilgung durch jährliche Abschreibungen!), Anleihen sind mit dem Rückzahlungsbetrag zu passivieren, ebenso ist zu passivieren der Betrag der Geschäftsguthaben der Genossen: § 33c GenG.

— **Bilanz-Gliederungs-Vorschriften** die Aktivseite gliedert sich in 1. Anlagevermögen (ähnlich wie bei der AG!), 2. Beteiligungen, 3. Umlaufvermögen (ähnlich wie bei der AG, besonders Ausweisung von Kreditforderungen gegenüber Genossen!), 4. Rechnungsabgrenzungsposten; die Passivseite gliedert sich in 1. Gesamtbetrag der Geschäftsguthaben der Genossen, 2. gesetzliche und sonstige Reserven, 3. Rückstellungen, 4. Wertberichtigungsposten, 5. Verbindlichkeiten (ähnlich wie bei der AG, unter besonderer Ausweisung der Einlagen, mögen es solche aus laufender Rechnung oder Spareinlagen sein, ferner von Pfandgeldern von Arbeitern und Angestellten), 6. Rechnungsabgrenzungsposten. — Reingewinn und -Verlust ist gesondert (vom vorjährigen Gewinn pp) auszuweisen: §§ 33d, e GenG.

— **Bilanzprüfung** durch den Bundesjustizminister kann hinsichtlich des Jahresabschlusses Prüfungspflicht vor Vorlegung an die Versammlung bestimmt werden: § 53 Abs. 2 GenG.

— **Buchführung** der Vorstand hat dafür Sorge zu tragen: § 33 GenG.

— **Bücheraufbewahrung** nach Liquidationsende sind Bücher und Schriften der aufgelösten Genossenschaft 10 Jahre lang aufzubewahren, entweder durch einen ehemaligen Genossen oder einen, ev. vom Gericht zu bestimmenden Dritten: § 93 GenG.

— **Deutsche Genossenschaftskasse** ist ein Spitzenkreditinstitut für das gesamte Bundesgebiet, sie gewährt kurz- und mittelfristige Kredite an genossenschaftliche Zentralkassen und sonstige genossenschaftliche Vereinigungen: Gesetz über die Deutsche Genossenschaftskasse vom 4. 4. 1957.

— **Einstellung des Konkursverfahrens** erfolgt auf Vorstandsantrag unter Beibringung der Zustimmung aller Gläubiger, welche Forderungen angemeldet haben, und Erbringung des Nachweises, daß andere Gläubiger nicht bekannt sind: § 116 GenG.

— **Eintragung der Vereinigung** erfolgt im Genossenschaftsregister, eingetragen werden: Statut und Vorstandsmitglieder (Name, Beruf, Wohnort), mit Eintragung wird die Rechtsfähigkeit erworben: §§ 10, 13 GenG; von Amts wegen wird eine Auflösung der Vereinigung vom Gericht unverzüglich eingetragen: § 82 GenG.

— **vor Eintragung** sind, soweit noch kein Statut errichtet, Gesellschaften des BGB, nach Statutenerrichtung nicht rechtsfähige Vereine: § 13 GenG.

— **Einziehung von Beiträgen im Konkurs** nach Vollstreckbarerklärung der Vorschußberechnung durch das Konkursgericht muß der Konkursverwalter unverzüglich die Beiträge von den Genossen einziehen, wobei Zwangsvollstreckung auf Grund einer vollstreckbaren Ausfertigung der Entscheidung und eines Auszuges aus der Berechnung erfolgen kann; die eingezogenen Gelder sind zu hinterlegen oder anzulegen: §§ 109, 110 GenG.

— **Entstehung der Mitgliedschaft** erfolgt nach Statutenanmeldung zum Register durch eine vom Beitretenden unterzeichnete Schrifturkunde, die nach Zulassung vom Vorstand unverzüglich dem Gericht zwecks Eintragung in die Genossenliste einzureichen ist: durch Eintragung in die Liste wird die Mitgliedschaft erworben: § 15 GenG; beitrittsfähig sind alle natürlichen und juristischen Personen, ferner die oHG und die KG; überträgt ein Genosse seinen Geschäftsanteil, so kann dies nur an eine Person geschehen, die entweder schon Genosse ist oder es durch die Übertragung wird: § 76 GenG.

— **Entziehung des Prüfungsrechts** gegenüber einem Prüfungsverband: ist durch die Regierung möglich, wenn der Verband nicht mehr die Gewähr für die Erfüllung seiner Aufgaben bietet, die ihm gemachten Auflagen nicht innehält oder für seine Prüfungstätigkeit kein Bedürfnis mehr besteht: § 64a GenG.

— **Erhöhung des Geschäftsanteils zwecks Konkursabwendung** trotz Auflösung kann eine — Satzungsänderung! — Geschäftsanteilserhöhung beschlossen werden zu dem Zweck, unter Abwendung eines Konkurses die Liquidation durchzuführen; vorher ist der zuständige Revisionsverband zu hören; der Beschluß bedarf stets einer ¾-Mehrheit: § 87a GenG.

— **Errichtung** erfolgt durch Unterzeichnung des schriftlichen Statuts durch 7 Genossen: §§ 4, 5 GenG; auch die nach Gründung, aber vor Anmeldung zum Register beigetretenen Genossen haben das Statut zu unterzeichnen.

— **Filiale** muß bei dem Gericht ihres Sitzes zwecks Eintragung angemeldet werden, unter Angabe des Statut-Auszuges nach § 12 GenG sowie Beifügung von zwei beglaubigten Abschriften des Statutes und einer beglaubigten Abschrift der Genossenliste; das Filialgericht muß dem Gericht der Hauptniederlassung von der Eintragung der Filiale Mitteilung machen: § 14 GenG.

— **Firma** muß stets eine — vom Gegenstand des Unternehmens entnommene — Sachfirma sein und durch einen Zusatz die Art der Genossenschaft andeuten: § 3 GenG.

— sog. **Generalbevollmächtigte** nach § 54 HGB und Prokuristen dürfen von der Genossenschaft nicht bestellt werden: § 42 Abs. 2 GenG.

— **Generalversammlung** ist das Organ, durch welches die Genossen mittels Beschlußfassung ihre Rechte bezüglich Geschäftsführung, Bilanzprüfung sowie Gewinn- und Verlustverteilung ausüben; jeder Genosse hat 1 Stimme, jedoch nicht in ihn selbst betreffenden Angelegenheiten; Bevollmächtigung ist grundsätzlich unstatthaft, Beschlüsse bedürfen gewöhnlich nur einfacher Mehrheit, sie sind in ein Protokollbuch — jedem Genossen zugänglich! — einzutragen: §§ 43—47 GenG; über die Einberufung s. Genossenschaften, Berufung der Generalversammlung.

— **Generalversammlung, Befugnisse** sie beschließt über den Jahresabschluß, über Gewinnverteilung — hierbei allerdings unter Bindung an eine Statutenvorschrift über Bildung eines Reservefonds gemäß § 7 Ziff. 4 GenG! — und Verlustbeteiligung, über Entlastung von Vorstand und Aufsichtsrat, ferner: über den Höchst-Gesamtbetrag für Anleihen der Vereinigung und Spareinlagen, desgleichen über bei Kreditgewährungen an Genossen einzuhaltende Grenzen, über Festsetzung der von den Genossen auf den Geschäftsanteil zu leistenden Einzahlungen: §§ 48—50 GenG; die Versammlung behält ihre Befugnisse grundsätzlich auch während der Liquidation: § 87 GenG.

— **Genossenliste** wird vom Registergericht neben dem Genossenschaftsregister geführt, gewissermaßen als dessen Bestandteil; sie enthält die Namen der Genossen: erst durch Eintragung entsteht Mitgliedschaft: § 15 GenG; auch das Ausscheiden eines Genossen bedarf der Eintragung: § 70 GenG, was auch für ein Ausscheiden durch Übertragung des Geschäftsguthabens gilt: § 76 GenG.

— **Genossenverzeichnis** hat der Vorstand zu führen und für Übereinstimmung mit der Genossenliste zu sorgen: § 30 GenG.

— **Genossenschaftsregister** wird vom Registergericht des Sitzes der Genossenschaft — neben dem Handelsregister! — geführt; alle Genossenschaften des Bezirkes sind einzutragen und erhalten dadurch Rechtsfähigkeit: § 10 GenG.

— **Geschäftsanteil** ist derjenige Betrag, bis zu dessen Höhe sich alle Genossen beteiligen können; er muß sich aus dem Statut ergeben: § 7 Ziff. 2; s. auch § 50 GenG; Erhöhung bedarf eines Versammlungsbeschlusses mit ¾-Mehrheit: § 16 GenG; Herabsetzung erfolgt nach § 22 GenG, als solche gilt aber nicht die durch Beschluß erfolgende Anteilszerlegung nach § 133a; Sacheinlagen auf den Geschäftsanteil sind unstatthaft; es gibt keine Verzinsung: § 21 GenG.

— **Geschäftsbericht** ist vom Vorstand nach Ablauf des Geschäftsjahres für dieses neben dem Jahresabschluß dem Aufsichtsrat und der Versammlung vorzulegen und auch zu dem Genossenschaftsregister einzureichen; im Bericht sind Vermögensstand und Verhältnisse der Genossenschaft zu entwickeln und der Jahresabschluß zu erläutern: §§ 33, 33a GenG.

— **Geschäftsbetriebsausdehnung auf Nichtmitglieder** ist statthaft, falls dies im Statut vorgesehen ist; unzulässig ist dies bei sog. Vorschußvereinen: Darlehensgewährung an Nichtmitglieder ist nicht erlaubt: § 8 GenG.

— **Geschäftsguthaben** ist der Betrag, mit dem ein Genosse tatsächlich beteiligt ist (liegt also zwischen Mindesteinlage und Geschäftsantel); es wird aus den geleisteten Einzahlungen und den Gewinngutschriften gebildet; durch Übertragung auf eine andere Person ist Ausscheiden aus der Genossenschaft möglich: § 76 GenG.

— **Gewinn- und Verlustrechnung** ist vom Vorstand dem Aufsichtsrat und der Versammlung vorzulegen und zu veröffentlichen: § 33 GenG; zu gliedern ist die Rechnung in 1. Aufwendungen (Löhne und Gehälter, soziale Abgaben, Abschreibungen, Besitzsteuern, sonstige Aufwendungen) und 2. Erträge (Betrag, der sich nach Abzug der Aufwendungen für Rohstoffe usw. ergibt, Erträge aus Beteiligungen, Zinsen und sonstige Kapitalerträge, außerordentliche Erträge und Zuwendungen): § 33 f GenG.

— **Gewinn- und Verlustverteilung** erfolgt gemäß § 48 GenG durch die Versammlung, die Verteilung erfolgt für das 2. Geschäftsjahr nach dem ermittelten Geschäftsguthaben, wobei Gewinnzuschreibung nur solange erfolgt, bis die Geschäftsanteilshöhe erreicht ist; das Statut kann eine andere Regelung treffen, sogar bestimmen, daß Gewinn nicht verteilt, sondern dem Reservefonds zugeschrieben wird: §§ 19, 20 GenG.

— **Gläubigerausschuß** ist bei Konkurseröffnung durch das Gericht zu bestellen, die Gläubigerversammlung beschließt über Beibehaltung oder Wahl anderer Mitglieder des Ausschusses und des Vorstandes und Aufsichtsrates: §§ 103, 104 GenG.

— **Gründer** mindestens 7 Genossen, die auch das Statut unterzeichnen, sind nötig: § 4 GenG.

— **Haftpflicht der Genossen** ist, ob beschränkt oder nicht beschränkt, in Wirklichkeit nur eine Nachschußpflicht gegenüber der Genossenschaft (ähnlich wie eine durch Gesellschaftsvertrag festgesetzte Nachschußpflicht der Gesellschafter einer GmbH!), eine unmittelbare Inanspruchnahme der Genossen durch die Gläubiger der Genossenschaft ist — im Gegensatz zu früherer Zeit! — nicht möglich.

— **Haftung der Genossen** d. h. Nachschußpflicht gegenüber der Genossenschaft richtet sich nach dem Statut, wobei der neu Eintretende auch für die vor seinem Eintritt eingegangenen Verbindlichkeiten haftet: § 23 GenG.

— **Herabsetzung des Geschäftsanteils** s. Genossenschaften, Geschäftsanteil; der wesentliche Inhalt des Herabsetzungsbeschlusses ist durch das Gericht zu veröffentlichen, den sich binnen 6 Monaten meldenden Gläubigern ist Sicherheit zu leisten: § 22 GenG.

— **Inhalt der Eintragung** s. Genossenschaften, Eintragung.

— **Inhalt des Statuts** sog. Mußinhalt (Verstoß berechtigt zur Erhebung der Nichtigkeitsklage nach § 94 GenG, evtl. aber Heilbarkeit!) besteht in Angaben über Firma, Sitz, Gegenstand des Unternehmens, Form der Versammlungsberufung und der Beurkundung von Beschlüssen (die Berufung muß durch unmittelbare Benachrichtigung jedes Genossen oder durch Bekanntmachung in einem öffentlichen Blatt erfolgen), ferner über: Form der seitens der Genossenschaft ergehenden Bekanntmachungen, Art der Haftpflicht, Angabe von Geschäftsanteil und Mindesteinlage, die wenigstens 1/10 des Geschäftsanteils betragen muß, evtl.: Grundsätze einer Bilanzprüfung; Bildung eines Reservefonds und dessen Art, besonders die Höhe eines abzuführenden Reingewinnes: §§ 6, 7 GenG.

— **Weiterer Inhalt des Statuts** sind Bestimmungen, die wirksam nur durch Aufnahme in das Statut getroffen werden können: Zeitdauer der Genossenschaft, Bindung der Mitgliedschaft an den Wohnsitz in einem bestimmten Bezirk, Geschäftsjahr, Erfordernisse einer qualifizierten Beschlußmehrheit für bestimmte Gegenstände, Ausdehnung des Geschäftsbetriebes auf Nichtgenossen: § 8 GenG.

— **Inhalt von Veröffentlichungen** einen Auszug des Statuts (Datum der Errichtung, Firma, Sitz, Gegenstand des Unternehmens, evtl. bestimmte Zeitdauer) hat das Gericht bei Eintrag der Genossenschaft zu veröffentlichen: § 12 GenG, desgleichen Veränderungen von Bestimmungen des veröffentlichten Statut-Auszuges: § 16 GenG; ferner: durch den Vorstand: der Jahresabschluß sowie die Zahl der Genossen: § 33 GenG, die Erhebung einer Anfechtungsklage: § 51 GenG; ferner eine erfolgte Auflösung: § 82 GenG, nicht aber: die Konkurseröffnung: § 102 GenG, endlich: die Umwandlung der Genossenschaftsart: § 143 GenG.

— **Jahresabschluß** s. Genossenschaften, Bilanzvorschriften und Genossenschaften, Gewinn- und Verlustrechnung.

— **kleinere** brauchen den Jahresabschluß und die Zahl der jährlichen Genossen nicht zu veröffentlichen: § 33 Abs. 3 GenG (über Vertreterversammlung: § 43a, über Revisionspflicht: § 53 Abs. 1 GenG).

— **Konkurs** Grund ist Zahlungsunfähigkeit, bei beschränkter Haftpflicht Überschuldung, falls diese ein Viertel des Betrages der Haftsummen übersteigt, ferner ebenfalls bei jeder aufgelösten Genossenschaft, doch darf die Vermögensverteilung noch nicht vollzogen sein: §§ 98, 140 GenG; der Vorstand ist verpflichtet, den Antrag auf Eröffnung des Verfahrens zu stellen: §§ 99, 100, im Falle der Auflösung tun dies die Liquidatoren: § 118 GenG, vergl. auch: Genossenschaften, Antrag auf Konkurseröffnung: ein Gläubigerausschuß — s. Genossenschaften, Gläubigerausschuß — ist zu bestellen, die Generalversammlung hat unverzüglich über die Personen von Vorstand und Aufsichtsrat zu entscheiden: § 104 GenG; über Einstellung des Verfahrens: s. Genossenschaften, Einstellung des Konkursverfahrens; ein Zwangsvergleich ist unter besonderen Modalitäten zulässig: § 115e GenG.

— **Konkurs, Berechnungsverfahren** setzt erst ein, wenn die Konkursgläubiger durch Ausschüttung der Masse nach § 161 KO nicht befriedigt worden sind: nunmehr haben die Genossen Nachschüsse zur Masse zu leisten, nach Köpfen verteilt, wobei uneinbringliche Beträge erneut zu verteilen sind: § 105 GenG, auch die innerhalb von 18 Monaten vor Konkurseröffnung Ausgeschiedenen werden herangezogen: §§ 115 b—d GenG; es findet eine Vorschuß- und eine Zusatzberechnung statt.

— **Konkurs, Vorschußberechnung** an Hand der Konkursbilanz errechnet der Konkursverwalter die voraussichtliche Höhe des Ausfalles der Gläubiger und diejenige Summe, welche die einzelnen Genossen zur Deckung des Fehlbetrages vorschußweise — natürlich nicht über eine Haftsumme hinaus — beitragen müssen; die Berechnung wird vom Konkursgericht für vollstreckbar erklärt, in einem besonderen Termin können Einwendungen erhoben werden, über die das Gericht entscheidet; im Wege der Zwangsvollstreckung zieht der Verwalter die Beiträge ein: §§ 106—110 GenG; über Anfechtung der Berechnung und Klage s. Genossenschaften, Anfechtung der vollstreckbaren Vorschußberechnung.

— **Konkurs, Zusatzberechnung** setzt ein — evtl. zu wiederholen! —, wenn infolge des Unvermögens einzelner Genossen der zu deckende Gesamtbetrag nicht erreicht wird, der Konkursverwalter schreitet zu einer Nachschußberechnung, wobei der Fehlbetrag unter die übrigen Genossen verteilt und eingezogen wird: §§ 113—115 GenG; über Abschlagsverteilung nach § 115a GenG s. Genossenschaften, Abschlagsverteilung.

— **Liquidation** ist die Folge der — einzutragenden und bekanntzugebenden — Auflösung nach §§ 78—82 GenG, wobei jedoch die bisherigen Organe, bis auf den Vorstand, gemäß § 87 GenG in Funktion bleiben; Liquidatoren — mindestens 2 — können durch Statut oder durch die Versammlung bestimmt werden, evtl. auf Antrag des Aufsichtsrates oder des 10. Teils der Genossen durch das Gericht, das in der gleichen Weise sie abberufen kann; mangels Statut- oder Versammlungsbestimmung sind die Vorstandsmitglieder Liquidatoren; Eintragung erfolgt im Register, desgleichen jede Änderung und Veröffentlichung; die Liquidatoren sind — stets mindestens 2! — zur Vertretung der Genossenschaft befugt und zeichnen für diese mit dem Zusatz „iL": §§ 83—86 GenG.

— **Liquidatoren** sie haben die laufenden Geschäfte abzuwickeln, die Schulden zu berichtigen, Forderungen einzuziehen, das Vermögen zu versilbern, sie können sogar Forderungen der Vereinigung gegen säumige Genossen abtreten, unterliegen aber der Überwachung durch den Aufsichtsrat; zur Vermögensverteilung dürfen sie erst nach Ablauf eines Sperrjahres schreiten; die Verteilung erfolgt im Verhältnis der Geschäftsguthaben bis zu deren Höhe, Überschüsse sind nach Köpfen zu verteilen; das Statut kann einen anderen Verwendungszweck vorschreiben, evtl. fällt das Vermögen an die Gemeinde, in deren Bezirk die Vereinigung ihren Sitz hat: §§ 88—92 GenG.

— **Mindesteinlage** ist der durch Statut bestimmte unterste Geldbetrag, mit dem sich Genossen beteiligen müssen, er besteht in mindestens 1/10 des Geschäftsanteils: § 7 GenG.

— **Nichtigerklärung** erfolgt bei Mängeln des Statuts durch Verstoß gegen §§ 6, 7 GenG, wobei allerdings Heilung durch einen Versammlungsbeschluß möglich ist, der sich nach § 16 über Statutsänderung richtet; die Nichtigkeitserklärung erfolgt auf Grund einer Klage, die jeder Genosse oder jedes Vorstands- oder Aufsichtsratsmitglied erheben kann, wobei das Verfahren und die Wirkungen die gleichen wie bei einer Anfechtungsklage sind: §§ 94—96 GenG, vergleiche auch Genossenschaften, Anfechtung von Generalversammlungsbeschlüssen; nach Eintragung der Nichtigkeit findet die Liquidation wie nach einer Auflösung statt: § 97 GenG.

— **Organe** sind: der Vorstand — mindestens 2 Personen — nach § 24, der Aufsichtsrat — mindestens 3 Personen — (stets Genossen!): § 36, die General- bzw. Vertreterversammlung: §§ 43, 43a GenG.

— **Prokura** darf nicht erteilt werden: § 42 Abs. 2 GenG.

— **Protokollbuch** dient der Eintragung der Beschlüsse der Generalversammlung; es ist obligatorisch, die Einsicht ist jedem Genossen und der Staatsbehörde zu gestatten: § 47 GenG.

— **Prüfung** alle Genossenschaften unterliegen der Prüfung ihrer Einrichtungen, ihrer Vermögenslage, der Geschäftsführung, durch einen sog. Prüfungsverband (d. h. dem das Prüfungsrecht durch den Landes- bzw. Bundeswirtschaftsminister verliehen worden ist: § 63 GenG), dem sie angehören müssen, bei Gefahr der Auflösung durch das Gericht, die ebenfalls gegeben ist, wenn die Genossenschaft aus ihrem bisherigen Prüfungsverband ausscheidet, ohne innerhalb einer ihr gesetzten Frist die Mitgliedschaft bei einem anderen Verbande (dieser muß dem bisherigen Spitzenverband der Genossenschaft angehören!) zu erwerben; die Prüfung — durchgeführt durch angestellte Prüfer des Verbandes, unter Ausschluß gewisser Personen, wie Angestellte usw. der Genossenschaft, wird alle 2 Jahre durchgeführt, bei Genossenschaften mit einer Bilanzsumme von DM 350 000 ab sogar jährlich: §§ 53—56 GenG.

— **Prüfungsbericht** nach Anzeige über Beginn der Prüfung gegenüber dem Aufsichtsratsvorsitzenden sind dem Prüfer die Bücher, der Kassen-, Wertpapier- und Warenbestand zugänglich zu machen; dieser benachrichtigt den Aufsichtsrat von wichtigen Feststellungen und berichtet in einer Sitzung von Vorstand und Aufsichtsrat mündlich über das voraussichtliche Prüfungsergebnis; der Verband erstattet einen schriftlichen Prüfungsbericht, den der Vorstand unterzeichnen und eine Prüfungsbescheinigung des Verbandes dem Registergericht einreichen muß; in einer Generalversammlung — Einberufungsrecht des Verbandes s. Genossenschaften, Berufung der Generalversammlung! — ist zu dem Bericht Stellung zu nehmen: §§ 57—60 GenG.

— **Prüfung, Rechte und Pflichten** die Genossenschaft hat dem Verband Auslagen zu ersetzen und eine Vergütung zu zahlen; Verbände, Prüfer und Prüfungsgesellschaften sind zur Verschwiegenheit, zu gewissenhafter Prüfung verpflichtet und haften für Vorsatz und grobe Fahrlässigkeit (in letzerem Falle im Einzelfall bis zu DM 25 000!); der Prüfungsbericht darf jedoch durch den Verband mitgeteilt werden: den ihm angehörigen Genossenschaften, dem Spitzenverband usw.: §§ 61, 62 GenG.

— **Prüfungsverbände** dem Verleihungsantrag ist nur stattzugeben bei Garantie der Aufgabenerfüllung, der Verband soll die Form eines eingetragenen Vereins haben, Mitglieder können nur eingetragene Genossenschaften oder von diesen kontrollierte Unternehmungen sein, der Zweck des Verbandes muß in der Prüfung der Mitglieder bestehen, die Verbandssatzung muß enthalten: Zweck, Namen, Sitz, Bezirk, Bestimmungen über die Prüfer; der Verband muß seine Satzung den zuständigen Gerichten und alljährlich ein Mitgliedsverzeichnis einreichen; Verschmelzung ist möglich sowohl von Verbänden, die eingetragene Vereine sind, als auch von solchen auf Grund staatlicher Verleihung; das Prüfungsrecht kann dem Verband entzogen werden — s. Genossenschaften, Entziehung des Prüfungsrechts — ; endlich kann durch das Gericht ein Prüfungsverband zur Prüfung bestellt werden: §§ 63a bis 64c GenG.

— **Reservefonds** ist gesetzlich vorgeschrieben und muß im Statut geregelt sein, er dient der Deckung eines Bilanzverlustes; die Art seiner Bildung muß ebenfalls im Statut stehen, vor allem der Teil des jährlichen Reingewinnes, der in die Reserve einzustellen ist, sowie der Mindestbetrag, bis zu dessen Erreichung Reingewinn abzuführen ist: § 7 Ziff. 4 GenG; das Statut kann sogar bestimmen, daß der gesamte Reingewinn dem Reservefonds gebührt: § 20 GenG.

— **Revision** s. Genossenschaften, Prüfung.

— **sog. Spitzenverbände** i. S. von §§ 54a, 56, 62 GenG sind z. B. der Deutsche Genossenschaftsverband in Wiesbaden, der Deutsche Raiffeisenverband in Bonn u. a. m.

— **Statut** s. Genossenschaften, Inhalt des Statuts.

— **Stellvertreter** von Vorstandsmitgliedern können durch Statut vorgesehen sein und unterliegen den Regeln über den Vorstand: § 35 GenG.

— **Strafbestimmungen** bestehen für Vorstands- und Aufsichtsratsmitglieder und Liquidatoren wegen: Untreue, falschen Angaben, Unterlassung der Konkursanmeldung, für Prüfer wegen falschen Berichts, Verschwiegenheitsverletzung, ferner allgemein: wegen Abstimmungsverrats: §§ 146—154 GenG.

— **Übertragung des Geschäftsguthabens** nach § 76 GenG s. Genossenschaften, Entstehung der Mitgliedschaft.

— **Umwandlung** einer Vereinigung mit unbeschränkter Haftpflicht in eine solche mit beschränkter Haftpflicht ist statthaft, desgleichen der umgekehrte Vorgang: durch einen Versammlungsbeschluß mit ¾-Mehrheit; die Umwandlung wirkt sich auch gegenüber den vor Eintragung des Beschlusses aus der Genossenschaft Ausgeschiedenen aus, deren Haftpflicht sich indes auf ihre bisherige Haftsumme beschränkt: §§ 143 bis 145 GenG.

— **Verjährung** in 2 Jahren verjährt die Klage des ausgeschiedenen Genossen gegen die Genossenschaft auf Auszahlung des Geschäftsguthabens: § 74 GenG; in 3 Jahren ein Schadensersatzanspruch der Genossenschaft gegen Prüfer, Prüfungsgesellschaften und -Verbände: § 62 GenG; in der gleichen Zeit: der Anspruch eines kündigenden Genossen auf das Geschäftsguthaben bei Verschmelzung: § 93 m GenG; in 5 Jahren ein Schadensersatzanspruch der Genossenschaft gegen Vorstands- oder Aufsichtsratsmitglieder: §§ 34, 41 GenG, desgleichen bei einer Verschmelzung: §§ 93m, 93o GenG.

— **Verschmelzung** von Genossenschaften gleicher Haftart, ist statthaft, mit schriftlichem Fusionsvertrag und Beschlußfassung der Versammlung beider Vereinigungen und Eintragung im Register mit konstitutiver Wirkung; ein Gesamtvermögensübergang — Sicherheitsleistung gegenüber Gläubigern! — und ein Erwerb der Mitgliedschaft bei der übernehmenden Genossenschaft (mindestens 1 Geschäftsanteil!) tritt ein, jedoch mit der Möglichkeit der Kündigung des Geschäftsguthabens: §§ 93a—93r GenG.

— **Vertreterversammlung** bei Genossenschaften mit mehr als 3000 Genossen tritt an Stelle der Generalversammlung — Ausnahme zum Bevollmächtigungsverbot des § 43 GenG! — die sog. Vertreterversammlung (zwingende Vorschrift!); bei Vereinigungen mit mehr als 1500 Genossen kann (also falkultativ) durch Statut das Gleiche bestimmt werden; als Vertreter kommen nur Genossen in Frage; einzelne Regelungen hat das Statut zu enthalten: § 43a GenG.

— **Vorstand** besteht aus mindestens 2 — besoldeten oder unbesoldeten — von der Generalversammlung gewählten (widerruflich, jederzeit), der vorläufigen Amtsenthebung durch den Aufsichtsrat unterliegenden Genossen; Vertretung der Genossenschaft kann immer nur durch wenigstens 2 Mitglieder erfolgen, wobei eine Beschränkung der Vertretungsbefugnis zwar von ihnen zu beachten, Dritter gegenüber aber wirkungslos ist; jede Änderung von Vorstandsmitgliedern sowie das Ende der Vertretungsbefugnis ist einzutragen, was ein Dritter, mangels Kenntnis, vor Eintragung nicht gegen sich gelten lassen muß: §§ 24 bis 29, 40 GenG.

— **Vorstand, Aufgaben** Führung eines Genossenverzeichnisses, Buchführung, Anfertigung von Jahresabschluß nebst Geschäftsbericht, Haftung für Sorgfalt eines ordentlichen Geschäftsmannes und Schadensersatzpflicht gegenüber der Genossenschaft bei Pflichtverletzung (gesamtschuldnerisch), Einberufung der Versammlung: §§ 30, 33, 34 GenG.

— **Warenbezugscheine** Konsumvereine dürfen Marken oder nicht auf den Namen lautende Anweisungen, Wertzeichen usw., die anstatt Bargeld die Mitglieder zum Warenbezug berechtigen, nicht ausgeben: § 32.

— **Wirtschaftsprüfer im Genossenschaftswesen** ihre Zulassung richtet sich nach der sog. Wirtschaftsprüferordnung; stets ist zugelassen, wer gemäß dem genannten Gesetz als Wirtschaftsprüfer bestellt oder zur Prüfung von Genossenschaften besonders ermächtigt worden ist: §§ 25, 26 Wirtschaftsprüferordnung vom 24. 7. 1961.

— **Zentralgenossenschaften** sind Genossenschaften, deren Mitglieder Genossenschaften sind.

— **Zinsen** dürfen für Geschäftsguthaben seitens der Genossenschaften nicht vergütet werden: § 21 GenG.

— **Zweigstellen** s. Genossenschaften, Filiale.

**Gerichtsbarkeit,** freiwillige s. Handelsregister.

**Gesamtprokura** s. Prokura, Gesamtprokura.

**Geschäftsanteil** s. Genossenschaften, Geschäftsanteil; s. auch Gesellschaft mit beschränkter Haftung, Geschäftsanteil.

**Geschäftsbezeichnung** s. Firma, Geschäftsbezeichnung.

**Geschäftsführer** s. Gesellschaft mit beschränkter Haftung, Geschäftsführer.

**Geschäftsführung** s. offene Handelsgesellschaft, Geschäftsführung; s. auch Kommanditgesellschaft, Geschäftsführung.

**Geschäftsgeheimnisse** s. Handlungsgehilfe, Geschäftsgeheimnisse-Verrat.

**Geschäftsguthaben** s. Genossenschaften, Geschäftsguthaben.

**Geschäftsräume** s. Handlungsgehilfe, Geschäftsräume.

**Gesellschaft mit beschränkter Haftung** ist eine juristische Person, und zwar eine Kapitalgesellschaft, die stets, ohne Rücksicht auf den Gegenstand des Unternehmens (z. B. auch bei wissenschaftlichen oder anderen nicht gewerblichen Zwecken), als Handelsgesellschaft gilt und dadurch nach § 6 HGB den für Kaufleute geltenden Vorschriften unterworfen ist: §§ 1, 13 GmbHGes; ihre Besonderheit liegt darin, daß die Gesellschafter der GmbH nicht nur — wie Aktionäre gegenüber der AG! — für die Zahlung der von ihnen nach § 14 GmbHGes übernommenen Stammeinlagen haften, sondern — bis zur Höhe des Stammkapitals — gesamtaufbringungspflichtig sind, sofern andere Gesellschafter ihre Zahlungen nicht leisten: § 24 GmbHGes.

— **Abandonrecht** sind laut Gesellschaftsvertrag die Gesellschafter über ihre Stammeinlage hinaus nachschußpflichtig, ohne daß diese Pflicht auf einen bestimmten Betrag beschränkt ist, so kann sich ein Gesellschafter von der Nachschußpflicht binnen 1 Monat nach Zahlungsaufforderung befreien durch Zurverfügungstellung seines Geschäftsanteiles; dieser wird dann von der GmbH öffentlich versteigert, wobei ein etwaiger Überschuß — nach Deckung des Nachschusses — dem abandonierenden Gesellschafter gebührt: § 27 GmbHGes.

— **Abtretung von Geschäftsanteilen** ist statthaft, erfolgt aber in Form öffentlicher Beurkundung, desgleichen der Verpflichtungsvertrag (z. B. der Kauf); die Veräußerung kann laut Gesellschaftsvertrag von der Genehmigung der GmbH abhängig — sog. Vinkulierung — sein oder vom Vorliegen bestimmter Voraussetzungen (z. B. Zugehörigkeit des Erwerbers zu einer Vereinigung); ist der Erwerber ein Gesellschafter der GmbH, so behält sein bisheriger und der hinzuerworbene Anteil die Selbständigkeit: § 15 GmbHGes; der GmbH gegenüber ist der Erwerb anzumelden und nachzuweisen: § 16 GmbHGes; die Abtretung von Teilen eines Geschäftsanteils bedarf stets der — schriftlichen — Genehmigung der GmbH: § 17 GmbHGes.

— **Amortisation von Geschäftsanteilen** darf nur bei Zulassung durch Gesellschaftsvertrag erfolgen, wobei Einziehung ohne Zustimmung des Gesellschafters nur statthaft ist, wenn die Voraussetzungen der Amortisation schon vor Erwerb des betreffenden Anteils durch den Gesellschafter im Gesellschaftsvertrag standen: § 34 GmbHGes; sie kann zum Zweck der Kapitalherabsetzung nach § 58 GmbHGes benutzt werden.

— **Änderungen des Gesellschaftsvertrages** sind nur durch Beschluß der Gesellschafterversammlung möglich, der Beschluß bedarf einer ¾-Mehrheit der abgegebenen Stimmen, sofern nicht der Vertrag stärkere Erfordernisse vorschreibt, ist öffentlich zu beurkunden, zum Handelregister anzumelden und wird erst mit Eintragung rechtswirksam; er kann sich auf sämtliche Vertragsbestandteile beziehen, besonders auch auf Erhöhung oder Herabsetzung des Stammkapitals: §§ 53, 54 GmbHGes.

— **Anfechtung der Beitrittserklärung** wegen Irrtums oder arglistiger Täuschung ist nach Eintragung der Gesellschaft im Handelsregister unstatthaft.

— **Anmeldung** die GmbH ist zum Handelsregister ihres Sitzes durch sämtliche Geschäftsführer anzumelden, sofern auf jede Stammeinlage ¼, mindestens aber DM 250 geleistet worden ist, unter Beifügung des Vertrages, der Legitimation der Geschäftsführer, einer unterschriebenen Gesellschafterliste sowie der Versicherung, daß die Mindesteinlagen erbracht sind und zur freien Verfügung der Geschäftsführer — sie haben ihre Unterschriften zur Aufbewahrung bei Gericht zu zeichnen! — stehen: §§ 7, 8 GmbHGes; anmeldepflichtig ist ferner jede Änderung bezüglich der Geschäftsführer sowie das Ende einer Vertretungsbefugnis: § 39 GmbHGes; die Errichtung der GmbH oder einer Filiale, die Erhöhung oder Herabsetzung des Stammkapitals hat stets durch sämtliche Geschäftsführer zu erfolgen, während in anderen Fällen Anmeldung durch einen der Geschäftsführer genügt: § 78 GmbHGes.

— **Auflösung** tritt ein durch: Zeitablauf, Gesellschafterbeschluß (mit einer ¾-Stimmenmehrheit), gerichtliches Urteil wegen Unmöglichkeit der Zweckerreichung oder aus anderen wichtigen Gründen, wobei die Klage nur erhoben werden kann von Gesellschaftern mit mindestens 10 % des Stammkapitals, gerichtet gegen die GmbH; ferner durch Urteil der Verwaltungsgerichtsbarkeit bei Gefährdung des Gemeinwohls durch gesetzwidrige Beschlüsse oder Handlungen, endlich durch Konkurseröffnung wegen Zahlungsunfähigkeit oder Überschuldung: §§ 60—63; der Vertrag kann auch andere Auflösungsgründe enthalten (z. B. Tod oder Kündigung eines Gesellschafters): § 60 Abs. 2 GmbHGes; durch die Auflösung verwandelt sich die GmbH in eine Liquidationsgesellschaft.

— **Aufsichtsrat** ist nicht obligatorisch (s. aber BetrVerfG § 77, bei mehr als 500 Arbeitnehmern), er kann aber durch Gesellschaftsvertrag bestimmt sein; dann finden auf ihn die entsprechenden Vorschriften des Aktiengesetzes Anwendung: § 52 GmbHGes.

— **Berufung der Gesellschafterversammlung** erfolgt durch die Geschäftsführer in den durch den Vertrag oder ausdrücklich im Gesetz (z. B. wegen Einforderung von Nachschüssen, Abänderung des Gesellschaftsvertrages, Auflösung der GmbH, Abberufung von Liquidatoren) genannten Fällen, ferner auf Verlangen von Gesellschaftern mit mindestens 1/10 des Stammkapitals bei Angabe von Grund und Zweck, endlich stets, wenn sich bilanzmäßig der Verlust der Hälfte des Stammkapitals ergibt: §§ 49, 50 GmbHGes; die Berufung erfolgt durch eingeschriebenen Brief mit einer Frist von mindestens einer Woche, an die Gesellschafter, unter Angabe des Zweckes: § 51 GmbHGes; hat eine Minoritätenfraktion von 1/10 des Kapitals vergeblich Einberufung verlangt, so können diese Gesellschafter selbst die Versammlung einberufen: § 50 Abs. 3 GmbHGes; ein Berufungsrecht hat auch — entsprechend § 95 AktGes — ein Aufsichtsrat.

— **Beschlüsse der Gesellschafter** werden in der Versammlung gefaßt, mit einfacher Mehrheit der abgegebenen Stimmen, wobei je DM 100 eines Geschäftsanteils 1 Stimme gewähren: §§ 47, 48 GmbHGes; in gewissen Fällen (z. B. bei Änderung des Vertrages, Auflösung usw.) ist eine ¾-Mehrheit nötig; bei Anwesenheit aller Gesellschafter kann auf Einhaltung von Fristen und Formen verzichtet werden: § 51 Abs. 3 GmbHGes; öffentliche Beurkundung der Beschlüsse ist nur in den ausdrücklich bestimmten Fällen nötig (z. B. bei Satzungsänderung nach § 53 GmbHGes); sind sämtliche Gesellschafter schriftlich mit der zu treffenden Bestimmung oder mit schriftlicher Stimmabgabe einverstanden, so bedarf es keines Beschlusses durch eine einzuberufende Versammlung: § 48 Abs. 2 GmbHGes.

— **Beschlußfassung durch die Gesellschafter** unterliegen: Feststellung der Jahresbilanz — anders wie bei der AG! — und Gewinnverteilung, Einforderung von Zahlungen auf die Stammeinlagen, Rückzahlung von Nachschüssen, Teilung und Einziehung von Geschäftsanteilen, Bestellung, Abberufung, Entlastung von Geschäftsführern und Generalbevollmächtigten, Geltendmachung von Ersatzansprüchen gegen Geschäftsführer und Gesellschafter usw.: § 46 GmbHGes; die Satzung kann weitere Fälle bestimmen, so z. B. daß die Geschäftsführer der Zustimmung durch die Gesellschafter für bestimmte Geschäfte (Grundstücke, Kreditaufnahme usw.) bedürfen.

— **Bilanz** ist in den ersten 3 Monaten — Fristverlängerung ist durch die Satzung statthaft — des Geschäftsjahres für das verflossene Geschäftsjahr nebst Gewinn- und Verlustrechnung von den Geschäftsführern aufzustellen (bei Bankunternehmungen überdies bekanntzugeben unter Einreichung der Bekanntmachung zum Handelsregister!): § 41 GmbHGes; es sind bei der Bilanzaufstellung gewisse Regeln zu beachten, so z. B. daß Anlagevermögensstücke nur mit dem Anschaffungspreis anzusetzen sind, daß das Stammkapital, die Rücklagen sowie gezahlte Nachschlüsse zu passivieren sind, Forderungen auf Nachschüsse aktiviert werden müssen, wenn diese beschlossen worden sind und den Gesellschaftern kein Abandonrecht zusteht (ein gleicher Kapitalbetrag ist zu passivieren): § 42 GmbHGes.

— **Bilanzprüfung** die Pflicht hierzu kann durch Bundesjustiz- und Wirtschaftsminister gewissen Gesellschaften auferlegt werden (z. B. bei Betrieben von Bank- oder Sparkassengeschäften, Bausparkassen u. a. m.): § 42a GmbHGes.

— **Buchführung** obliegt den Geschäftsführern, die der Gesellschaft bei Pflichtverletzung nach § 43 GmbHGes schadensersatzpflichtig sind (im Konkurs evtl. Bestrafung wegen Bankrottes nach § 239 KO): §§ 41,83 GmbHGes.

— sog. **Einmanngesellschaft** ist eine GmbH, bei welcher alle Geschäftsanteile sich in der Hand eines einzigen Gesellschafters befinden; dies ist nie bei der Errichtung statthaft, sondern nur durch späteren Erwerb möglich, kann allerdings schon von Anfang an beabsichtigt sein (z. B. bei Umwandlung eines Einzelunternehmens in eine GmbH, mit sämtlichen Anteilen in der Hand des früheren Unternehmers, um Privat- und Geschäftsvermögen und Schuldenhaftung zu trennen!).

— **Eintragung** in das Handelsregister: bewirkt Erlangung der Rechtsfähigkeit: § 11 Abs. 1 GmbHGes; einzutragen sind: Firma, Sitz, Gegenstand des Unternehmens, Tag der Vertragserrichtung, Personen der Geschäftsführer (nicht: der Gesellschafter), evtl. die Zeitdauer laut Vertrag und Vertretungsbefugnisregelung von Geschäftsführern oder Liquidatoren: § 10 GmbHGes; eintragungspflichtig ist auch jede Änderung der Personen der Geschäftsführer: § 39 GmbHGes, Abänderungen des Vertrages einschließlich Kapitaländerungen: §§ 54, 58 GmbH-

Ges, die Auflösung: § 65 GmbHGes, die Liquidatoren: § 67 GmbHGes.

— **Errichtung** erfolgt durch Aufstellung des Gesellschaftsvertrages von mindestens 2 Personen in öffentlicher Beurkundung, wobei Vertreter einer öffentlich beglaubigten Vollmacht bedürfen: § 2 GmbHGes; der Vertrag muß enthalten: Firma, Sitz, Gegenstand des Unternehmens, Betrag des Stammkapitals und Höhe der Stammeinlagen, evtl. die Dauer und, falls die Gesellschafter noch andere Leistungen an die GmbH zu erbringen haben, auch diese: § 3 GmbHGes; ferner muß das Stammkapital — Stufengründung unzulässig! — aufgebracht sein, durch Übernahme aller Stammeinlagen, die verschieden hoch sein können, doch kann kein Gesellschafter bei der Gründung mehrere Einlagen übernehmen: § 5 GmbHGes.

— **Firma** kann entweder Personalfirma (Namen von Gesellschaftern) oder Sachfirma (vom Gegenstand des Unternehmens entlehnt!) oder gemischte Firma sein und muß stets den Zusatz „mit beschränkter Haftung" enthalten: § 4 GmbHGes.

— **Form des Vertrages und der Gesellschafterbeschlüsse** s. GmbH, Errichtung und GmbH, Beschlüsse der Gesellschafter.

— **Fortsetzung einer aufgelösten GmbH** kann durch die Gesellschafter beschlossen werden 1. bei Konkurs, wenn das Verfahren nach Zwangsvergleich aufgehoben oder auf Antrag des Gemeinschuldners eingestellt wird, 2. bei Auflösung durch Zeitablauf oder auch durch einen Gesellschafterbeschluß, in diesen Fällen nur, solange Verteilung des Gesellschaftsvermögens noch nicht begonnen hat: § 60 GmbHGes; die Fortsetzung ist in das Register einzutragen: § 65 Abs. 1 Satz 2 GmbHGes.

— **Geschäftsanteil** ist das Mitgliedschaftsrecht des Gesellschafters, wobei der Nennbetrag (nicht: der innere Wert!) durch den Betrag der übernommenen Stammeinlage bezeichnet wird: § 14 GmbHGes; Verbriefung durch ein Wertpapier erfolgt nicht; Veräußerung von Geschäftsanteilen oder Teilen davon: s. GmbH, Abtretung von Geschäftsanteilen; steht ein Geschäftsanteil mehreren Personen ungeteilt zu, so können die Rechte daraus nur gemeinsam, evtl. durch Vertreter, ausgeübt werden, während für Leistungen gesamtschuldnerisch gehaftet wird: § 18 GmbHGes; bei Kaduzierung kann der Geschäftsanteil durch die GmbH öffentlich versteigert werden: § 23 GmbHGes; Einziehung von Geschäftsanteilen: s. GmbH, Amortisation; noch nicht voll bezahlte Geschäftsanteile darf die GmbH nicht erwerben, voll bezahlte nur, wenn dies nicht auf Kosten des Stammkapitals erfolgt: § 33 GmbHGes.

— **Geschäftsführer** können Gesellschafter oder andere Personen sein, die Bestellung kann schon im Gesellschaftsvertrag erfolgen: § 6 GmbHGes: die GmbH kann 1 oder mehrere Geschäftsführer, auch stellvertretende — § 44 — haben; sie vertreten die GmbH gerichtlich und außergerichtlich, wobei sie für die GmbH zeichnen: § 35 GmbHGes; bei mehreren Geschäftsführern besteht Gesamtvertretung, durch Vertrag kann Einzelvertretung, Vertretung durch mehrere oder zusammen mit einem Prokuristen bestimmt werden, unter Registereintragung: § 36 GmbHGes; sie haben ihnen auferlegte Beschränkungen einzuhalten, alljährlich dem Gericht eine Gesellschafterliste einzureichen, für Buchführung zu sorgen, die Bilanz aufzustellen: §§ 37, 40, 41 und haften der GmbH gesamtschuldnerisch für einen Schaden, wobei sie für die Sorgfalt eines ordentlichen Geschäftsmannes einzustehen haben und die Ansprüche der GmbH gegen sie in 5 Jahren verjähren: § 43 GmbHGes; sie können, unbeschadet ihrer vertraglichen Ansprüche, jederzeit abberufen werden: § 38 GmbHGes; sie haben erforderliche Anmeldungen vorzunehmen, sind im Register einzutragen, desgleichen jede Änderung, und haben ihre Unterschrift zur Aufbewahrung bei Gericht zu zeichnen: § 39 GmbHGes.

— **Gesellschafter** zur Errichtung sind mindestens 2 Personen nötig; Gesellschafter kann jede natürliche oder juristische Person sein, desgleichen eine oHG oder KG; sie üben ihre Rechte in der Gesellschafterversammlung aus: § 45 GmbHGes, sie können der GmbH gegenüber zur Erbringung von sog. Nebenleistungen (Dienste, Warenlieferungen usw.) verpflichtet sein, was jedoch in die Satzung nach § 3 Abs. 2 GmbHGes aufzunehmen ist; für das Stammkapital sind sie der GmbH gegenüber gesamtaufbringungspflichtig: § 24 GmbHGes.

— **Gesellschaftsvertrag** s. GmbH, Errichtung.

— **Gewinn** die Gesellschafter haben Anspruch auf den bilanzmäßig ermittelten Reingewinn, doch kann die Satzung die Gewinnverteilung begrenzen oder ausschließen, die Verteilung erfolgt, mangels anderer Bestimmung der Satzung, im Verhältnis der Geschäftsanteile: § 29 GmbHGes; gutgläubig zu Unrecht bezogene Gewinne braucht ein Gesellschafter nicht zurückzuzahlen: § 32 GmbHGes.

— **Gründerverantwortlichkeit** gibt es nicht, wie bei der AG; der GmbH gegenüber haften gesamtschuldnerisch lediglich die Geschäftsführer, welche die GmbH zur Eintragung angemeldet haben, für die Richtigkeit der Angaben über die Leistungen auf die Stammeinlagen und die freie Verfügbarkeit; Verzichtleistungen oder Vergleiche der GmbH wegen der Ersatzansprüche sind statthaft, wenn auch nicht unbeschränkt gegenüber den Gläubigern: § 9 GmbHGes.

— **Gründung** s. GmbH, Errichtung.

— **Haftung, der anmeldenden Geschäftsführer** s. GmbH, Gründerverantwortlichkeit.

— **Haftung, der Gesellschafter für Fehlbeträge** wenn ein säumiger Gesellschafter mangels pünktlicher Zahlung der Stammeinlage kaduziert worden ist und der Fehlbetrag weder von ihm noch von seinen Rechtsvorgängern eingezogen noch auch durch Verkauf des Geschäftsanteils gedeckt werden kann, haben die anderen Gesellschafter den Fehlbetrag im Verhältnis ihrer Geschäftsanteile aufzubringen (wichtigste Bestimmung im Recht der GmbH!): § 24 GmbHGes; diese Vorschrift ist zwingendes Recht: § 25 GmbHGes.

— **Handeln vor Eintragung der GmbH** wird vor der Eintragung Dritten gegenüber unter der Firma der Gesellschaft gehandelt, besonders ein Rechtsgeschäft abgeschlossen, so haften die Handelnden persönlich und gesamtschuldnerisch: § 11 Abs. 2 GmbHGes; die Gesellschaft befreit den Haftenden nach Eintragung durch Schuldübernahme, aber gewöhnlich nur bei Zustimmung des Gläubigers.

— **Kaduzierung** ist ein Gesellschafter trotz erneuter, durch eingeschriebenen Brief erfolgter Androhung seines Ausschlusses mit dem Geschäftsanteil und nach Setzen einer Nachfrist von einem Monat, mit einer noch ausstehenden Einzahlung säumig, so ist er, wieder durch eingeschriebenen Brief, seines Geschäftsanteils und der geleisteten Teilzahlungen zu Gunsten der Gesellschaft für verlustig zu erklären, unter Fortbesand seiner Haftung wegen des Ausfalles: § 21 GmbHGes.

— **Kaduzierung, Folgen** wegen des Fehlbetrages haften der Gesellschaft die Rechtsvorgänger des Ausgeschlossenen, und zwar in zeitlicher Reihenfolge; gegen Zahlung des rückständigen Betrages erwirbt der Rechtsvorgänger den Geschäftsanteil: § 22 GmbHGes; ist Zahlung von Rechtsvorgängern nicht zu erreichen, so kann die GmbH den Geschäftsanteil durch öffentliche Versteigerung verkaufen lassen: § 23 GmbHGes; ist auch dieser Weg erfolglos, so haften die anderen Gesellschafter für den Fehlbetrag im Verhältnis ihrer Anteile: § 24 GmbHGes.

— **Kapitalerhöhung** erfolgt durch öffentlich zu beurkundenden Gesellschafterbeschluß mit ¾-Mehrheit, sie wird durch Bildung neuer Geschäftsanteile oder durch Erhöhung der Nennbeträge der bestehenden Anteile durchgeführt; zwischen der GmbH und dem Übernehmenden (Gesellschafter oder dritte Person) wird ein Übernahmevertrag — öffentlich beurkundete oder beglaubigte Erklärung des Übernehmers! — abgeschlossen; die Erhöhung kann auch in Sacheinlagen bestehen; nach Durchführung ist die Erhöhung zum Handelsregister anzumelden und einzutragen: §§ 55 bis 57 GmbHGes.

— **Kapitalerhöhung aus Gesellschaftsmitteln** kann dadurch erfolgen, daß durch Übertragung von Rücklagen das Stammkapital dem größer gewordenen Gesellschaftsvermögen angeglichen wird, unter Zugrundelegung einer — prüfungsbedürftigen — Bilanz: §§ 1 ff Ges. vom 23. 12. 1959.

— **Kapitalherabsetzung** erfolgt durch einen — öffentlich zu beurkundenden — Gesellschafterbeschluß mit ¾-Mehrheit; es sollen dadurch entweder Verluste ausgeglichen oder Rückzahlungen ermöglicht werden; Mindestbetrag von Stammkapital und Stammeinlagen muß gewahrt bleiben; dreimalige Bekanntmachung mit Meldeaufforderung an die Gläubiger ist nötig, zwecks Befriedigung oder Sicherstellung; Anmeldung zwecks Eintragung im Register darf nicht vor Ablauf von 1 Jahr seit der letzten Aufforderung erfolgen, auch müssen die Geschäftsführer die Versicherung abgeben, daß die Gläubiger befriedigt bzw. sichergestellt sind: § 58 GmbHGes.

— **Liquidation** erfolgt durch die Geschäftsführer, evtl. durch vom Gericht bestellte Liquidatoren, auf Grund eines Antrages von Gesellschaftern mit insgesamt 10 % des Stammkapitales, Eintragung ins Register erfolgt, ebenso Änderung und Abberufung; sie sind grundsätzlich nur gesamtvertretungsbefugt, haben die laufenden Geschäfte zu beendigen, das Vermögen in Geld umzusetzen, bei Beginn und später eine Bilanz aufzustellen und endlich das Vermögen unter die Gesellschafter, im Verhältnis der Anteile, zu verteilen, jedoch erst nach Befriedigung bzw. Sicherstellung der Gläubiger, frühestens nach 1 Jahr seit der öffentlichen Aufforderung an die Gläubiger: §§ 66—74 GmbHGes.

— **Liste der Gesellschafter** ist von den Geschäftsführern bei der Eintragungsanmeldung und später alljährlich im Januar zum Handelsregister einzureichen: §§ 8, 40 GmbHGes.

— **Mindestbeträge** das Stammkapital muß mindestens DM 20 000, die Stammeinlage eines jeden Gesellschafters mindestens DM 500 betragen: § 5 GmbHGes.

— **Minoritätsrechte** Gesellschafter mit mindestens $^1/_{10}$ des Stammkapitals können die Einberufung einer Versammlung sowie die gerichtliche Bestellung von Liquidatoren verlangen und eine Auflösungsklage erheben: §§ 50, 61, 66 GmbHGes.

— **Nachschußpflicht der Gesellschafter** kann durch den Gesellschaftsvertrag, unbeschränkt oder auf einen bestimmten Betrag, vorgesehen sein: § 26 GmbHGes; ist sie unbeschränkt, so kann sich der Gesellschafter durch Ausübung des Abandonrechts — s. GmbH, Abandonrecht — von der Zahlungspflicht befreien: § 27 GmbHGes, während er im Falle begrenzter Nachschußpflicht bei Nichtzahlung kaduziert werden kann: § 28 GmbHGes; die anderen Gesellschafter sind jedoch für den Fehlbetrag nicht haftbar; Behandlung der Nachschüsse in der Bilanz: s. GmbH, Bilanz.

— **Nebenleistungsgesellschaft** hier sind den Gesellschaftern laut Vertrag außer der Leistung von Kapitaleinlagen noch andere Verpflichtungen (z. B. Sachlieferungen, Dienstleistungen usw.) auferlegt: § 3 Abs. 2 GmbHGes.

— **Nichtigkeit der Gesellschaft** erfüllt der Gesellschaftsvertrag die gesetzlichen Voraussetzungen nach § 3 GmbHGes nicht, so kann jeder Gesellschafter oder Geschäftsführer oder ein etwaiger Aufsichtsrat Klage auf Nichtigerklärung erheben: § 75 GmbHGes, nach Eintragung der Nichtigkeit wird die Abwicklung nach Liquidationsregeln durchgeführt: § 77 GmbHGes; Mängel betreffend: Firma, Sitz, Gegenstand des Unternehmens sind durch einstimmigen Gesellschafterbeschluß heilbar: § 76 GmbHGes.

— **Rücklage** ist — im Gegensatz zur AG! — gesetzlich nicht vorgeschrieben.

— **Rückzahlungen an die Gesellschafter** aus dem zur Erhaltung des Stammkapitals erforderlichen Vermögen sind unstatthaft, während Nachschüsse, die nicht zur Verlustdeckung des Stammkapitals nötig sind, zurückgezahlt werden können: § 30 GmbHGes; Zahlungen, welche die Gesellschafter entgegen § 30 erhalten haben, müssen sie zurückerstatten, unter Gesamtaufbringungspflicht aller Gesellschafter: § 31 GmbHGes.

— **Sachgründung** ist statthaft, desgleichen Sachübernahme, doch muß der Gesellschaftsvertrag dann genaue Angaben über: Person des Gesellschafters, Gegenstand und Wert enthalten: § 5 Abs. 4 GmbHGes.

— **Stammeinlage** muß mindestens DM 500 betragen, kann verschieden hoch sein, muß stets durch 100 teilbar sein; bei Errichtung kann jeder Gesellschafter nur eine Stammeinlage übernehmen: § 5 GmbHGes.

— **Stammkapital** s. GmbH, Mindestbeträge.

— **Stimmrecht** je DM 100 eines Geschäftsanteils gewähren 1 Stimme; in eigenen Angelegenheiten hat ein Gesellschafter kein Stimmrecht: § 47 GmbHGes.

— **Strafvorschriften** Untreue von Geschäftsführern, Liquidatoren usw. zum Nachteil der Gesellschaft ist strafbar, desgleichen falsche Angaben betr. Eintragungen ins Register, besonders bei Kapitaländerungen, ebenso wissentlich unwahre öffentliche Mitteilungen über die Vermögenslage der Gesellschaft und das Unterlassen eines notwendigen Konkursantrages: §§ 81a, 84 GmbHGes.

— **Umwandlung in eine AG** ist statthaft: s. Aktiengesetz.

— **Umwandlung gemäß sog. Umwandlungsgesetz vom 12. 11. 1956** ist möglich: 1. in eine schon bestehende oHG oder KG, die entweder alle Geschäftsanteile der GmbH besitzt oder sog. Hauptgesellschafter ist, d. h. mehr als ¾ des Stammkapitals in der Hand hat, ferner 2. unter Neuerrichtung einer oHG, einer KG oder einer BGB-Gesellschaft, wobei entweder an diesen Unternehmen alle oder nur die zustimmenden Gesellschafter beteiligt sind oder 3. durch Übertragung des Vermögens auf den alleinigen oder Hauptgesellschafter: § 24 Umwandlungsgesetz.

— **Verteilung des Vermögens** s. GmbH, Liquidation.

— **Zinszahlung an die Gesellschafter** ist unstatthaft, selbst sog. Bauzinsen sind unzulässig.

— **Zweigniederlassung** bei der Anmeldung zum Register ist eine Abschrift des Gesellschaftsvertrages und eine Gesellschafterliste beizufügen; bei der Eintragung sind die wesentlichen Tatsachen der Hauptniederlassung zu verzeichnen: § 12 GmbHGes.

**Gesellschaft, Kommanditgesellschaft** s. Kommanditgesellschaft.

**Gesellschaft, Offene Handelsgesellschaft** s. Offene Handelsgesellschaft.

**Gesellschaft, Stille Gesellschaft** s. Stille Gesellschaft.

**Gewerbe** s. Kaufmann, kraft Eintragung.

**Gewerkschaft** s. Aktiengesellschaft, Gewerkschaft, Umwandlung in eine AG.

**Gewohnheiten des Handelsrechts** s. Handelsgeschäfte, Handelsbräuche.

**Good will** s. Firma, Wert oder good will.

**Gratifikationen** s. Handlungsgehilfe, Gratifikationen.

**Grundstücksgeschäfte** s. Handelsmakler, Arten der Geschäfte.

**Guter Glaube, mangelnde Verfügungsfähigkeit** im BGB wird guter Glaube an die mangelnde Verfügungsfähigkeit nur in den ausdrücklich bestimmten Fällen geschützt; wenn jedoch ein Kaufmann innerhalb seines Betriebes eine ihm nicht gehörige bewegliche Sache veräußert oder verpfändet — dies gilt auch für die gesetzlichen Pfandrechte des Kommissionärs usw. —, so wird der gutgläubige Erwerber auch dann geschützt, wenn er zwar weiß, daß der Kaufmann kein Eigentümer ist, ihn aber für befugt hält, über die fremde Sache zu verfügen (z. B. als Verkaufskommissionär); das Gleiche gilt, wenn der Erwerber von einer Belastung einer solchen Sache nichts wußte: § 366 HGB.

**Guter Glaube, bei Wertpapieren** wenn ein Bankier- oder Geldwechslergeschäfte betreibender Kaufmann ein dem Eigentümer abhanden gekommenes Inhaber- oder mit Blankoindossament versehenes Orderpapier (z. B. Namensaktie, Zwischenschein usw.) erwirbt oder zum Pfande nimmt, so gilt der Kaufmann als nicht gutgläubig, falls Erwerb bzw. Inpfandnahme erfolgt innerhalb einer Frist von 1 Jahr nach Ablauf des Jahres, in welchem das Abhandenkommen im Bundesanzeiger veröffentlicht war; der Kaufmann wird indes geschützt, wenn er beweist, daß er die Veröffentlichung weder kannte noch kennen mußte: § 367 HGB.

# H

**Handelsbücher** stellen die laufende Verbuchung der einzelnen Handelsgeschäfte eines Kaufmannes dar, unter gleichzeitiger Ersichtlichmachung seiner Vermögenslage: § 38 HGB, im Gegensatz zur Aufstellung von Inventar und Bilanz, welche in regelmäßigen Abständen einen generellen Stand des Geschäftsvermögens nebst Kennzeichnung der Betriebslage wiedergeben: § 39 HGB.

— **Arten der Buchführung** 1. einfache, lediglich mit Personalkonten, eine Buchung der einzelnen Geschäfte ohne Kennzeichnung des Zusammenhanges mit dem Gesamtbetrieb, 2. doppelte, neben den Personal- auch Sachkonten, die den Zusammenhang mit dem Gesamtgeschäft zeigen (z. B. Wechselkonto, Grundstückskonto, Gewinnkonto u. a. m.).

— **Aufbewahrungspflicht** Handelsbücher, Inventare und Bilanzen sind 10 Jahre, empfangene Handelsbriefe sowie Abschriften der eigenen abgesandten Briefe 7 Jahre lang aufzubewahren: § 44 HGB, Inventar und Bilanz könen dabei entweder in ein dazu bestimmtes Buch oder jedesmal gesondert aufgestellt werden, in welch letzterem Falle sie zu sammeln und in zusammenhängender Reihenfolge aufzubewahren sind: § 41 Abs. 2 HGB.

— **Bilanz** ist eine Abschlußrechnung, die eine übersichtliche, nach Hauptgattungen zusammengefaßte Gegenüberstellung der Aktiva und Passiva sowie das wechselseitige Summenverhältnis nebst einem sich daraus ergebenden Saldo enthält: § 39 HGB.

— **Bilanzarten** man unterscheidet Vermögens- und Gewinnermittlungsbilanzen (statisch bzw. dynamisch!), ferner: Liquidations-, Umwandlungs-, Konkursbilanz, Jahres-Zwischenbilanz usw.

— **Bilanzgrundsätze** sind hauptsächlich das Prinzip der Bilanzklarheit (Übersichtlichkeit, z. B. Gliederung in Anlage- und Umlaufvermögen) und der Bilanzwahrheit (Richtigkeit, also keine Überbewertung von Aktiva, Abschreibung uneinbringlicher Forderungen, Einsetzung zweifelhafter Forderungen mit dem Wahrscheinlichkeitswert), wobei die im Zeitpunkt der Bilanzaufstellung in Frage kommenden Werte anzusetzen sind: § 40 HGB; das HGB selbst enthält nur wenig Bilanzvorschriften, besondere hingegen gibt es für die AG, die GmbH, die Genossenschaft: §§ 131, 133 AktGes, §§ 42 ff GmbHGes, § 33c GenG.

— **Erzwingung zur Führung** das Gesetz erklärt zwar, daß der Kaufmann zur Buchführung, zur Aufstellung von Inventar und Bilanz verpflichtet ist: §§ 38, 39 HGB; aber eine Erzwingbarkeit gibt es nicht, besonders keine Kontrolle durch das Registergericht (s. aber Konkurs).

— **Führungsform** sie sind in einer lebenden Sprache und Schrift (keine Stenographie!) zu führen, sollen gebunden (aber Zulässigkeit des sog. Lose-Blatt-Systems!) und blatt- oder seitenweise mit fortlaufenden Zahlen versehen sein; an Stellen, die gewöhnlich zu beschriften sind, dürfen keine Zwischenräume gelassen werden, endlich ist es unstatthaft, den ursprünglichen Eintragungsinhalt später durch Durchstreichen, Radieren oder in sonstiger Weise unleserlich zu machen: § 43 HGB.

— **Geschäftsjahr für Bilanz und Inventar** muß nicht mit dem Kalenderjahr übereinstimmen, darf nicht länger, kann jedoch kürzer als 12 Monate sein: § 39 Abs. 2 HGB.

— **Handelsbriefe** die empfangenen Handelsbriefe sowie Abschriften der abgesandten Handelsbriefe sind zurückzubehalten und geordnet aufzubewahren: § 38 Abs. 2 HGB.

— **Inhalt** unter den in § 38 Abs. 1 genannten Handelsgeschäften sind nicht die einzelnen Rechtsgeschäfte (z. B. Kreditaufnahme, Abschluß eines Lieferungsvertrages usw.) zu verstehen, sondern die Geschäftsvorfälle (z. B. Rückzahlung eines Darlehens, Empfang von Waren usw.).

— **Inventar** ist ein genaues Verzeichnis der einzelnen Betriebsgegenstände (Grundstücke, Forderungen und Schulden, Geldvorräte, sonstige Vermögensbestände) unter Angabe des Wertes der einzelnen Objekte; das Inventar, desgleichen die Bilanz ist bei Geschäftsbeginn und später für den Schluß eines jeden Geschäftsjahres aufzustellen und von dem Kaufmann persönlich zu unterzeichnen, bei Handelsgesellschaften durch alle persönlich haftenden Gesellschafter, auch wenn sie an der Geschäftsführung nicht beteiligt sind (bei der Bilanz der AG: Bestätigungsvermerk des Bilanzprüfers!): §§ 40, 41 HGB.

— **Konkurs** gerät ein Kaufmann in Konkurs und hat er keine oder nicht ordnungsgemäße Handelsbücher geführt, so kann er wegen sog. Bankrottes bestraft werden, auch wenn der Konkurs nicht auf mangelhafte Buchführung zurückzuführen ist; wurde Buchführung in der Absicht unterlassen, zum Nachteil der Gläubiger eine Unübersichtlichkeit herbeizuführen, so liegt sogar der Tatbestand des betrügerischen Bankrottes vor (also: indirekter Zwang zur Buchführung!): §§ 239, 240 KO.

— **Minderkaufleute** unterliegen nicht der Buchführungspflicht: § 4 HGB.

— **Reserven, stille, in der Bilanz** es widerspricht nicht dem Grundsatz der Bilanzwahrheit, wenn Aktiva unterbewertet werden (steuerlich sind Abschreibungen nur in bestimmter Weise zulässig!); unzulässig ist jedoch die Aufnahme fiktiver Verbindlichkeiten in die Passiva.

— **Tagebücher der Handelsmakler** haben nichts mit Handelsbüchern zu tun, in ihnen sind die abgeschlossenen Geschäfte täglich in bestimmter Reihenfolge einzutragen, selbst durch Handelsmakler, die Minderkaufleute sind: §§ 100 ff HGB.

— **Vorlegung im Prozeß** 1. das Gericht kann auf Antrag oder von Amtswegen die Vorlegung anordnen, auch wenn die betroffene Partei die Bücher nicht vorlegen möchte oder die andere sich nicht auf sie bezogen hat (vgl. hierzu auch §§ 422, 423 ZPO!), wobei ihr Inhalt in Bezug auf Beweisführung indes dem Prinzip der freien richterlichen Beweiswürdigung unterliegt; sind sie ordnungsmäßig geführt, so spricht die Vermutung für ihre Richtigkeit, und außerdem wird man annehmen können, daß eine eingetragene, dem buchführenden Kaufmann nachteilige Tatsache als bewiesen gelten kann: §§ 45, 46 HGB; 2. bei Vermögensauseinandersetzungen, besonders in Erbschafts-, Gütergemeinschafts- und Gesellschaftsteilungssachen kann das Gericht die Vorlegung der Handelsbücher zwecks Kenntnisnahme von ihrem Gesamtinhalt anordnen: § 47 HGB.

— **Warenlager** wenn bei einem Warenlager wegen der Beschaffenheit des Geschäfts die Aufnahme eines Inventars nicht alljährlich geschehen kann, so darf sie alle 2 Jahre erfolgen; auch hier muß jedoch die Bilanz jährlich aufgestellt werden: § 39 Abs. 3 HGB.

**Handelsfirma** s. Firma.

**Handelsgeschäft oder Unternehmen** ist die — wirtschaftliche, nicht rechtliche — Einheit aller Gegenstände und Beziehungen, mit deren Hilfe sich der Kaufmann in seinem Erwerbszweige betätigt: z. B. Warenlager, Inventar, Grundstücke, Bankkonten, aber auch der Geschäftsruf, besonders durch die Firma betont, ferner gehören auch die Geschäftsschulden hierzu.

— **Eintritt in ein Einzelhandelsunternehmen als Gesellschafter** — § 28 HGB — s. hierzu oHG, Eintritt in ein Einzelhandelsunternehmen und Entstehung einer oHG.

— **Erwerb unter Lebenden** die Übertragung muß gesondert für die Einzelobjekte erfolgen (z. B. Mobilien durch Einigung und Übergabe nach §§ 929 ff BGB, Grundstücke und Rechte daran durch Einigung und Grundbucheintragung nach §§ 873, 925 BGB, Forderungen durch Abtretung nach § 398 BGB usw.); ob der der Übertragung zugrunde liegende Verpflichtungsvertrag (z. B. Verkauf des Unternehmens) formbedürftig ist, hängt von den Umständen ab (z. B. öffentliche Beurkundung nach § 313 BGB bei Vorhandensein von Geschäftsgrundstücken).

— **Erwerb unter Lebenden, Übergang von Forderungen und Verbindlichkeiten** dies hängt davon ab, ob die bisherige Firma fortgeführt wird oder nicht: 1. die Firma wird fortgeführt; dann haftet der Erwerber mit seinem ganzen Vermögen neben dem Veräußerer für die bisherigen Geschäftsschulden, gleichgültig, ob er die Firma befugt oder unbefugt fortführt, während Betriebsforderungen — auch ohne Abtretung — gegenüber den Schuldnern nur bei befugter Firmenfortführung als auf ihn übergegangen gelten, 2. die Firma wird nicht fortgeführt: dann gehen die Forderungen nur bei Abtretung auf den Erwerber über, und eine Schuldenhaftung tritt nur ein: bei Schuld- bzw. Mitschuldübernahme oder bei Bekanntgabe der Übernahme der Verbindlichkeiten durch den Erwerber in handelsüblicher Weise: § 25 Abs. 1 und 3 HGB.

— **Erwerb unter Lebenden, Übergangsausschluß** trotz Fortführung der Firma kann der Übergang der Geschäftsforderungen, ganz oder teilweise, und die Mithaftung des Erwerbers für die bisherigen Geschäftsschulden ausgeschlossen werden; Dritten gegenüber hat eine solche Vereinbarung nur Wirksamkeit bei Eintragung ins Handelsregister nebst Veröffentlichung oder bei Mitteilung an den Dritten durch Veräußerer oder Erwerber: § 25 Abs. 2 HGB.

— **Erwerb unter Lebenden, Umwandlung des Betriebes** wird vom Erwerber das Geschäft übernommen, aber nicht in der bisherigen Weise fortgeführt, sondern wesentlich umgestaltet hinsichtlich des Gegenstandes des Unternehmens, so treten auch bei Fortführung der bisherigen Firma die Wirkungen des § 25 Abs. 1 HGB nicht ein.

— **Erwerb unter Lebenden, Verjährung** bei Übergang des Geschäfts und Firmenfortführung durch den Erwerber bleibt der Veräußerer zwar den alten Geschäftsgläubigern nach wie vor — kumulative Schuldübernahme! — haftbar, doch verjähren die Ansprüche gegen ihn, mangels kürzerer Verjährungsfrist, in spätestens 5 Jahren, von dem Ablauf des Tages an, an welchem der neue Inhaber in das Handelsregister eingetragen worden ist: § 26 HGB.

— **Erwerb unter Lebenden, Weiterveräußerung durch Erwerber** soll die alte Firma auf den Zweiterwerber übergehen, so ist hierzu nicht eine besondere Zustimmung des ehemaligen ursprünglichen Firmeninhabers nötig, sofern nicht die Firmenübertragung auf die Person des ersten Erwerbers beschränkt sein sollte.

— **Erwerb von Todes wegen** der Erbe wird durch den Erbfall nach §§ 1922, 1967 BGB automatisch zum Berechtigten aller Aktiva und zum Schuldner aller Passiva; seine Rechtsstellung in Bezug auf das Handelsgeschäft richtet sich jedoch danach, ob er die Firma des Erblassers fortführt oder nicht.

— **Erwerb von Todes wegen, Fortführung der Firma** der das Geschäft fortsetzende Erbe ist dann nicht in der Lage, nach §§ 1970 ff, 1975 ff, 1990 BGB die Haftung für Geschäftsschulden auf den Nachlaß zu beschränken; der Verlust dieser Beschränkbarkeit entfällt jedoch wieder, wenn der Erbe binnen 3 Monaten seit Kenntnis vom Erbanfall den Geschäftsbetrieb einstellt oder falls die Ausschließung der Geschäftsschuldenhaftung nach Handelsrecht rechtzeitig ins Handelsregister eingetragen oder in anderer Weise bekanntgegeben wird: §§ 27, 25 Abs. 2 HGB.

— **Erwerb von Todes wegen, Nichtfortfortführung der Firma** der Erbe haftet persönlich in handelsmäßiger Weise bei Geschäftsfortführung, jedoch mit der Maßgabe der Beschränkbarkeit der Erbenhaftung nach §§ 1970, 1975, 1990 BGB: nur wenn ein besonderer Verpflichtungsgrund vorliegt, z. B. Bekanntgabe der Schuldübernahme durch den Erben in handelsüblicher Weise, würde diese Beschränkbarkeit entfallen: §§ 27, 25 Abs. 3 HGB.

**Handelsgeschäfte** sind die von einem Kaufmann vorgenommenen, zu seinem Handelsgewerbebetrieb gehörenden Rechtsgeschäfte; im Zweifel gelten — die Vermutung ist widerlegbar — die von ihm vorgenommenen Rechtsgeschäfte als Handelsgeschäfte: §§ 343, 344 Abs. 1 HGB; ein von ihm gezeichneter Schuldschein gilt sogar unwiderleglich als im Betriebe gezeichnet, soweit nicht die Urkunde selbst das Gegenteil ergibt: § 344 Abs. 2 HGB; einseitige Handelsgeschäfte sind solche, bei denen nur 1 Partei Kaufmann ist und das Geschäft im Rahmen des Betriebes getätigt hat — für beide sind trotzdem die Normen über Handelsgeschäfte nach § 345 HGB anzuwenden! —, während bei beiderseitigen Handelsgeschäften beide Teile als Kaufleute in ihrem Betrieb das Geschäft tätigen.

— **Besonderheiten** vom Kaufmann innerhalb des Betriebes versprochene Vertragsstrafen können bei unverhältnismäßiger Höhe durch den Richter nicht herabgesetzt werden: § 348 HGB; abstrakte Schuldverträge nach §§ 780, 781 HGB und Bürgschaften bedürfen nicht der Schriftform: § 350 HGB, eine Bürgschaft des Kaufmannes ist ferner eine selbstschuldnerische: § 349 HGB; diese Besonderheiten gelten aber nicht für Minderkaufleute: § 351 HGB.

— **Haftung** der Kaufmann haftet nicht nur für Vorsatz und jede Fahrlässigkeit, er hat außerdem für die Sorgfalt eines ordentlichen Kaufmannes einzustehen: § 347 HGB.

— **Handelsbräuche** unter Kaufleuten sind die im Handelsverkehr geltenden Gewohnheiten und Gebräuche zu berücksichtigen: § 346 HGB.

— **Leistungsort und -zeit** 1. der Erfüllungsort und die dort geltenden Normen sind im Zweifel maßgebend für: Maß, Gewicht, Währung, Zeitrechnung und Entfernungen: § 361 HGB, 2. soweit als Leistungszeit das Frühjahr, der Herbst oder ein ähnlich bestimmter Zeitpunkt vereinbart ist, entscheidet im Zweifel die Handelsusance des Erfüllungsortes, und unter einer Frist von 8 Tagen sind im Zweifel 8 volle Tage zu verstehen; endlich kann eine Leistung nur während der gewöhnlichen Geschäftszeit bewirkt und gefordert werden: §§ 358, 359 HGB.

— **Schweigen** eines Kaufmannes, der Geschäfte für andere besorgt, auf einen Antrag seitens einer Person, mit der er in Geschäftsverbindung steht: gilt als Annahme; dies gilt auch für einen Kaufmann, der sich einem anderen gegenüber zur Besorgung eines Geschäfts erboten hat, wenn dieser andere ihm nunmehr einen Antrag über die Geschäftsbesorgung macht: § 362 HGB.

— **Zinsen** bei beiderseitigen Handelsgeschäften beträgt der gesetzliche Zinsfuß und auch ein vertraglicher, der Höhe nach nicht genannter: 5 %; Kaufleute untereinander können ferner für ihre Forderungen aus beiderseitigen Handelsgeschäften Zinsen von 5 % schon vom Tage der Fälligkeit, nicht nur bei Vorliegen von Schuldnerverzug, verlangen: §§ 352, 353 HGB.

**Handelsgesellschaft, Aktiengesellschaft** s. Aktiengesellschaft.

**Handelsgesellschaft, Genossenschaften** s. Genossenschaften, eingetragene.

**Handelsgesellschaft, Gesellchaft mit beschränkter Haftung** s. Gesellschaft mit beschränkter Haftung.

**Handelsgesellschaft, Kommanditgesellschaft** s. Kommanditgesellschaft.

**Handelsgesellschaft, Kommanditgesellschaft auf Aktien** s. Kommanditgesellschaft auf Aktien.

**Handelsgesellschaft, offene Handelsgesellschaft** s. offene Handelsgesellschaft.

**Handelsgewerbe** s. Kaufmann, Arten der Handelsgewerbe nach § 1 HGB.

**Handelskauf** ist ein Kaufvertrag iS von §§ 433 ff BGB, bei dem jedoch mindestens ein Teil Kaufmann sein und den Vertrag im Rahmen seines Handelsgewerbes abschließen muß und die Objekte nur Waren (d. h. handelsüblich in den Verkehr gelangende Mobilien) oder Wertpapiere sein dürfen (also nicht: Grundstücke, Forderungen oder andere Rechte); die Regeln über den Handelskauf gelten auch für entsprechende Handelstausch- und Werklieferungsverträge, hierbei auch bei nicht vertretbaren Sachen: § 381 HGB.

— **sog. aliud** ist die Lieferung einer anderen als der vereinbarten Kaufsache: dies wird im BGB nicht als ein Sachmangel betrachtet, wohl aber im HGB, falls der Kauf für beide Teile ein Handelsgeschäft ist, so daß die Vorschriften über Untersuchungspflicht und Mängelrüge des § 377 HGB zu beachten sind, sofern nicht wegen zu erheblicher Abweichung der Ware von der Bestellung die Käufergenehmigung als ausgeschlossen betrachtet werden muß: § 378 HGB.

— **Annahme- oder Gläubigerverzug des Käufers** während im BGB bei Annahmeverzug der Schuldner nur hinterlegungsfähige Sachen hinterlegen darf, § 378 BGB, und bei anderen zum sog. Selbsthilfeverkauf, § 383 BGB, zu schreiten hat, kann der Verkäufer beim Handelskauf, obwohl ihm die Rechte nach BGB verbleiben, in allen Fällen nach seiner Wahl die Ware entweder 1. in einem öffentlichen Lagerhaus oder sonstwie auf Käufergefahr und -Kosten deponieren oder 2. im Wege des Selbsthilfeverkaufs — bei Börsen- oder Marktpreis der Ware durch öffentlichen Auktionator oder Handelsmakler im freihändigen Verkauf — durch öffentliche Versteigerung verkaufen lassen; vor und nach Verkauf ist der Käufer, bei Gefahr der Schadensersatzpflicht, zu benachrichtigen: §§ 373, 374 HGB.

— **Arten** 1. einseitige Handelskäufe, bei denen der Kauf nur für einen Teil ein Handelsgeschäft ist, 2. zweiseitige, bei denen er für beide Teile ein Handelsgeschäft ist: diese unterliegen verschiedenen Sondervorschriften (Untersuchungspflicht und Mängelrüge: § 377 HGB, Mehrmengen- oder aliud-Lieferung: § 378 HGB, Aufbewahrungspflicht bei Distanzkauf: § 379 HGB).

— **Aufbewahrungspflicht** s. Handelskauf, sog. Distanzkauf.

— **Behandlung** er unterliegt 1. den Sondervorschriften der §§ 373 ff HGB, unter Beachtung der Regeln für den Handelskauf als beiderseitiges Handelsgeschäft, 2. den Kaufvorschriften der §§ 433 ff BGB, soweit nicht die §§ 373 ff HGB abweichende Bestimmungen enthalten, 3. den allgemeinen Vorschriften der §§ 343 ff HGB über Handelsgeschäfte.

— **sog. Cif-Klausel** d. h. „cost, insurance, freight" bedeutet, daß im Kaufpreis Frachtauslagen und Transportversicherung enthalten und vom Verkäufer zu tragen sind; diese Spesenklausel ändert grundsätzlich nichts am Erfüllungsort und an der Gefahrtragung.

— **Deckungsverkauf und -Kauf** s. Handelskauf, Fixgeschäft.

— **Distanzkauf** ist ein Kauf, bei welchem die Ware für einen anderen Platz als den des Verkäufers bestimmt ist: hier ist der Käufer, falls der Kauf für beide Teile ein Handelsgeschäft ist, verpflichtet, die von ihm beanstandete — nicht nur bei Sachmängeln gemäß §§ 377, 378 HGB — Ware einstweilig aufzubewahren, notfalls: bei drohendem Verderb und Gefahr im Verzug, kann er zum Selbsthilfeverkauf nach § 373 HGB schreiten: § 379 HGB.

— **Fixgeschäft** ist ein Handelskauf, bei welchem die Leistungszeit — ausdrücklich vereinbart oder aus den besonderen Umständen ersichtlich — wesentlicher Vertragsbestandteil ist, derart, daß der andere Teil, dem gegenüber Säumnis, auch unverschuldete, vorliegt, vom Vertrage zurücktreten kann; während beim Fixgeschäft des BGB der säumige Teil die Erklärung des anderen abwarten muß, ob er auf Erfüllung bestehen oder zurücktreten will, kann beim Fix-Handelskauf Erfüllung nur begehrt werden, wenn dies dem Säumigen unverzüglich mitgeteilt wird: § 376 HGB.

— **Fixgeschäft, Schadenersatz** kann nur verlangt werden, wenn sich der Säumige im Schuldnerverzug — Verschulden erforderlich! — befindet; handelt es sich bei der Ware um einen Markt- oder Börsenpreis, so wird der Schaden abstrakt = Differenz zwischen diesem und dem Kaufpreis, berechnet; andernfalls wird er konkret berechnet, mit Hilfe des sog. Deckungskaufes bzw. -Verkaufes = Differenz zwischen dem vereinbarten Preis und demjenigen auf Grund des Ein- bzw. Verkaufes, unter Einhaltung bestimmter Fristen und Formen: § 376 HGB.

— **sog. fob-Klausel** d. h. „free on board" bedeutet, daß der Verkäufer frei an Bord zu liefern, also die Schiffstransportkosten zu tragen hat.

— **Mängelrüge** ist der Handelskauf für beide Teile ein Handelsgeschäft, so hat der Käufer die Pflicht, unverzüglich nach Lieferung die Ware zu untersuchen, evtl. durch Stichproben, und einen Sachmangel unter genauer Bezeichnung dem Verkäufer — rechtzeitige Absendung der Rüge reicht aus — mitzuteilen; andernfalls verliert der Käufer seine Gewährleistungsrechte und der Mangel gilt als genehmigt, sofern es sich nicht etwa um einen unerkennbaren Mangel handelt oder der Verkäufer einen Mangel arglistig verschwiegen hat; zeigt ein Mangel trotz Untersuchung sich erst später, so muß er unverzüglich nach Entdeckung gerügt werden: § 377 HGB.

— **sog. Quantitätsmangel** im Gegensatz zum BGB gilt auch eine mengenmäßig zu große oder zu geringe Lieferung als Sachmangel: § 378 HGB.

— **Selbsthilfekauf und -Verkauf** s. Handelskauf, Annahme- oder Gläubigerverzug des Käufers.

— **sog. Spezifikationskauf** hier wird eine bestimmte Quantität verkauft, jedoch ist der Käufer verpflichtet, die Lieferung nach Form, Maß u. a. m. zu bestimmen; trifft er die Bestimmung nicht, so ist er — nicht nur wie im BGB im Gläubigerverzug! — im Schuldnerverzug, so daß der Verkäufer, nach Fristsetzung, vom Vertrag zurücktreten oder Schadensersatz wegen Nichterfüllung verlangen kann; außerdem geht das Bestimmungsrecht auf den Verkäufer über: § 375 HGB.

— **Untersuchungspflicht des Käufers** s. Handelskauf, Mängelrüge.

— **Verpackungsgewicht** bei Kaufpreisberechnung nach Warengewicht ist das Taragewicht, d. h. das der Verpackung, mangels Vereinbarung oder Ortsüblichkeit, vom Preis abzuziehen; Berechnung von sog. Gutgewicht (d. h. Zugabe zum Vertragsgewicht als Kompensation für naturgemäßen Gewichtsverlust) zu Gunsten des Käufers oder von sog. Refaktie (d. h. Gewichtsabzug gegenüber dem Vertragsgewicht für schadhafte oder nutzlose Teile) zu Gunsten des Verkäufers richten sich nach Vereinbarung oder Ortshandelsbrauch: § 380 HGB.

— **Viehkauf** ist ein Viehkauf ein Handelskauf, so regelt er sich nach den Vorschriften des Handelskaufes nur, soweit nicht die Sondervorschriften des BGB über Hauptmängel und Gewährfristen in Frage kommen: § 382 HGB.

**Handelsmakler** ist ein Voll- oder Minderkaufmann, der gewerbsmäßig von Fall zu Fall, also ohne Dauervertragsverhältnis, für einen anderen (Kaufmann oder Privatperson) Handelsgeschäfte bestimmter Art vermittelt: § 93 HGB; der BGB-Makler hingegen kann Vermittlungs- oder Nachweismakler für Geschäfte aller Art sein: § 652 BGB; der Handelsvertreter steht in festem Vertragsverhältnis zu seinem Kaufmann, für den er Handelsgeschäfte vermittelt oder in fremden Namen abschließt: § 84 HGB; der Kommissionär endlich schließt, von Fall zu Fall, nur Handelskäufe als indirekter Stellvertreter eines anderen ab: § 383 HGB.

— **Arten** 1. freie Handelsmakler (nur letztere im HGB behandelt!), 2. öffentliche Makler (z. B. Kursmakler an der Börse).

— **Arten der Geschäfte** nur Vermittlung von Umsatzgeschäften über Waren oder Wertpapiere, von Versicherungen, Güterbeförderungen, Bodmerei, Schiffsmiete oder anderen Gegenständen des Handelsverkehrs; Grundstücksgeschäfte sind kraft ausdrücklicher Vorschrift ausgenommen: § 93 Abs. 1 und 2 HGB.

— **besondere Tätigkeit** wenn ein Makler andere als die in § 93 HGB aufgezählten Geschäfte vermittelt, besonders Grundstücksgeschäfte, oder als Nachweismakler auftritt, so ist er Makler nach BGB; bei größerem Geschäftsumfang, vor allem bei Immobiliengeschäften, kann er nur Kaufmann nach § 2 HGB durch Eintragung werden; er unterliegt dann zwar den Vorschriften über Handelsgeschäfte der §§ 343 HGB, nicht aber denjenigen der §§ 93 ff HGB, sondern den Regeln der §§ 652 ff BGB.

— **Empfangsermächtigung** für Zahlungen oder andere Vertragsleistungen ist im Zweifel nicht gegeben: § 97 HGB.

— **Grundstücksgeschäfte** s. Handelsmakler, Arten der Geschäfte bzw. besondere Tätigkeit.

— **Haftung** er hat die Interessen beider Parteien wahrzunehmen und haftet ihnen für jedes Verschulden, auch für dasjenige von Erfüllungsgehilfen: § 98 HGB.

— **Lohn** auch Provision oder Courtage genannt, ist verdient, wenn das Geschäft, durch die Vermittlungstätigkeit des Maklers, zustande gekommen ist; er ist, mangels abweichender Abrede oder Ortsgebrauches, von jeder Partei zur Hälfte zu zahlen, wobei Ersatz von Aufwendungen nur bei ausdrücklicher Vereinbarung zu leisten ist; bei Auftragswiderruf vor Geschäftsabschluß besteht ein Provisionsanspruch nur bei arglistigem Verhalten: § 99 HGB.

— **Rechtsbeziehungen** bestehen zunächst nur zum Auftraggeber; da er aber neutraler Vermittler ist, entwickeln sich auch rechtliche Beziehungen zum anderen Vertragsteil.

— **Schlußnote** ist, mangels Erlasses durch die Parteien oder Ortsgebrauches, unverzüglich nach Geschäftsabschluß beiden Parteien vom Makler unterzeichnet zuzustellen, enthaltend Bezeichnung: der Parteien, des Geschäftsgegenstandes, der Bedingungen, bei Waren- oder Wertpapierverkäufen: Gattung, Menge, Zeit und Preis der Lieferung; bei später zu erfüllenden Geschäften ist die Schlußnote jeder Partei zur Unterschrift zuzustellen sowie jeder Partei die von der anderen unterschriebene Note zuzusenden; die Schlußnote hat nur beweisende Bedeutung: § 94 HGB.

— **Schlußnote mit Klausel „Aufgabe vorbehalten“** wenn eine Partei die mit einer solchen Klausel, die noch nicht die Angabe des Geschäftsgegners enthält, versehene Note annimmt, so ist sie an die mitgeteilten Bedingungen gebunden, und der Vertrag kommt mit der Benennung des Gegners zwischen den Parteien zustande, sofern nicht der Auftraggeber begründete Einwendungen erhebt; wird der Gegner später nicht benannt oder werden die Einwendungen erhoben, so kann der Auftraggeber dem Makler erklären, daß er von diesem selbst wie von einem Vertragspartner Erfüllung verlange (evtl. Schadensersatz bei Nichterfüllung): § 95 HGB.

— **Schlußnote, vorbehaltslose Annahme** ist als Genehmigung zu betrachten, auch dann, wenn noch kein bindender Vertrag vorhanden war; andernfalls ist Verweigerung zu erklären: § 94 Abs. 3 HGB.

— **Selbsteintritt** dieses Recht ist ihm, im Gegensatz zum Kommissionär, nicht gegeben.

— **Strafvorschrift** bei Nichtbeachtung der Vorschriften über Führung und Aufbewahrung des Tagebuches droht dem Makler Geldstrafe: § 103 HGB.

— **Tagebuch** jeder Makler, auch ein Minderkaufmann, hat ein Tagebuch zu führen, in diesem die Geschäfte, selbst fragliche, täglich der Reihenfolge nach mit den für Schlußnoten vorgeschriebenen Angaben, einzutragen und täglich zu unterzeichnen; sie sind 10 Jahre lang aufzubewahren; auch hat der Makler den Parteien jederzeit auf Verlangen einen unterzeichneten Tagebuchauszug auszufolgen; in einem Prozeß kann das Gericht von Amts wegen Vorlegung des Tagebuches anordnen, insbesondere zwecks Vergleiches mit der Schlußnote: §§ 100—102 HGB.

— **Warengeschäfte im Kleinverkehr** Makler für Geschäfte dieser Art brauchen, selbst als Vollkaufleute, weder Tagebücher zu führen noch Schlußnoten auszustellen: § 104 HGB.

— **Warenprobe** bei einem Kauf nach Probe hat der Makler sie unter Kenntlichmachung aufzubewahren bis zur vorbehaltlosen Annahme der Ware oder anderweitiger Erledigung des Geschäfts (wichtig im Falle von Mängelrügen!): § 96 HGB.

**Handelsregister** ist ein öffentliches, von den Amtsgerichten geführtes — freiwillige Gerichtsbarkeit! — Register, mit dem Zweck, innerhalb eines bestimmten Bezirkes dem Publikum die Rechtsverhältnisse der Kaufleute und der Handelsgesellschaften ersichtlich zu machen; für Genossenschaften wird daneben ein besonderes Genossenschaftsregister geführt: § 8 HGB.

— **Abschriftenerteilung** jedermann kann eine, auf Verlangen öffentlich zu beglaubigende Abschrift, sog. Handelsregisterauszug, verlangen; Glaubhaftmachung eines berechtigtigten Interesses ist nur nötig bei Erteilung von Abschriften eingereichter Schriftstücke: § 9 Abs. 2 HGB.

— **Anmeldungen** sind bei Gericht vom Geschäftsinhaber persönlich oder in öffentlich beglaubigter Form einzureichen, welche Form auch für eine Anmeldungsvollmacht zu wahren ist: § 12 HGB.

— **Bekanntmachungen** der Eintragungen haben durch das Registergericht im Bundesanzeiger und mindestens noch einem anderen Blatt, das jährlich im Dezember durch das Gericht als Veröffentlichungsblatt bestimmt werden muß, zu erfolgen: §§ 10, 11 HGB.

— **Bedeutung der Eintragung** ist teils lediglich deklaratorisch (z. B. Eintragung der Firma nach § 1 HGB, Erteilung der Prokura: § 53 HGB u. a. m.), teils konstitutiv (z. B. Eintragung der Firma der Kaufleute nach §§ 2, 3 HGB, Eintragung einer AG, GmbH u. a. m.).

— **Bescheinigungserteilung** kann nur als sog. Negativbescheinigung verlangt werden, d. h. daß keine bestimmte Eintragung oder bezüglich des Gegenstandes einer Eintragung keine weitere Eintragung vorliegt (weil ja die Registereintragungen selbst keinen öffentlichen Glauben genießen!): § 9 Abs. 4 HGB.

— **Beweisführung gegenüber Behörden** darüber, wer Inhaber einer eingetragenen Einzelhandelsfirma oder Vertretungsberechtigter einer Handelsgesellschaft ist, kann durch ein Eintragungszeugnis des Registergerichts geführt werden: § 9 Abs. 3 HGB.

— **Einsicht** steht jedermann offen, ohne Führung des Nachweises eines berechtigten Interesses (anders bei Grundbucheinsicht!), desgleichen Einsichtnahme in die zum Register eingereichten Urkunden!): § 9 Abs. 1 HGB.

— **Einteilung** die Abteilung A enthält die Einzelfirmen und die Personalgesellschaften (oHG und KG), die Abteilung B die Kapitalgesellschaften (AG, KGaA, GmbH).

— **eintragungsfähige und -pflichtige Tatsachen** einzutragen sind nur die Tatsachen, die im HGB (z. B. Firma,

Prokura u. a. m.) und im AktGes, GmbHGes ausdrücklich bezeichnet sind sowie Änderungen der eingetragenen Tatsachen, ferner Eröffnung des Konkurses: § 32 HGB, Einsetzung eines Treuhänders u. a. m.; bei juristischen Personen sind einzutragen: Firma, Sitz, Gegenstand des Unternehmens, die Mitglieder des Vorstandes, evtl. mit satzungsmäßigen Sonderbestimmungen über die Vertretungsbefugnis, Änderung der Satzung, Auflösung: §§ 33, 34 HGB.

— **Entscheidungen des Prozeßgerichts** ist durch vollstreckbare prozeßgerichtliche Entscheidung die Pflicht zur Mitwirkung einer Eintragung eines von mehreren Verpflichteten erklärt worden, so reicht für die Eintragung die Anmeldung seitens der übrigen Verpflichteten aus: § 16 HGB.

— **Mitteilung über Eintragungen** neben der Veröffentlichung erfolgt eine Mitteilung über die Eintragung durch das Registergericht an den Antragsteller, außerdem an die zuständige Handelskammer, ferner bei Eintragungen, die sich auf die Zweigniederlassung erstrecken, an das Registergericht der Hauptniederlassung: § 130 FGG.

— **öffentlicher Glaube** ist nur negativ, im Gegensatz zum Grundbuch: einzutragende, nicht bekannte Tatsachen können einem Dritten nicht entgegengehalten werden, dieser kann sich also darauf berufen, daß nicht mehr vorliegt, als eingetragen ist, so daß der öffentliche Glaube des Handelsregisters sich nur auf die Unvollständigkeit bezieht; ist jedoch eine Tatsache zu Unrecht eingetragen worden, so kann sich ein Dritter nicht darauf verlassen, Widerlegung ist möglich, so daß der öffentliche Glaube hier nicht bei Unrichtigkeit in Frage kommt; endlich muß ein Dritter eine eingetragene und veröffentlichte Tatsache, die sich ereignet hat, gegen sich gelten lassen, sofern er sie ausnahmsweise nicht kannte und auch nicht kennen mußte: § 15 HGB.

— **Ordnungsstrafen** die Erfüllung der Pflicht zur Vornahme von Anmeldungen sowie zur Einreichung von Schriftstücken oder zur Zeichnung von Unterschriften wird durch Ordnungsstrafen seitens des Registergerichts erzwungen: § 14 HGB.

— **Satz: „Dem Schweigen des Handelsregisters kann man trauen"** bezieht sich auf den sog. negativen öffentlichen Glauben des Handelsregisters, s. Handelsregister, öffentlicher Glaube.

— **Unterlassen der Richtigstellung** derjenige, welcher die Eintragung einer unrichtigen Tatsache herbeigeführt oder schuldhaft die Berichtigung einer zu Unrecht eingetragenen Tatsache unterlassen hat, muß den Rechtsschein gegen sich gelten lassen; soweit ein Dritter dadurch Schaden erlitten hat, ist ihm dieser nach den Regeln über unerlaubte Handlungen zu ersetzen.

— **Unterstützung des Registergerichts** erfolgt durch die Industrie- und Handelskammer, durch die Gerichte, die Gemeindebehörden, die Notare u. a. m.

— **Vornahme von Eintragungen und Löschungen** erfolgt regelmäßig nur auf Grund einer Anmeldung — s. Handelsregister, Anmeldungen —, ausnahmsweise aber auch von Amts wegen, so z. B. die Löschung einer Firma beim Fehlen von Zwangsmöglichkeiten gegenüber Anmeldepflichtigen nach § 31 HGB, ferner die Eintragung der Eröffnung von Konkurs- und Vergleichsverfahren, von Amtswegen erfolgt vor allem eine Löschung, wenn sich nachträglich die Unzulässigkeit einer Eintragung herausstellt: §§ 142, 143 FGG.

— **Zeichnung der Firma** mit der Anmeldung hat der Anmeldungspflichtige ein Schriftstück einzureichen, in welchem die Zeichnung der Firma mit eigenhändiger Unterschrift vermerkt ist; dieses Schriftstück ist bei dem Registergericht aufzubewahren: §§ 29, 35 HGB.

— **Zweigniederlassung oder Filiale** ist eine räumlich von der Hauptniederlassung getrennte Niederlassung, für die Dauer errichtet, mit gleichem Geschäftsbetrieb und eine gewisse Selbständigkeit entfaltend (also kein bloßes Lager oder eine Zahlstelle!); bei Kapitalgesellschaften ohne eigene Rechtspersönlichkeit; die Selbständigkeit zeigt sich darin, daß eine Filialprokura nach § 50 Abs. 2 HGB und eine abgesonderte Filialveräußerung möglich ist, die Abhängigkeit besteht darin, daß eine einheitliche Firma geführt wird, unter Kennzeichnung der Filialnatur und unter Beachtung des Prinzips der Firmenausschließlichkeit nach § 30 Abs. 2 HGB; Eintragungen müssen beim Register sowohl der Haupt-, als der Zweigniederlassung erfolgen, und zwar der Hauptniederlassung zuerst; besondere Regeln sind zu beachten, falls die Hauptniederlassung ihren Sitz im Ausland hat oder ihn vom Aus- ins Inland verlegt: §§ 13 bis 13c HGB.

**Handelsvertreter** ist ein Kaufmann, nach § 1 Abs. 2 HGB, der auf Grund längeren Vertrages damit betraut ist, für einen anderen Kaufmann (sog. Unternehmer) Geschäfte entweder 1. zu vermitteln oder 2. im Namen des Unternehmers abzuschließen, wozu dann Erteilung von Handlungsvollmacht nötig ist: § 84 HGB.

— **Angestellter** wer ohne Selbständigkeit auf Grund ständiger Betrauung für einen Unternehmer Geschäfte vermittelt oder in dessen Namen abschließt, gilt als Angestellter (Handlungsgehilfe): § 84 Abs. 2 HGB.

— **als Arbeitnehmer nach ArbGerG** Handelsvertreter gelten als Arbeitnehmer — wichtig wegen Klagen vor den Arbeitsgerichten! — nur, wenn sie zu den Personen gehören, für die nach § 92a HGB durch Rechtsverordnung eine Mindestgrenze der Vergütung festgelegt ist, und wenn sie in den letzten 6 Monaten des Vertragsverhältnisses mit dem Unternehmer durchschnittlich nicht mehr als DM 500 monatlich bezogen haben: Art. 3 HandVertrGes vom 6. 8. 1953.

— **Aufwendungen** werden nur ersetzt, wenn dies handelsüblich ist: § 87d HGB.

— **Ausgleichsanspruch** bei Ende des Vertrages mit dem Unternehmer, z. B. durch Zeitablauf, Kündigung — nicht; bei grundloser Kündigung durch Vertreter oder bei Kündigung des Unternehmers wegen schuldhaften Vertreterverhaltens! — kann der Handelsvertreter einen Ausgleichsanspruch erheben, wenn 1. dem Unternehmer durch weitere Geschäftsverbindung mit vom Vertreter geworbenen Kunden erhebliche wirtschaftliche Vorteile erwachsen, 2. der Vertreter Verluste an Provisionen — Inkasso- und Delkredereprovision scheidet aus! — erleidet oder die Provisionen bei Vertragsfortbestand erzielt hätte, 3. die Ausgleichszahlung mit Rücksicht auf alle Umstände der Billigkeit entspricht; der Ausgleich ist höchstens eine Jahresdurchschnittsprovision, errechnet nach den letzten 5 Tätigkeitsjahren, bei kürzerer Vertragsdauer ist der Durchschnitt während der Tätigkeitsdauer maßgebend; im voraus ist der Anspruch vertraglich nicht auszuschließen, auch muß er binnen 3 Monaten nach Vertragsende in irgendeiner Weise geltend gemacht werden: § 89b HGB.

— **Bezirksvertreter** ist ein Vertreter mit zugewiesenem bestimmten Bezirk oder Kundenkreis: er hat einen Provisionsanspruch wegen aller während der Dauer seines Vertrages mit Personen des Bezirks bzw. Kundenkreises abgeschlossenen Geschäfte, auch wenn dies ohne seine Mitwirkung geschehen ist: § 87 Abs. 2 HGB.

— **Delkredereprovision** erhält der Vertreter zuzüglich bei Übernahme der Verpflichtung, für die Erfüllung der Verbindlichkeit aus einem — bestimmten oder mit bestimmten Dritten getätigten — Geschäft einzustehen; die Übernahme muß schriftlich sein, der Anspruch auf diese Provision, der im voraus nicht ausschließbar ist, entsteht mit Geschäftsabschluß; Delkredereprovision kann nicht verlangt werden bei Wohnsitz des Unternehmers oder des Dritten im Ausland, ferner nicht für Geschäfte, zu deren Abschluß der Vertreter unbeschränkte Vollmacht besaß: § 86b HGB.

— **Form des Vertrages** an sich ist der Vertretervertrag formlos, doch kann jeder Teil Beurkundung, auch von späteren Abänderungen, sowie Aushändigung einer unterschriebenen Urkunde verlangen; der Anspruch auf Beurkundung ist unabdingbar: § 85 HGB.

— **ohne Inlandniederlassung** die Vorschriften des Gesetzes können durch andere Vereinbarungen zwischen Vertreter und Unternehmer ersetzt werden; dies gilt auch, wenn der Vertreter mit Vermittlung oder Abschluß von Geschäften betraut ist, die sich auf Befrachtung usw. von Schiffen oder auf die Buchung von Schiffspassagen beziehen: § 92c HGB.

— **Konkurs des Unternehmers** der Vertreter, der wie ein Arbeitnehmer behandelt wird — s. Handelsvertreter, als Arbeitnehmer —, ist wegen rückständiger Provision aus dem letzten Jahre vor Konkurseröffnung bevorrechtigter Konkursgläubiger: § 61 Nr. 1 KO.

— **Kündigung** eine vereinbarte Kündigungsfrist muß für beide Teile gleich sein, muß mindestens 1 Monat betragen, die Kündigung selbst kann nur zum Monatsschluß erfolgen; bei unbestimmter Vertragsdauer ohne Vereinbarung von Kündigungsfristen kann in den ersten 3 Vertragsjahren nur mit einer Sechswochenfrist, später sogar nur mit einer Dreimonatsfrist zum Schluß eines Kalenderquartals gekündigt werden: § 89 HGB.

— **Kündigung, fristlose** ist aus wichtigem Grunde für beide Teile jederzeit möglich, welche Vorschrift unabdingbar ist; bei Veranlassung der Kündigung durch ein vom anderen Teil zu vertretendes Verhalten ist dieser Teil ersatzpflichtig wegen des durch die Vertragslösung entstandenen Schadens: § 89a HGB.

— **Mindestbezüge** für Vertreter, die laut Vertrag sich nicht für andere Unternehmer betätigen dürfen oder denen dies wegen Art und Umfang der von ihnen zu leistenden Tätigkeit nicht möglich ist, kann durch Rechtsverordnung das Mindestmaß der vom Unternehmer zu erbringenden Leistungen, zwecks sozial-wirtschaftlicher Sicherung des Vertreters, festgesetzt werden; die Festsetzung ist unabdingbar: § 92a HGB; s. auch Handelsvertreter, als Arbeitnehmer.

— **im Nebenberuf** der nebenberuflich — dies bestimmt sich nach der Verkehrsanschauung — tätige Vertreter unterliegt nicht der Kündigungsvorschrift des § 89; bei unbestimmter Vertragsdauer beträgt die Kündigungsfrist 1 Monat zum Schluß eines Kalendermonats; eine vereinbarte Kündigungsfrist muß für beide Teile gleich sein, ferner steht ihm der gewöhnliche Vorschußanspruch gemäß § 87a zu; der Unternehmer hingegen kann sich auf die genannten Sondervorschriften nur berufen, wenn er den Vertreter ausdrücklich als nebenberuflichen Vermittlungs- oder Abschlußvertreter mit Geschäften betraut hat und der Vertreter auch tatsächlich nur nebenberuflich tätig war: § 92b HGB.

— **Pflichten des Unternehmers** er hat dem Vertreter die nötigen Unterlagen (Muster, Zeichnungen, Preislisten, Werbematerial usw.) zu überlassen, ihm die erforderlichen Nachrichten zu geben, ihm unverzüglich Annahme oder Ablehnung eines vermittelten oder vollmachtlos abgeschlossenen Geschäfts mitzuteilen, ihn zu informieren, falls er Geschäfte voraussichtlich nur in erheblich kleinerem Umfang abschließen kann oder will, als nach den Umständen zu erwarten ist, welch letztere Vorschrift unabdingbar ist: § 86a HGB.

— **Pflichten des Vertreters** er hat sich, unter Haftung für Sorgfalt eines ordentlichen Kaufmanns, um Geschäftsvermittlung bzw. -Abschluß zu bemühen, die Interessen des Unternehmers wahrzunehmen, diesem die nötigen Nachrichten zu geben, besonders unverzüglich von jeder Vermittlung bzw. jedem Abschluß: § 86 HGB; er darf ihm anvertraute oder durch seine Tätigkeit bekanntgewordene Geschäfts- und Betriebsgeheimnisse auch nach Vertragsende weder verwerten noch anderen mitteilen, soweit dies mit der Berufsauffassung eines ordentlichen Kaufmanns unvereinbar ist: § 90 HGB; daneben treffen ihn die Pflichten aus einem Geschäftsbesorgungsvertrag nach § 675 BGB, z. B. Befolgung von Weisungen, Rechnungslegung, Herausgabe des durch Geschäftsbesorgung Erlangten u. a. m.

— **Provision** der Vertreter kann Provision für alle durch seine Tätigkeit während der Vertragsdauer abgeschlossenen Geschäfte verlangen, auch für solche, die mit Dritten abgeschlossen werden, die er als Kunden für Geschäfte gleicher Art geworben hat; bei Abschluß des Geschäfts nach Vertragsende besteht der Provisionsanspruch nur, soweit Geschäfte vom Vertreter vermittelt oder eingeleitet und derart vorbereitet worden sind, daß der Abschluß überwiegend auf seine Tätigkeit zurückzuführen ist, und es innerhalb angemessener Frist nach Vertragsende auch zustande kam; hat der Vertreter auftragsgemäß Gelder eingezogen, so hat er neben der gewöhnlichen Provision zusätzlich einen Anspruch auf Inkassoprovision: § 87 HGB.

— **Provision, Berechnung und Abrechnung** die vereinbarte, evtl. branchenmäßig übliche Provision berechnet sich nach dem vom Dritten oder Unternehmer zu leistenden Entgelt, wobei Nachlässe bei Barzahlung nicht abzugsfähig sind (wohl aber: Treue- und Mengenrabatte!), ferner nicht Nebenkosten für Fracht, Zoll usw.; bei Nutzungsverträgen von bestimmter Dauer berechnet sich die Provision nach dem Vertragsdauerentgelt, bei unbestimmter Dauer hingegen nach dem Entgelt bis zum ersten Zeitpunkt der Kündigungsmöglichkeit durch den Dritten, sofern nicht der Vertrag darüber hinaus weiterläuft (hier weitere entsprechend zu berechnende Provision!): § 87b HGB; der Unternehmer hat zu erteilen: 1. eine monatliche, bei Vereinbarung höchstens dreimonatliche Abrechnung am Monatsende über Geschäfte, für die eine Provision bereits zu zahlen ist, 2. einen Buchauszug über alle provisionspflichtigen, also auch bedingte Geschäfte; dem Vertreter sind alle für seine Provision, deren Fälligkeit und Berechnung wichtigen Umstände mitzuteilen, auch kann er evtl. Einsichtnahme in die Bücher, evtl. durch einen Wirtschaftsprüfer, fordern: § 87c HGB.

— **Provision, Fälligkeit und Vorschuß** stets hat der Vertreter einen Provisionsanspruch spätestens mit Ausführung des Geschäfts durch den Dritten, also bei Erbringung der Vertragsleistung, ohne Rücksicht auf Vereinbarungen zwischen dem Unternehmer und dem Vertreter; an sich ist der Anspruch mit Geschäftsausführung durch den Unternehmer bereits gegeben, doch ist eine abweichende Regelung statthaft, wobei dem Vertreter bei Geschäftsausführung durch den Unternehmer dann indes ein — am Ende des folgenden Monats fälliger — Vorschuß zusteht; der Provisionsanspruch entfällt bei Feststehen der Nichtleistung durch den Dritten, empfangene Gelder sind zurückzuzahlen; hingegen verbleibt ihm der Anspruch bei Nichtausführung des Geschäfts durch den Unternehmer, sofern dies nicht auf einen wichtigen Grund in der Person des Dritten zurückzuführen ist: Fälligkeit der Provision tritt ein am Ende des Monats, in dem abzurechnen ist: § 87a HGB.

— **Unterschied zum Handelsmakler und Kommissionär** während der Vertreter auf Grund längeren Vertragsverhältnisses für den Unternehmer Handelsgeschäfte aller Art vermittelt oder in dessen Namen abschließt, werden die beiden anderen nur von Fall zu Fall tätig; der Handelsmakler vermittelt außerdem nur die in § 93 HGB aufgezählten Handelsgeschäfte und der Kommissionär schließt, als indirekter Stellvertreter, sogar nur Handelskäufe und -verkäufe ab: § 383 HGB.

— **Untervertreter** ist ein Handelsvertreter, dessen Unternehmer auch ein Handelsvertreter ist: § 84 Abs. 3 HGB.

— **Verjährung** in 4 Jahren verjähren Ansprüche aus dem Vertragsverhältnis, beginnend mit Schluß des Jahres, aus dem sie stammen: § 88 HGB.

— **Versicherungsvertreter** ist ein Vertreter, der mit der Vermittlung oder dem Abschluß von Versicherungsverträgen betraut ist; im Gegensatz zum gewöhnlichen Vertreter kann er Provision nur für auf seine Tätigkeit zurückzuführende abgeschlossene Geschäfte verlangen (nicht auch in Bezug auf geworbene Kunden!); mit Zahlung der Prämie durch den Versicherungsnehmer ist der Provisionsanspruch gegeben: § 92 HGB; endlich steht ihm ein höherer Ausgleichsanspruch zu: § 89 Abs. 5 HGB.

— **ohne Vertretungsmacht** hat ein Vermittlungsvertreter ein Geschäft vollmachtlos für den Unternehmer abgeschlossen oder ein Abschlußvertreter dies unter Überschreitung der Vollmacht getan, so gilt bei Unkenntnis des Dritten über den Vertretungsmangel das Geschäft als vom Unternehmer genehmigt, sofern dieser es nicht unverzüglich dem Dritten gegenüber ablehnt: § 91a HGB.

— **Vollmacht** ein Abschlußvertreter unterliegt den Vollmachtsregeln des § 54 HGB — s. Handlungsvollmacht, Handelsvertreter mit Handlungsvollmacht! —, auch wenn er von einem Nichtkaufmann bevollmächtigt worden ist; ein bloßer Vermittlungsvertreter gilt, mangels Bösgläubigkeit des Dritten, als bevollmächtigt zum Empfang der Mängelrüge, Zurverfügungstellungen u.a.m.: § 91 HGB.

— **Wettbewerbsverbot** eine Wettbewerbsabrede, für die Zeit nach Vertragsende, muß schriftlich sein, die vom Unternehmer unterzeichnete, die Einzelheiten enthaltende Urkunde ist dem Vertreter auszuhändigen; die Abrede darf nur für höchstens 2 Jahre getroffen werden, für die Zeit der Innehaltung ist eine angemessene Entschädigung zu zahlen; vor Vertragsende kann der Unternehmer schriftlich auf die Konkurrenzbeschränkung verzichten derart, daß er nach 6 Monaten ab Erklärung von der Zahlungspflicht frei wird, welche Pflicht überhaupt gänzlich entfällt bei Kündigung gegenüber dem Vertreter wegen schuldhaften Verhaltens; der wegen schuldhaften Verhaltens des Unternehmers kündigende Vertreter kann sich durch schriftliche Erklärung binnen 1 Monat nach Kündigung von der Abrede lossagen: § 90a HGB.

— **Zurückbehaltungsrecht** steht dem Vertreter nach Vertragsende an den ihm überlassenen Unterlagen usw. nur wegen der fälligen Provisions- und Aufwendungsersatz-Ansprüche zu; im voraus kann der Vertreter auf Zurückbehaltungsrecht nach HGB und BGB nicht verzichten: § 88a HGB.

**Handlungsgehilfe** ist jemand, der in einem Handelsgewerbe zur Leistung — höherer (z. B. als Direktor, Geschäftsführer, Vorstand pp, obwohl sie nach § 5 des ArbGerG und § 4 BetriebsverfG nicht als Arbeitnehmer im arbeitsrechtlichen Sinne gelten) oder niederer — kaufmännischer Dienste gegen Entgelt angestellt ist: § 59 HGB, zusätzlich §§ 611 ff BGB; werden im Betrieb eines Handelsgewerbes nichtkaufmännische Dienste (gewerbliche Angestellte, Ingenieure, Fahrer, Hausmeister pp) geleistet, so kommen §§ 611 ff BGB allein bzw. die Normen der GewO zur Anwendung: § 83 HGB.

— **Aushilfstätigkeit** vorübergehender Art unterliegt nicht der zwingenden Vorschrift über die Kündigungsfrist von mindestens 1 Monat zum Monatsende des § 67, doch muß die Kündigungsfrist für beide Teile gleich sein: § 69 HGB.

— **Außerbetriebliche Vermittlungstätigkeit** wer außerhalb des Betriebes mit der Vermittlung von Geschäften für den Prinzipal betraut ist, gilt für Dritte, mangels besserer Kenntnis, als ermächtigt zur Entgegennahme von Mängelrügen, Zurverfügungstellungen und ähnlichen Erklärungen für den Prinzipal: § 75g HGB; schließt der bloße Vermittlungsgehilfe hierbei für den Prinzipal ein Geschäft ab, so gilt es, mangels Kenntnis des Dritten von der fehlenden Vollmacht, durch den Prinzipal als genehmigt, wenn er nicht unverzüglich dem Dritten gegenüber das Geschäft ablehnt: § 75h HGB.

— **Befugnisse eines Betriebsrates** dieser ist vor einer vom Prinzipal beabsichtigten Kündigung zwecks Rechtswirksamkeit zu hören: § 66 BetriebsVerfG; der gekündigte Angestellte kann binnen 2 Wochen nach Kündigung beim Betriebsrat Einspruch einlegen wegen sozialer Härte: § 2 KündigungsschutzGes.

— **Betriebsvereinbarungen** über Arbeitsbedingungen gehen Bestimmungen von Tarifverträgen nicht vor, sondern nach: § 59 BetriebsVerfG.

— **sog. Commis interessé** ist ein Angestellter, der am Gewinn beteiligt ist; bei Ausscheiden vor Geschäftsjahrsabschluß ist ihm ein anteiliger, aus der Normalbilanz errechneter Gewinn zu zahlen.

— **Ehrverletzungen** durch den Prinzipal oder diesem gegenüber, desgleichen Tätlichkeiten, sind ein Grund für eine fristlose Kündigung seitens des Angestellten bzw. des Prinzipals: §§ 71, 72 HGB.

— **Freizeit nach Kündigung** steht dem Gehilfen bei Dauerstellung zwecks Aufsuchen einer neuen Tätigkeit zu: § 629 HGB.

— **Fürsorgepflicht des Prinzipals** gegenüber dem Gehilfen ist eine der Hauptpflichten und nicht durch Vereinbarung abdingbar; sie verstärkt sich bei Aufnahme des Gehilfen in die häusliche Gemeinschaft; bei schuldhafter Verletzung der für Leben und Gesundheit geltenden Vorschriften hat der Prinzipal Schadensersatz zu leisten nach den Regeln der unerlaubten Handlungen gemäß §§ 842—846 BGB (Rente wegen Minderung von Erwerbsfähigkeit, Bestattungskosten, Unterhalt der Angehörigen): § 62 HGB; Verweigerung der Fürsorgepflichterfüllung berechtigt den Gehilfen zur fristlosen Kündigung: § 71 Ziff. 3 HGB.

— **Geschäftsgeheimnis-Verrat** durch den Gehilfen berechtigt den Prinzipal wegen Vertrauensmißbrauches zur fristlosen Kündigung: § 72 Ziff. 1 HGB; auch hat der Gehilfe bei fristloser Kündigung durch den Prinzipal aus diesem Grunde keinen Anspruch auf Entschädigung aus einem vereinbarten Wettbewerbsverbot: § 75 HGB.

— **Geschäftsräume** und Gerätschaften hat der Prinzipal gemäß der Fürsorgepflicht so zu halten, daß, soweit der Betrieb es gestattet, der Gehilfe gegen Gesundheitsgefährdung geschützt ist und der guten Sitte sowie dem Anstand genügt wird; dies gilt auch für die Regelung des Geschäftsbetriebes und der Arbeitszeit: § 62 HGB.

— **Gratifikationen** sind besonders vereinbarte oder übliche Zusatzleistungen zum Grundgehalt, meist durch Einzel- oder Tarifvertrag geregelt und bei Ausscheiden vor Fälligkeit anteilsmäßig zu zahlen.

— **Häusliche Gemeinschaft** mit dem Prinzipal verstärkt dessen Fürsorgepflicht: hinsichtlich Wohn- und Schlafraum, Verpflegung, Arbeits- und Erholungszeit sind Regelungen zu treffen mit Rücksicht auf Gesundheit und Sittlichkeit, ebenso auf Religion des Gehilfen: § 62 HGB.

— **Klage zwischen Prinzipal und Gehilfen** gehört zur Zuständigkeit des Arbeitsgerichts, ausgenommen sind: Organe der Kapitalgesellschaften: §§ 2, 5 ArbGerG; bei Verurteilung des Gehilfen zur Arbeitsaufnahme ist Zwangsvollstreckung unstatthaft: § 888 ZPO, ebenso kann der zur Wiederbeschäftigung des Gehilfen verurteilte Prinzipal nicht durch Zwangsvollstreckung hierzu veranlaßt werden: § 61 ArbGerG (in beiden Fällen: Zahlung einer durch Urteil festgesetzten Entschädigung).

— **Konkurrenzklausel** ohne Einwilligung des Prinzipals — gilt im Falle der Kenntnis bei Anstellung und Unterlassen eines ausdrücklichen Widerspruches durch den Prinzipal als erteilt! — kann der Gehilfe weder irgendein eigenes Handelsgewerbe betreiben noch im Handelszweige des Prinzipals Geschäfte für eigene oder fremde Rechnung tätigen: § 60 HGB; bei Verstoß kann der Prinzipal entweder Schadensersatz fordern oder verlangen, daß Eigengeschäfte des Gehilfen als solche des Prinzipals gelten sollen und daß bei Fremdgeschäften die Vergütung herausgegeben bzw. der Anspruch darauf abgetreten wird (Verjährung in 3 Monaten seit Kenntnis, spätestens in 5 Jahren seit dem Geschäft!): § 61 HGB; bei Verstoß gegen die Konkurrenzklausel kann der Prinzipal fristlos kündigen: § 72 Ziff. 1 HGB.

— **Konkurs des Prinzipals** hier ist der Gehilfe wegen der Forderung auf rückständiges Gehalt (1 Jahr seit Konkurseröffnung) bevorrechtigter

Konkursgläubiger: § 61 Ziff. 1 KO; das Gleiche gilt für die noch nicht gezahlte Entschädigung wegen des Wettbewerbsverbotes: § 75c HGB.

— **Krankheit** oder anderes unverschuldeten Unglück hat den Gehilfen an der Dienstleistung verhindert: er behält Gehalts- bzw. Unterhaltsansprüche für längstens 6 Wochen, sofern nicht durch Vertrag eine andere Regelung getroffen ist; Beträge aus einer Kranken- oder Unfallversicherung braucht er sich nicht anrechnen zu lassen (zwingendes Recht!): § 63 HGB; anhaltende Krankheit des Gehilfen berechtigt den Prinzipal, unter Wahrung der Rechte des Gehilfen nach § 63 HGB, zur fristlosen Kündigung: § 72 Ziff. 3 HGB.

— **Kündigung, Fristen** Kündigungsfristen können vereinbart werden, müssen dann aber für beide Teile gleich sein und dürfen nicht weniger als 1 Monat betragen, auch ist Kündigung nur zum Schluß eines Kalendermonats zulässig: diese Vorschriften sind grundsätzlich zwingendes Recht: § 67 HGB; sind keine Kündigungsfristen vereinbart, so setzen die gesetzlichen Fristen ein, wonach Kündigungen von jedem Teil nur mit einer Frist von 6 Wochen zum Schluß eines Kalendervierteljahres vorgenommen werden dürfen: § 66 HGB; bei lange beschäftigten Angestellten werden die Kündigungsfristen durch das Kündigungsschutzgesetz (vom 10. 8. 51) automatisch verlängert, einen anderen Kündigungsschutz gewährt das Mutterschutzgesetz (vom 24. 1. 52).

— **Kündigung, fristlose** d. h. ohne Einhaltung einer Kündigungsfrist ist zulässig 1. vorzeitig bei längerer Vertragsdauer, 2. bei unbestimmter Dauer, aber vereinbarten Kündigungsfristen, 3. bei unbestimmter Dauer und gesetzlichen Kündigungsfristen: es muß ein wichtiger Grund vorliegen, wobei derjenige schadensersatzpflichtig ist, der durch Vertragsverletzung die Kündigung herbeigeführt hat: § 70 HGB; der Prinzipal kann kündigen: bei Untreue, Vertrauensmißbrauch, Verstoß gegen die Konkurrenzklausel, bei unbefugtem längerem Fernbleiben und beharrlicher Dienstverweigerung, bei anhaltender Krankheit, längerer Freiheitsstrafe des Gehilfen, bei Tätlichkeiten oder erheblichen Ehrverletzungen gegenüber dem Prinzipal: § 72 HGB; der Gehilfe kann kündigen: bei Unfähigkeit zur Dienstfortsetzung, Nichtgewährung von Gehalt, Verletzung der Fürsorgepflicht, Tätlichkeiten, erheblichen Ehrverletzungen oder unsittlichen Zumutungen seitens des Prinzipals: § 71 HGB.

— **leitende Angestellte** die Vorschriften über vereinbarte Kündigungsfristen — s. Handlungsgehilfe, Kündigung — gelten nicht für Angestellte mit einem Jahresgehalt von mindestens DM 5000: § 68 HGB; auch ist bei ihnen bei einem Gehalt von über DM 8000 die Gültigkeit eines Wettbewerbsverbotes nicht von einer Entschädigungspflicht des Prinzipals abhängig: § 75b HGB.

— **Minderjähriger** das zwischen einem minderjährigen Gehilfen und dem Prinzipal vereinbarte Wettbewerbsverbot ist nichtig: § 74a Abs. 2 HGB.

— **mitarbeitende Familienangehörige** z. B. Ehegatte und Kinder, die auf Grund familienrechtlicher Vorschriften, §§ 1356, 1617 BGB, zur Mitarbeit im Geschäft verpflichtet sind, gelten mangels besonderer Vereinbarung, nicht als „angestellt" im Sinne von § 59 HGB; in häuslicher Gemeinschaft mit dem Prinzipal lebende und in seinem Geschäft tätige Verwandte und Verschwägerte sind nicht Arbeitnehmer gemäß § 4 BetriebsVerfG.

— **Nichtanstellungsvertrag** verpflichten sich verschiedene Prinzipale untereinander, einen bei einem von ihnen tätigen oder tätiggewesenen Gehilfen entweder überhaupt nicht oder nur unter bestimmten Voraussetzungen anzustellen, so kann jeder Vertragspartner von einer solchen Vereinbarung zurücktreten; Klage oder Einrede aus einem derartigen Vertrag ist unzulässig: § 75 f HGB.

— **Provision** erhält der Gehilfe Provision, so stehen ihm ähnliche Befugnisse wie dem Handelsvertreter nach § 87 Abs. 1, §§ 87a-f HGB zu: § 65 HGB, s. Handelsvertreter, Provision.

— **Schmiergelder** das Entgegennehmen von Schmiergeldern durch den Gehilfen ist als Untreue bzw. Vertrauensmißbrauch anzusehen und berechtigt den Prinzipal nach § 72 Ziff. 1 HGB zur fristlosen Kündigung.

— **Tarifverträge** gehen Betriebsvereinbarungen vor: § 59 BetriebVerfG.

— **in Übersee tätige Angestellte** für sie gelten hinsichtlich der vereinbarten Kündigungsfristen und der Entschädigungspflicht beim Wettbewerbsverbot die gleichen Vorschriften wie für sog. leitende Angestellte: §§ 68, 75b HGB; s. Handlungsgehilfe, leitende Angestellte.

— **Vergütung** Gewährung — vereinbarte oder entsprechend dem Ortsgebrauch evtl. angemessene — ist wesentliches Merkmal des Handlungsgehilfenvertrages: § 59 HGB; sie kann — einzeln oder kombiniert — bestehen in: festem Gehalt, das stets spätestens am Monatsschluß zu zahlen ist: § 64 HGB, Provision: § 65 HGB, Tantième, d. h. Anteil am Geschäftsgewinn eines bestimmten Zeitabschnittes, Sachleistung, z. B. Wohnung und Beköstigung, Reisespesen, Gratifikationen, Pensionen, Eingehen von Lebens- oder Erlebensversicherungen zu Gunsten des Gehilfen bzw. seiner Angehörigen usw.

— **als Vermittler** s. Handlungsgehilfe, außerbetriebliche Vermittlungstätigkeit.

— **Vertragsstrafe** ist zur Sicherung des Wettbewerbsverbotes vom Gehilfen eine Vertragsstrafe versprochen worden, so kann der Prinzipal bei Verstoß gegen das Verbot entweder Erfüllung und etwaigen Schadensersatz verlangen oder die Strafe, deren Herabsetzung durch das Gericht bei unverhältnismäßiger Höhe und noch nicht vorgenommener Entrichtung der Gehilfe erwirken kann; hatte der Gehilfe keinen Anspruch auf Entschädigung, so kann der Prinzipal nur die Strafe, nichts anderes verlangen: § 75c HGB.

— **Wettbewerbsverbot** bezieht sich, im Gegensatz zur Konkurrenzklausel des § 60 HGB, auf die Zeit nach Vertragsende und besteht nicht kraft Gesetzes, sondern nur gemäß schriftlicher Vereinbarung unter Aushändigung einer vom Prinzipal unterschriebenen, die Einzelheiten enthaltenden Urkunde; es ist nur gültig bei Versprechen einer Entschädigungszahlung durch den Prinzipal für die Verbotszeit in Höhe von jährlich mindestens der Hälfte des zuletzt bezogenen Entgelts des Gehilfen: § 74 HGB; es darf nicht nach Ort, Zeit oder Gegenstand für das Fortkommen des Gehilfen eine unbillige Erschwerung darstellen und zeitlich nicht länger als 2 Jahre dauern; nichtig ist es, falls es von einem Minderjährigen unter Ehrenwort oder von einem Gehilfen mit einer Vergütung unter DM 1500 versprochen wird: § 74a HGB.

— **Wettbewerbsverbot, Anrechnung** auf die am Schluß jeden Monats nach § 74b HGB zu zahlende Entschädigung muß sich der Gehilfe anrechnen lassen, was er durch anderweitige Verwertung seiner Arbeitskraft erwirbt oder böswillig zu erwerben unterläßt: er ist dem Prinzipal insoweit auskunftspflichtig: § 74c HGB.

— **Wettbewerbsverbot, Angestellte mit Gehalt über DM 8000 jährlich** das Verbot ist auch ohne Entschädigungspflicht des Prinzipals gültig; das Gleiche gilt für Tätigkeit von Angestellten außerhalb von Europa: § 75b HGB.

— **Wettbewerbsverbot, nachteilige Vereinbarungen** soweit entgegen §§ 74—74c Vereinbarungen zum Nachteil des Gehilfen getroffen werden, kann sich der Prinzipal auf sie nicht berufen: § 75d HGB.

— **Wettbewerbsverbot, nachträgliche Unwirksamkeit** kündigt der Gehilfe fristlos wegen Vertragsbruches durch den Prinzipal nach § 71 HGB, so kann es binnen 1 Monat seit Kündigung durch schriftliche Erklärung, daß er sich an das Verbot nicht gebunden betrachte, unwirksam werden; kündigt der Prinzipal ohne erheblichen Grund in der Person des Gehilfen, so hat der Gehilfe die Wahl, ob er beim Verbot und dem Entschädigungsanspruch bleiben oder durch die schriftliche Erklärung Unwirksamkeit herbeiführen will; hat aber der Prinzipal fristlos wegen Vertragsbruches durch den Gehilfen nach § 72 HGB gekündigt, so bleibt das Verbot bestehen, doch verliert der Gehilfe das Entschädigungsrecht: § 75 HGB.

— **Wettbewerbsverbot, Verzicht durch Prinzipal** er kann vor Vertragsende schriftlich auf das Verbot verzichten und dadurch nach 1 Jahr seit der Erklärung von der Entschädigungspflicht frei werden: § 75c HGB.

— **Zeugnis** bei Vertragsende kann der Gehilfe ein schriftliches, auf Antrag durch die Ortspolizeibehörde beglaubigtes, Zeugnis über Beschäftigungsart und -Dauer, auf Wunsch auch über Führung und Leistungen verlangen: § 73 HGB; es darf für den Gehilfen nicht abträglich, ebensowenig aber unrichtig zu seinen Gunsten sein, in welch letzterem Falle der Prinzipal sich der Gefahr einer Schadensersatzpflicht gegenüber Dritten aussetzt, falls diesen durch das Vertrauen auf das Zeugnis ein Schaden erwachsen ist.

**Handlungslehrling** ist jemand, der in einem Handelsgewerbe zwecks kaufmännischer Ausbildung und Leistung der erlernten Dienste angestellt ist: § 76 HGB; es handelt sich um eine Abart des Dienstvertrages nach §§ 611 ff BGB: der Lehrherr ist zur Ausbildung, der Lehrling zur Dienstleistung verpflichtet.

— **Ausbildung** hat durch den Lehrherrn selbst oder einen geeigneten ausdrücklich dazu bestimmten Vertreter zu erfolgen, mit Unterweisung in den beim Geschäftsbetrieb anfallenden kaufmännischen Arbeiten, und zwar in der durch Ausbildungszweck und -Umfang gebotenen Reihenfolge: § 76 Abs. 2 HGB.

— **Ende des Vertrages durch Erklärung** durch schriftliche Erklärung des Lehrlings bzw. bei Minderjährigkeit seines gesetzlichen Vertreters gegenüber dem Lehrherrn, daß der Lehrling zu einem anderen Gewerbe oder Beruf übergehen werde, endet der Lehrvertrag spätestens nach 1 Monat; wenn jedoch der Lehrling jetzt innerhalb von 9 Monaten nach Vertragsende in ein anderes Geschäft, entgegen der Erklärung, als Handlungslehrling oder -Gehilfe eintritt, so ist er, evtl. auch der gesetzliche Vertreter, dem Lehrherrn schadensersatzpflichtig, jedoch nur bei Schriftlichkeit des Lehrvertrages: §§ 78, 79 HGB.

— **Form des Vertrages** ist nicht vorgeschrieben, jedoch können Schadensersatzansprüche gegen den Lehrling wegen unbefugten Ausscheidens nach § 78 HGB nur bei Schriftlichkeit des Lehrvertrages geltend gemacht werden: § 79 HGB.

— **Fürsorgepflicht des Lehrherrn** entspricht derjenigen gegenüber dem Handlungsgehilfen — s. Handlungsgehilfe, Fürsorgepflicht des Prinzipals, Geschäftsräume, häusliche Gemeinschaft —, darüber hinaus hat der Prinzipal dem Lehrling Zeit und Gelegenheit zum Besuch des Gottesdienstes zu gewähren, ihn zu Arbeitsamkeit und guten Sitten anzuhalten, ihm die zum Besuch einer Fortbildungsschule nötige Zeit zu geben und darf ihn nicht seiner Ausbildung durch Verwendung für andere Dienste entziehen: §§ 76, 62 HGB.

— **Konkurrenzklausel** gilt auch für Handlungslehrlinge: § 76 mit Bezug auf §§ 60, 61 HGB.

— **Kündigung** mangels Vereinbarung längerer — nie länger als 3 Monate — Probezeit kann während des 1. Monats von jedem Teil fristlos gekündigt werden; nach Ablauf der Probezeit gelten die für Gehilfen gegebenen Kündigungsfristen sowie die Regeln über fristlose Kündigung: s. Handlungsgehilfe, Kündigung, Fristen und: Handlungsgehilfe, Kündigung, fristlose —, wobei Grund für fristlose Kündigung durch den Lehrling auch Vernachlässigung der Lehrherrnpflichten hinsichtlich Ausbildung, Gesundheit und Sittlichkeit des Lehrlings ist; bei Tod des Lehrherrn endlich ist fristlose Kündigung innerhalb 1 Monats statthaft: § 77 HGB.

— **Lehrzeit** ihre Dauer richtet sich nach dem Lehrvertrag, evtl. nach örtlichen Verordnungen und Ortsgebrauch: § 77 HGB.

— **Minderjähriger** ein Lehrvertrag mit Dauer von mehr als 1 Jahr kann ein Vormund nur mit Genehmigung des Vormundschaftsgerichts für den Mündel abschließen: § 1822 Ziff. 6 BGB.

— **Pflichten des Lehrlings** er ist verpflichtet, sich der kaufmännischen Ausbildung im Geschäftsbetrieb des Lehrherrn zu widmen und erlernte Dienste zu leisten.

— **Strafvorschriften** bei Verstößen gegen die Fürsorgepflicht oder bei verbotener Ausbildung von Lehrlingen kann Geldstrafe bis zu DM 150 verhängt werden: § 82 HGB.

— **Verbot der Lehrlingshaltung** wem die bürgerlichen Ehrenrechte aberkannt sind, dem ist das Halten und Ausbilden von Lehrlingen verboten; auch dürfen solche Personen nicht zur Anleitung verwendet werden; Entlassung von Lehrlingen kann hier polizeilich erzwungen werden: § 81 HGB.

— **Vergütung** wird gewöhnlich vereinbart oder durch Tarifvertrag bestimmt; in gewissen Fällen kann auch Zahlung von Lehrgeld als Entgelt für die Ausbildung vereinbart werden.

— **Volontär** ist jemand, der später nicht Angestellter, sondern Unternehmer werden will, kein Entgelt erhält, zur Arbeitsleistung nicht verpflichtet ist und keine planmäßige Ausbildung erhält, sondern sich selbst unterrichten muß; auf Volontäre sind bei Wettbewerbsverboten die Regeln für Handlungsgehilfen anzuwenden, ausgenommen die auf das Gehalt bezugnehmenden Bestimmungen über das Entgelt: § 82a HGB.

— **Wettbewerbsverbot** Wettbewerbsvereinbarungen für die Zeit nach Lehr- oder Dienstvertragsende sind nichtig: § 76 Abs. 1 HGB; für Nichteinstellungsverträge gilt das Gleiche wie für Handlungsgehilfen, s. Handlungsgehilfe, Nichtanstellungsvertrag.

— **Zeugnis** das bei Lehrvertragsende auszustellende, evtl. ortspolizeilich zu beglaubigende Zeugnis hat nicht nur die Dauer der Lehrzeit, sondern auch die erworbenen Kenntnisse und Fähigkeiten des Lehrlings anzugeben und sich über sein Betragen zu äußern: § 80 HGB.

**Handlungsvollmacht** im engeren Sinne ist jede von einem Kaufmann oder einer Handelsgesellschaft erteilte Vollmacht, die nicht Prokura ist; für sie gelten ergänzend die §§ 164—181 BGB über Vertretung.

— **Arten** 1. General-, 2. Art-, 3. Spezialvollmacht: § 54 HGB.

— **Artvollmacht** ermächtigt den Bevollmächtigten zu allen Rechtshandlungen, welche die Vornahme von Geschäften derjenigen Art, auf die sich seine Vollmacht bezieht, gewöhnlich mit sich bringt: § 54 HGB.

— **Beschränkungen** General-, Art- und Spezialbevollmächtigte unterliegen hinsichtlich des Umfanges den gleichen Beschränkungen wie der Prokurist; außerdem aber können sie nicht Wechselverbindlichkeiten eingehen, Darlehen aufnehmen oder Prozesse führen, es sei denn, daß ihnen besonders diese Befugnis eingeräumt ist: § 54 HGB.

— **Beschränkungen weiterer Art** als in § 54 HGB genannt, kann der Vollmachtgeber mit Wirkung nach außen hin — im Gegensatz zur Prokura — anordnen; ein Dritter braucht sie gegen sich aber nur gelten zu lassen, wenn er sie kannte oder kennen mußte: § 54 Abs. 3 HGB.

— **Eintragung** im Handelsregister ist unstatthaft.

— **Erlöschen** erfolgt stets durch Beendigung des Innenverhältnisses, durch Betriebseinstellung oder Konkurs, ferner durch Widerruf, im Zweifel aber nicht durch den Tod des Prinzipals.

— **Erteilung** kann ausdrücklich, durch schlüssige Handlung und auch dadurch erteilt werden, daß der Kaufmann weiß und duldet, daß jemand als Handlungsbevollmächtigter im engeren Sinne auftritt.

— **Generalvollmacht** ermächtigt zu allen Geschäften und Rechtshandlungen, die der Betrieb des betreffenden Handelsgewerbes — also nur im Tätigkeitsbereich des Vollmachtgebers, nicht, wie bei der Prokura, in irgendeinem Handelsgewerbe — gewöhnlich (also nicht: außergewöhnlich!) mit sich bringt: § 54 HGB.

— **Handelsvertreter mit Handlungsvollmacht** sind sie damit betraut, Geschäfte im Namen des Prinzipals abzuschließen, so kommen für sie die Regeln der Handlungsvollmacht des § 54 zur Anwendung; sie gelten als ermächtigt, Mängelrügen und Zurverfügungstellungen sowie ähnliche Erklärungen entgegenzunehmen, nicht aber: Zahlungsstundungen zu gewähren, Änderungen abgeschlossener Verträge vorzunehmen oder Zahlungen anzunehmen, sofern sie nicht zu Letzterem besonders bevollmächtigt sind: § 55 HGB; diese Vorschrift gilt aber nicht für sog. Vermittlungsvertreter.

— **Handlungsgehilfen mit Handlungsvollmacht und Tätigkeit außerhalb des Betriebes des Prinzipales** sog. auswärtige Reisende unterliegen den Regeln über Abschluß-Handelsvertreter des § 54 mit den für diese geltenden Vollmachtsvorschriften: § 55 HGB.

— **Ladenangestellter** ist eine Person, die in einem Laden oder in einem offenen Warenlager zu kaufmännischen — also nicht: Hauswart, Putzfrau usw. — Diensten angestellt ist: auch wenn diese Person keine Handlungsvollmacht hat, kann ein Dritter sie für ermächtigt halten, zu den im Lager oder Laden — also nicht außerhalb desselben! — üblichen Verkäufen und Empfangnahmen, besonders von Zahlungen: § 56 HGB; der Prinzipal kann aber, z. B. durch Einrichtung von Registrierkassen für Zahlungen, mit Wirkung gegen Dritte eine andere Regelung treffen.

— **Minderkaufmann** kann Handlungsvollmacht im engeren Sinne (keine Prokura!) erteilen: § 4 HGB.

— **Spezialvollmacht** ist die Ermächtigung zum Abschluß aller Rechtsgeschäfte, welche für einzelne zu dem Handelsgewerbe gehörende Geschäftshandlungen gewöhnlich in Frage kommen: § 54 HGB; keine Spezialvollmacht im Sinne des § 54 hingegen liegt vor, wenn es sich überhaupt nur um den Abschluß eines einzigen Geschäfts handelt.

— **Übertragung** ist, im Gegensatz zur Prokura möglich, aber nur mit Zustimmung des Geschäftsinhabers: § 58 HGB.

— **Umfang** s. Handlungsvollmacht, Beschränkungen.

— **Widerruf** ist an sich jederzeit möglich, doch ist Verzicht — im Gegensatz zur Prokura! — auf das Widerrufsrecht möglich, was im Zweifel bei Vollmachtserteilung für bestimmte Zeit anzunehmen ist.

— **Zeichnung des Handlungsbevollmächtigten** er zeichnet die Firma mitsamt seinen Namen und einem das Vollmachtsverhältnis ausdrückenden Zusatz — z. B. „i. V." —, hat sich aber jedes eine Prokura andeutenden Zusatzes zu enthalten: § 57 HGB.

**Handwerker** s. Kaufmann, Arten der Tätigkeit nach § 2 HGB.

# I

**Indossament** s. Wechsel, Indossament und s. Orderpapiere, gewillkürte, Indossament.

**Industrieobligationen** s. Aktiengesellschaft, Industrieobligationen.

**Informationsrecht** der nichtgeschäftsführenden Gesellschafter einer oHG, s. offene Handelsgesellschaft, Informationsrecht der nichtgeschäftsführenden Gesellschafter; der Kommandisten, s. Kommanditgesellschaft, Informationsrecht der Kommanditisten; des stillen Gesellschafters, s. stille Gesellschaft, Informationsrecht des stillen Gesellschafters; der Aktionäre, s. Aktiengesellschaft, Auskunftsrecht der Aktionäre in der HV.

**Inhaber, rechtmäßiger, des Wechsels** s. Wechsel, Inhaber, rechtmäßiger.

**Inhaberaktie** s. Aktiengesellschaft, Inhaberaktien.

**Inhaberscheck** s. Scheck, Arten.

**Inhalt des Gesellschaftsvertrages der GmbH** s. Gesellschaft mit beschränkter Haftung, Errichtung.

**Inhalt der Registereintragung** s. Handelsregister, eintragungsfähige und -pflichtige Tatsachen.

**Inhalt, der Satzung** einer AG, s. Aktiengesellschaft, Satzung; einer Genossenschaft, s. Genossenschaft, Inhalt des Statuts; einer KGaA, s. Kommanditgesellschaft auf Aktien, Satzung.

**Interesse, berechtigtes** s. Handelsregister, Einsicht.

**Interimsschein** s. Aktiengesellschaft, Zwischenscheine.

**Intervention** s. Wechsel, Ehreneintritt.

**Inventar** s. Handelsbücher, Inventar.

## J

**Jahresabschluß** der AG s. Aktiengesellschaft, Bilanz; der Genossenschaft, s. Genossenschaften, Jahresabschluß; der GmbH, s. Gesellschaft mit beschränkter Haftung, Bilanz.

**Jahresgewinn** bei der AG, s. Aktiengesellschaft, Gewinnverteilung; bei der KGaA, s. Kommanditgesellschaft auf Aktien, Gewinn der Kommanditaktionäre, Gewinn der Komplementäre; bei den Genossenschaften, s. Genossenschaften, Gewinn- und Verlustverteilung; bei der GmbH, s. Gesellschaft mit beschränkter Haftung, Gewinn; bei der KG, s. Kommanditgesellschaft, Gewinn- und Verlustbeteiligung der Gesellschafter; bei der oHG, s. offene Handelsgesellschaft, Gewinnberechnung; bei der stillen Gesellschaft, s. stille Gesellschaft, Beteiligung des stillen Gesellschafters am Gewinn und Verlust.

**Jahresliste** s. Gesellschaft mit beschränkter Haftung, Liste der Gesellschafter.

**Juristische Personen** sind die AG, die KGaA, die GmbH und die Genossenschaften.

**Juristische Personen als Organe** der Kapitalgesellschaften sind unstatthaft, s. z. B. §§ 75 Abs. 2, 86 Abs. 2 AktGes; hingegen können sie bei einer Liquidation zu Abwicklern bestellt werden, s. z. B. § 206 AktGes.

## K

**Kaduzierung** bei der AG, s. Aktiengesellschaft, Kaduzierung; bei der GmbH, s. Gesellschaft mit beschränkter Haftung, Kaduzierung.

**Kannkaufmann** s. Kaufmann, Land- und Forstwirte.

**Kapital** s. Aktiengesellschaft, Grundkapital; s. Gesellschaft mit beschränkter Haftung, Stammkapital.

**Kapitalanteil** eines Gesellschafters bei der oHG, s. offene Handelsgesellschaft, Beiträge.

**Kapitalistische Kommanditgesellschaft** s. Kommanditgesellschaft, kapitalistische Kommanditgesellschaft.

**Kartelle** s. Aktiengesellschaft, Kartelle.

**Kaufmann** im Sinne des HGB ist, wer ein Handelsgewerbe betreibt: § 1 HGB.

— **Arten der Handelsgewerbe nach § 1 HGB** 1. Anschaffung von Waren (nicht: Grundstücken!) oder Wertpapieren zwecks Weiterveräußerung, 2. Be- oder Verarbeitung von Waren für andere, aber nur im Großbetrieb, 3. Übernahme von Versicherungen gegen Prämie (also nicht: auf Gegenseitigkeit!), 4. Bankier- und Geldwechslergeschäfte (nicht: Geldverleih!), 5. Güter- und Personenbeförderung, besonders Frachtgeschäfte, zu Lande, zur See, auf Binnengewässern, jedoch Personenbeförderung zu Lande oder auf Binnengewässern nur im Großbetrieb, d. h. anstaltsmäßig, 6. Kommissions-, Speditions- und Lagergeschäfte, 7. Handelsvertreter- und Handelsmaklergeschäfte, 8. Verlagsgeschäfte, Buch- und Kunsthandel, 9. Druckereigeschäfte, aber nur im Großbetrieb: § 1 Abs. 2 HGB.

— **Arten der Tätigkeit nach § 2 HGB** jede handwerkliche (nicht aber: z. B. Metzger, Bäcker, Schneider, deren Tätigkeit — sog. Warenhandwerker —unter § 1 Abs. 2 Ziff. 1 fällt!)

oder gewerbliche Tätigkeit (z. B. Hotelbetrieb, Bauunternehmungen, Grundstücksvermittlungen usw.), aber nur im Großbetrieb: § 2 HGB.

— **kraft Eintragung** (sog. Soll-Kaufmann) ist ein solcher, der ein handwerkliches oder sonstiges gewerbliches Unternehmen — aber nicht nach § 1 Abs. 1 HGB! — betreibt, dessen Art und Umfang einen kaufmännisch eingerichteten Geschäftsbetrieb erfordert und der seine Firma im Handelsregister eintragen lassen soll, wozu er verpflichtet ist und evtl. durch Ordnungsstrafen veranlaßt werden kann: § 2 HGB; er übt bis zur Eintragung nur ein Gewerbe aus gemäß GewO und ist nur Handwerker bzw. Gewerbetreibender: durch die Eintragung wird das Gewerbe zum Handelsgewerbe iS des HGB und die Person zum Kaufmann; die Firmeneintragung hat konstitutive Wirkung.

— **sog. Formkaufmann** für alle Handelsgesellschaften gelten die Vorschriften über — Einzel — Kaufleute: § 6 HGB; dies hat weniger Bedeutung für die oHG und die KG, die ja stets entweder ein Handelsgewerbe nach § 1 oder ein Gewerbe unter Eintragung im Handelsregister betreiben müssen (§ 123 HGB), als vielmehr für die AG, die KGaA, die GmbH und die eGen, die laut ausdrücklicher Vorschrift stets Handelsgesellschaften ohne Rücksicht auf den Gegenstand des Unternehmens sind (z. B. auch bei wissenschaftlichen, kulturellen oder karitativen Zwecken): § 3 AktGes, § 13 GmbHGes, § 17 GenGes.

— **Formkaufmann im Kleinbetrieb** auch wenn an sich Minderkaufmannseigenschaft vorliegen sollte, kommen für die AG, die KGaA, die GmbH und die eGen die Vorschriften des § 4 über Minderkaufleute nicht zur Anwendung: § 6 Abs. 2 HGB.

— **Land- und Forstwirte** (sog. Kann-Kaufmann) Land- und Forstwirtschaft sind niemals ein Gewerbe bzw. Handelsgewerbe; geht aber aus ihnen ein Nebenbetrieb — die Landwirtschaft muß Schwerpunkt der Tätigkeit bleiben! — gewerblicher Art (Brennerei, Brauerei usw.) hervor, so kann der Landwirt, falls diese gewerbliche Tätigkeit einen kaufmännisch eingerichteten Geschäftsbetrieb erfordert, Eintragung im Handelsregister veranlassen, ohne hierzu verpflichtet zu sein; durch die Eintragung wird die nebenberufliche gewerbliche Tätigkeit zum Handelsgewerbe, der Landwirt insoweit zum Kaufmann, die Firmeneintragung hat konstitutive Bedeutung: § 3 HGB.

— **Minderkaufmann** ist ein Kaufmann im Kleinbetrieb, dessen Unternehmen einen in kaufmännischer Weise eingerichteten Geschäftsbetrieb nicht erfordert; im Rahmen der §§ 2, 3 HGB können sie nicht vorkommen, da dort Voraussetzung für die die Kaufmannseigenschaft begründende Eintragung im Register stets ein Großbetrieb ist; sie kommen daher nur innerhalb der Handelsgewerbe des § 1 Abs. 2 vor, mit Ausnahme der Be- oder Verarbeitung von Waren für andere (Ziff. 2) oder der Personenbeförderung zu Lande (Ziff. 5) und der Druckereien (Ziff. 9), wo ebenfalls Großbetrieb erforderlich ist.

— **Minderkaufmann, Sondervorschriften** für Minderkaufleute gelten nicht die Bestimmungen über Handelsfirma, Handelsbücher und Prokura, über Bürgschaft (sie muß schriftlich sein, ist aber nicht selbstschuldnerisch): §§ 349—351 HGB, über Vertragsstrafe (bei unangemessener Höhe ist Herabsetzung durch das Prozeßgericht möglich), über Schuldversprechen und -Anerkenntnis (muß schriftlich sein): §§ 350, 351 HGB; Minderkaufleute können mit anderen Personen weder eine oHG, noch — als Komplementär — eine KG, wohl aber eine stille Gesellschaft oder eine BGB-Gesellschaft eingehen: § 4 HGB.

— **Scheinkaufmann** ist 1. jemand, der ein Gewerbe betreibt und in das Handelsregister eingetragen ist, obwohl er mangels Erfordernisses eines in kaufmännischer Weise eingerichteten Betriebes nicht hätte eingetragen werden dürfen, oder ein Minderkaufmann gemäß §§ 1, 4 HGB, dessen Firma eingetragen ist: er kann sich niemandem gegenüber, der sich auf die Eintragung bezieht, darauf berufen, daß er kein Kaufmann oder nur ein Minderkaufmann sei; er muß sich als Vollkaufmann behandeln lassen: § 5 HGB, 2. jemand, der, auch ohne Kaufmann zu sein und auch nicht im Handelsregister eingetragen ist, sich wie ein Kaufmann gebärdet: auch er muß sich als Vollkaufmann behandeln lassen, aber im Gegensatz zu 1. nur bei Gutgläubigkeit Dritter.

— **kraft Tätigkeit** (sog. Muß-Kaufmann) ist ein solcher, der ein Handelsgewerbe gemäß § 1 Abs. 2 HGB, d. h. eine der dort genannten Tätigkeiten, ausübt, die gleichzeitig ein Gewerbe im weiteren Sinne gemäß GewO und ein Handelsgewerbe iS des HGB sind; die Kaufmannseigenschaft wird demnach durch Beschäftigungsbeginn erlangt, ohne daß es einer Firmeneintragung im Handelsregister bedarf, die nur deklaratorische Bedeutung hat.

— **Verlust der Kaufmannseigenschaft** erfolgt durch Einstellung der gewerblichen Tätigkeit, durch Löschung der Firma im Handelsregister bei den Kaufleuten nach §§ 2, 3 HGB (nicht: bei Kaufleuten nach § 1), beim Übergang zum Kleinbetrieb in den Fällen des § 1 Ziff. 2 und 5 (Personenbeförderung!) und Ziff. 9, ferner durch Konkurseröffnung, nicht aber Eintritt der Geschäftsunfähigkeit oder durch Tod (hier geht die Kaufmannseigenschaft auf die Erben über).

**Kaufmännische Anweisung** und Verpflichtungsscheine s. Orderpapiere, gewillkürte oder kaufmännische.

**Klausel im Wechsel und Scheck** s. Wechsel, Klauseln; s. Scheck, Klausel „oder Überbringer".

**Kleinbetrieb** s. Kaufmann, Minderkaufmann.

**Kommanditgesellschaft** sie ist lediglich eine Abart der oHG, von der sie sich nach außen hin nicht unterscheidet, besonders nicht durch die Firma; es finden auf sie die Regeln der oHG grundsätzlich Anwendung: § 161 Abs. 2 HGB; das Vermögen der KG gehört allen Gesellschaftern zur gesamten Hand, auch haften sie für Gesellschaftsschulden nach § 128 HGB persönlich, jedoch mit der Maßgabe, daß mindestens 1 Gesellschafter in der gleichen Weise wie der Sozius einer oHG haftet (sog. persönlich haftender Gesellschafter oder Komplementär) und mindestens ein anderer Gesellschafter nur in Höhe einer bestimmten Einlage, der Kommandite (Kommanditist): § 161 Abs. 1 HGB.

— **Anmeldung** hat durch sämtliche Gesellschafter, Komplementäre (persönlich haftende Gesellschafter) und Kommanditisten zu erfolgen: §§ 162, 108 HGB; sie hat stets die Bezeichnung der Kommanditisten und den Betrag der Einlage zu enthalten; auch eine Erhöhung oder Herabsetzung von Kommanditen ist von sämtlichen Gesellschaftern anzumelden: § 175 HGB.

— **Bekanntmachung** in Bezug auf die Kommanditisten wird nur ihre Zahl bekanntgemacht, jedoch nicht ihr Name und die Höhe der Kommandite; diese Angaben sowie die sonstigen (Komplementäre, Firma, Sitz pp) kann man nur der Eintragung im Handelsregister entnehmen: § 162 HGB.

— **Einlage der Kommanditisten** kann in Geld oder anderen Werten bestehen, im Handelsregister muß aber stets ein bestimmter Geldbetrag eingetragen sein, nach Eintragung gilt sie den Gesellschaftsgläubigern gegenüber stets als Haftungssumme, so daß eine Gesellschaftervereinbarung über Erlaß oder Stundung der Kommandite ihnen gegenüber unwirksam ist; eine zurückgezahlte Kommandite gilt den Gläubigern gegenüber als nicht geleistet, und das gleiche gilt für Entnahme von Gewinnen durch den Kommanditisten, wenn die Einlage durch Verluste oder Entnahmen unter ihren eingetragenen Betrag herabgesunken ist: § 172 HGB.

— **Einlage der Kommanditisten, Erhöhung vor Eintragung** Gläubiger können sich nicht darauf berufen, sofern die Erhöhung nicht in handelsüblicher Weise bekanntgemacht oder ihnen von der KG in anderer Weise mitgeteilt worden ist; auch können sich Gläubiger nicht darauf berufen, wenn der Kommanditist dem Komplementär zugesagt hat, über den Betrag der Kommandite haften zu wollen: § 172 Abs. 2 HGB.

— **Entnahmerecht des Komplementärs** richtet sich nach den Regeln der oHG: er kann — mangels besonderer Abrede — ohne Rücksicht auf Gewinn und Verlust bis zu 4 % seines Kapitalanteils in bar entnehmen, Anteil am Jahresgewinn aber nur, soweit es nicht zum offenbaren Schaden der KG gereicht: §§ 161 Abs. 2, 122 HGB.

— **Entnahmerecht des Kommanditisten** er kann nur Auszahlung seines Jahresgewinnanteils verlangen, allerdings ohne Rücksicht darauf, ob dies der KG zum Nachteil gereicht; Auszahlung kann er nicht fordern, solange die Kommandite durch frühere Verluste herabgemindert worden ist oder eine Gewinnauszahlung zu einer solchen Herabminderung führen würde: § 169 HGB.

— **Entstehung** erfolgt in gleicher Weise wie bei der oHG; eine KG kann auch dadurch entstehen, wenn eine oHG durch Tod eines Gesellschafters sich nicht auflöst, sondern mit den Erben fortgesetzt wird und diese beanspruchen, mit der Einlage des Erblassers als Kommandite in der Gesellschaft die Stellung von Kommanditisten einzunehmen: § 139 HGB.

— **Firma** sie hat den Namen wenigstens eines Komplementärs mit einem das Gesellschaftsverhältnis andeutenden Zusatz zu enthalten, nicht jedoch den Namen eines Kommanditisten, der Zusatz „KG" ist nicht erforderlich, so daß man die Firma einer KG nicht von derjenigen einer oHG unterscheiden kann: § 19 Abs. 2 und 4 HGB.

— **Geschäftsführung** steht kraft Gesetzes nur dem Komplementär zu, doch kann durch Gesellschaftsvertrag dem Kommanditisten Geschäftsführung oder eine andere Befugnis eingeräumt werden; ein Widerspruchsrecht steht den Kommanditisten nur zu, wenn die Handlung des Komplementärs über den gewöhnlichen Handelsgewerbebetrieb der KG hinausgeht; durch Vertrag kann bestimmt werden, daß der Komplementär zu gewissen Handlungen der Zustimmung der Kommanditisten bedarf (s. kapitalistische KG!): § 164 HGB.

— **Gesellschafter** können natürliche oder juristische Personen sein; bei der Firma „GmbH & Co. KG" handelt es sich um eine KG, deren

Komplementär eine GmbH ist, so daß auch bei dem persönlich haftenden Gesellschafter die Haftung gegenüber den Gläubigern sich auf das Vermögen der GmbH beschränkt: die Gründung der GmbH erfolgt oft zu dem Zweck, die private Haftung des Komplementärs zu verhindern.

— **Gesellschaftsvermögen** gehört, wie bei der oHG, sämtlichen Gesellschaftern zur gesamten Hand, ohne Rücksicht auf Kapitalanteile der Komplementäre und Kommanditen der Kommanditisten.

— **Gewinn- und Verlustbeteiligung der Gesellschafter** 1. Gewinn: mangels Vereinbarung erhält jeder der Gesellschafter 4 % seiner Einlage bzw. Kommandite, der Rest wird aber nicht, wie bei der oHG, nach Köpfen verteilt, sondern, wegen des größeren Risikos des Komplementärs, in angemessenem Verhältnis, so daß letzterer gewöhnlich mehr erhält; der Gewinn wird dem Kommanditisten jedoch nur solange gut geschrieben, bis der volle Betrag der Kommandite erreicht ist, darüber hinaus wird der Kommanditist zum Gläubiger der KG; 2. der Verlust wird ebenfalls nicht, wie bei der oHG, nach Köpfen geteilt, sondern in angemessenem Verhältnis der Anteile, wobei der Kommanditist sogar ins Minus geraten kann, ohne aber nachschußpflichtig bei Auflösung oder Ausscheiden zu werden: §§ 167, 168 HGB.

— **Gewinn des Kommanditisten und spätere Verluste** der Kommanditist braucht bezogene Gewinne nicht wegen späterer Verluste zurückzuzahlen: § 169 Abs. 2 HGB.

— **Gutgläubig bezogener Gewinn des Kommanditisten** hat der Kommanditist gutgläubig Gewinn auf Grund einer in gutem Glauben errichteten Bilanz bezogen, so ist er nicht rückzahlungspflichtig und haftet insoweit auch nicht den Gesellschaftsgläubigern: § 172 Abs. 4 und 2 HGB.

— **Haftung des Kommanditisten, gegenüber Gesellschaftsgläubigern** er haftet ihnen persönlich nur bis zur Höhe des — noch nicht geleisteten oder zurückgezahlten — Kommanditbetrages; hat er die Einlage zum Gesellschaftsvermögen voll entrichtet und auch nichts zurückerhalten, so haftet er den Gläubigern persönlich überhaupt nicht mehr: § 171 HGB.

— **Haftung des Kommanditisten bei Eintritt in eine schon bestehende Gesellschaft** tritt jemand in eine schon bestehende oHG oder KG als Kommanditist ein, so haftet die ins Gesellschaftsvermögen gekommene Kommandite auch für frühere Geschäftsschulden bzw. der Kommanditist selbstschuldnerisch den früheren Gläubigern bis zur Höhe der Kommandite, soweit er sie noch nicht eingebracht oder zurückerhalten hat; diese Vorschrift ist unabdingbar: § 173 HGB.

— **Haftung des Kommanditisten bei Eintritt in ein bisheriges Einzelhandelsunternehmen** an sich haftet das nunmehrige, durch die Kommandite vergrößerte frühere Einzelbetriebsvermögen auch für die alten Einzelhandelsverbindlichkeiten bzw. der Kommanditist solchen Gläubigern persönlich bis zur Höhe der Kommandite, soweit er sie noch nicht erbracht hat; jedoch kann die Haftung des jetzigen Gesellschaftsvermögens für derartige Schulden durch Sondervereinbarung ausgeschlossen werden, damit auch eine persönliche Haftung des Kommanditisten wegen einer noch nicht eingezahlten Kommandite: § 28 HGB.

— **Haftung des Kommanditisten bis zur Registereintragung** wird eine KG, die ein Handelsgewerbe nach § 1 betreibt, zu ihrer Entstehung also nicht der Registereintragung bedarf, errichtet, so haftet der dem Geschäftsbeginn zustimmende Kommanditist für alle zwischen dem Beginn und der Eintragung entstandenen Gesellschaftsschulden wie der Sozius einer oHG persönlich und in voller Höhe, auch wenn er seine Kommandite ins Gesellschaftsvermögen bereits eingebracht hat, sofern nicht seine Kommanditisteneigenschaft dem Gläubiger bekannt war: § 176 HGB; diese Vorschrift, die wichtigste im Recht der KG, soll der Vermeidung von Verwechslungen zwischen der oHG und der KG dienen und den Kommanditisten dazu anhalten, seine Kommanditisteneigenschaft möglichst rasch durch Herbeiführung der Eintragung im Handelsregister ersichtlich zu machen; die gleiche Vorschrift gilt für Personen, die in eine bereits bestehende Handelsgesellschaft als Kommanditisten später eintreten entsprechend: § 176 Abs. 2 HGB.

— **Herabsetzung der Kommandite** brauchen Gläubiger bis zur Registereintragung nicht gegen sich gelten zu lassen: § 174 HGB.

— **Informationsrecht der Kommanditisten** ist geringer als das der nicht geschäftsführenden Gesellschafter der oHG: sie können nur eine Abschrift der Jahresbilanz verlangen und deren Richtigkeit durch Büchereinsicht nachprüfen; bei wichtigem Grunde kann auf Antrag das Registergericht jederzeit Mitteilung einer Bilanz nebst Aufklärung und Vorlegung der Papiere und Bücher anordnen: § 166 HGB.

— **Kapitalistische KG** ist eine solche, bei welcher der Komplementär starken Beschränkungen unterliegt und gemäß Vertrag zu verschiedenen Maßnahmen der Zustimmung der Kommanditisten bedarf.

— **Kaufmannseigenschaft** die KG selbst unterliegt nach § 6 HGB den Vorschriften über Kaufleute, der Komplementär muß Vollkaufmann sein, der Kommanditist braucht nicht Kaufmann zu sein (Besteuerung seiner Einnahmen aus der KG: Einkommensteuer aus gewerblicher Tätigkeit!).

— **Klage von Gesellschaftsgläubigern** wird gegen die KG unter deren Firma erhoben; daneben oder gesondert kann der Komplementär persönlich und in voller Höhe verklagt werden, ferner auch der Kommanditist, dieser aber nur bis zur Höhe der Kommandite, doch wird die Klage gegen ihn abgewiesen, nach § 171 Abs. 1, wenn er die Kommandite voll eingezahlt hat und sie auch nicht zurückgezahlt worden ist (was der Gläubiger nicht wissen kann!), im Rechtsstreit ist er nicht als Zeuge, sondern als Partei zu vernehmen.

— **Komplementär** ist die Bezeichnung für den unbeschränkt persönlich haftenden Gesellschafter.

— **Liquidation** die Kommanditisten gehören ebenfalls zu den Liquidatoren: § 161 Abs. 2, 146 HGB.

— **Prokura des Kommanditisten** der Kommanditist kann die KG nur vertreten, wenn ihm Prokura durch die Komplementäre erteilt worden ist.

— **Rechte der Kommanditisten** s. Informationsrecht der Kommanditisten.

— **Tod von Gesellschaftern** durch den Tod eines Komplementärs löst sich die KG auf, sofern nicht bei Vorhandensein mehrerer Komplementäre dies durch Vertrag ausgeschlossen, sondern Fortsetzung der KG bestimmt ist; bei Tod des Kommanditisten geht die Kommandite auf seine Erben über: § 177 HGB.

— **Übertragung der Kommandite** ist nur bei Vorbehalt im Gesellschaftsvertrag oder bei Zustimmung aller übrigen Gesellschafter möglich.

— **Umwandlung einer AG in eine KG** ist ähnlich wie bei einer oHG, s. oHG, Umwandlung einer AG in eine oHG.

— **Vertretungsbefugnis** der Gesellschaft steht nur Komplementären zu, einem Kommanditisten nicht, selbst wenn ihm die Geschäftsführung übertragen worden ist; es kann ihm lediglich Prokura erteilt werden: § 170 HGB.

— **Wettbewerbsverbot** besteht, ähnlich wie bei der oHG, nur für die Komplementäre, nicht für die Kommanditisten, sofern nicht besondere vertragliche Regelung vorliegt: § 165 HGB.

— **Widerspruchsrecht der Kommanditisten** s. KG, Geschäftsführung.

— **Zurückzahlung der Kommandite** scheidet der Kommanditist aus der KG aus und erhält er seine Kommandite zurück, so haftet er gleichwohl den bisherigen Gläubigern während einer Zeit von 5 Jahren bis zur Höhe seiner ursprünglichen Beteiligung: §§ 171, 172 HGB.

**Kommanditgesellschaft auf Aktien** (KGaA) ist eine Kapital- und stets eine Handelsgesellschaft, ohne Rücksicht auf den Gegenstand des Unternehmens, mit eigener, durch Eintragung ins Handelsregister erworbener Rechtspersönlichkeit, bei der jedoch mindestens 1 Gesellschafter (sog. persönlich haftender Gesellschafter-Komplementär) den Gläubigern der KGaA persönlich haftet, während die übrigen Gesellschafter (sog. Kommanditaktionäre) mit Einlagen auf das in Aktien zerlegte Grundkapital beteiligt sind, ohne jedoch den Gläubigern persönlich zu haften; die KGaA unterliegt teils den Regeln über die AG, teils denjenigen des HGB — §§ 161 bis 177 HGB — über die KG: § 219 AktGes.

— **Abberufung von Komplementären** sie kann weder durch die HV noch durch den AR (anders bei AG, bei welcher der AR den Vorstand aus wichtigem Grunde abberufen kann!) erfolgen; es kann gegen sie jedoch Klage seitens der KGaA, vertreten durch den AR, auf Entziehung der Geschäftsführungs- bzw. Vertretungsbefugnis aus wichtigem Grunde, gemäß §§ 219 Abs. 2 AktGes, §§ 161, 117, 127 HGB erhoben werden: § 229 AktGes.

— **Abschlußprüfer** für sie gelten die Vorschriften für die AG: s. AG, Abschlußprüfer; jedoch haben die Komplementäre kein Stimmrecht in der HV, welche die Abschlußprüfer wählt: § 227 Abs. 1 Z. 6 AktGes.

— **Abstimmung in der HV** erfolgt nach den Regeln der AG, s. AG, Abstimmung; jedoch haben die Komplementäre, welche Aktien besitzen, kein Stimmrecht bei Beschlüssen über: Wahl und Abberufung des AR, ihre eigene Entlastung und die des AR, Bestellung von Sonderprüfern, Wahl von Abschlußprüfern, Geltendmachung von Ersatzansprüchen oder Verzicht auf solche: § 227 AktGes.

— **Abwicklung** sie erfolgt entsprechend den Regeln für die AG, s. AG, Abwickler und Abwicklung, jedoch mit folgenden Besonderheiten: die Abwicklung besorgen sämtliche Komplementäre zusammen mit einer Person oder mehreren, welche mangels einer Bestimmung der Satzung durch die HV gewählt werden; ferner kann gerichtliche Bestellung oder Abberufung von

Liquidatoren jeder einzelne Komplementär beantragen: § 232 Abs. 1 AktGes.

— **Aktien** s. AG, Aktien, Arten; s. Aktien, eigene; s. Aktien, Vorratsaktien.

— **Aktionäre** heißen bei der KGaA „Kommanditaktionäre", im übrigen s. AG, Aktionäre, s. AG, Aktionäre: Minoritätsrechte, Pflichten, Rechte.

— **Anfechtung von Beschlüssen der HV** s. AG, Anfechtung von Beschlüssen der HV; anstelle des Vorstandes der AG sind die Komplementäre anfechtungsbefugt: § 225 Z. 13 AktGes.

— **Auflösung** sie richtet sich nach den Regeln des HGB über die Auflösung einer KG (ebenso hinsichtlich des Ausscheidens von Komplementären), jedoch mit folgenden Besonderheiten: nicht nur der Beschluß über die Konkurseröffnung bewirkt die Auflösung, sondern auch ein solcher, welcher die Eröffnung mangels Masse ablehnt; der Privatkonkurs eines Kommanditaktionärs führt nicht zur Auflösung, auch können seine Gläubiger die KAaA nicht kündigen; für die Kündigung und Auflösung der KGaA ist ein HV-Beschluß mit ¾-Mehrheit nötig, ebenso für den Antrag auf Auflösung durch gerichtliche Entscheidung; Komplementäre können ferner nur ausscheiden, wenn die Satzung es gestattet (Tod führt zur Auflösung); Auflösung und Ausscheidung müssen alle Komplementäre anmelden: § 231 AktGes.

— **Aufsichtsrat** (AR) s. AG, Aufsichtsrat (AR); er dient der Überwachung der Komplementäre, im übrigen hat er bei KGaA noch andere Befugnisse: er führt die Beschlüsse der Kommanditaktionäre aus; vertritt letztere in Prozessen, welche die Gesamtheit dieser Aktionäre gegen die Komplementäre bzw. umgekehrt führen; endlich kann der AR, wenn es sich um die Verantwortlichkeit seiner Mitglieder handelt, auch ohne oder sogar entgegen einem HV-Beschluß gegen die Komplementäre — sie dürfen nie dem AR angehören! — Klage erheben: § 229 AktGes.

— **Ausführung von Beschlüssen der Kommanditaktionäre** erfolgt durch den AR: § 229 Abs. 1 AktGes.

— **Auskunftsrecht der Kommanditaktionäre** s. AG, Auskunftsrecht.

— **Ausschließung von Komplementären** s. Abberufung von Komplementären.

— **Bedingte Kapitalherabsetzung** soweit für die Ausgabe von Aktien bei der AG der Vorstand in Frage kommt, treten an seine Stelle bei der KGaA die Komplementäre, das Gleiche gilt für das genehmigte Kapital: § 225 Z. 12 AktGes.

— **Behandlung** für die Rechtsverhältnisse der Komplementäre untereinander, gegenüber der Gesamtheit der Kommanditaktionäre und gegenüber Dritten, sowie für ihre Befugnis zur Geschäftsführung und zur Vertretung der KGaA kommen die Regeln über die KG, §§ 161—177 HGB, zur Anwendung; im übrigen gelten mangels Sondervorschriften und wegen des Fehlens eines Vorstands, die Vorschriften über die AG sinngemäß: § 219 Abs. 2 und 3 AktGes.

— **Beschlüsse der HV** bedürfen der Zustimmung der Komplementäre, soweit es sich um gemeinsame (nicht: soweit es sich um die Bestellung von Prüfern oder Geltendmachung von Ersatzansprüchen hinsichtlich Gründung oder Geschäftsführung handelt!) Angelegenheiten handelt, d. h. um solche, für welche bei einer KG das Einverständnis der Komplementäre und der Kommanditisten nötig ist (§ 164 HGB!): die

Beschlüsse sind erst bei Vorliegen der Zustimmung der Komplementäre, welche im Protokoll über den HV-Beschluß zu beurkunden ist, zum Handelsregister einzureichen: § 227 Abs. 2 und 3 AktGes.

— **Bilanz** und Gewinn- und Verlustrechnung nebst Geschäftsbericht haben die Komplementäre entsprechend den Vorschriften der AG zu fertigen, jedoch beschließt hierüber die HV: § 228 AktGes.

— **Eintragung der Gesellschaft** es haben die gleichen Eintragungen im Handelsregister am Sitz der Gesellschaft zu erfolgen wie bei der AG, jedoch sind statt der Vorstandsmitglieder die Komplementäre einzutragen sowie besondere Satzungsvorschriften über ihre Vertretungsbefugnis: § 223 AktGes.

— **Ende** s. Auflösung; sie kann, bei Vorliegen eines wichtigen Grundes, von jedem Komplementär allein verlangt werden, seitens der Kommanditaktionäre jedoch nur durch HV-Beschluß; Tod eines Komplementärs, nicht jedoch eines Kommanditaktionärs, führt zur Auflösung, das Gleiche gilt für einen Konkurs der genannten Personen: § 231 AktGes.

— **Entlastung, der Komplementäre und des AR** erfolgt durch die HV, wobei weder Komplementären noch AR-Mitgliedern ein Stimmrecht für Aktien, die ihnen gehören, zusteht: § 227 Abs. 1 Z. 2 AktGes.

— **Errichtung** die Gründung erfolgt in ähnlicher Weise wie bei der AG, jedoch müssen sich an der Feststellung der Satzung stets sämtliche Komplementäre beteiligen; im übrigen dürfen nur solche Personen mitwirken, welche Aktien als Kommanditaktionäre übernehmen: die genannten Personen — mindesten 5 — sind die Gründer der KGaA (bei einer Stufengründung: auch an der Satzungsaufstellung nicht beteiligte Kommanditaktionäre, welche Sacheinlagen machen!); die Komplementäre können Aktien übernehmen, aber auch sonstige Einlagen zum Vermögen der KGaA machen: § 221 AktGes.

— **Feststellung des Jahresabschlusses** erfolgt stets durch die HV: § 228 AktGes.

— **Firma** sie ist, dem Gegenstand des Unternehmens entnommen, Sachfirma mit dem Zusatz „Kommanditgesellschaft auf Aktien": § 220 AktGes; im übrigen s. AG, Firma und AG, Firma der AG bei Umwandlung; ferner AG, Firma, Wert in der Bilanz.

— **Gesellschaftsvermögen** es gehört der juristischen Person, nicht etwa auch den — mit ihrem Privatvermögen persönlich haftenden — Komplementären.

— **Gewinn, der Kommanditaktionäre** berechnet sich nach den Regeln über die AG, sie erhalten also Dividende bei Erzielung von Reingewinn, entsprechend dem Jahresabschluß und dem Gewinnverteilungsvorschlag der Komplementäre (die Bezüge der Komplementäre sind in der Bilanz zu passivieren).

— **Gewinn der Komplementäre** soweit sie Aktien besitzen, sind sie den Gewinnbeteiligungsvorschriften für Kommanditaktionäre unterworfen; im übrigen richtet sich die Gewinnbeteiligung der Komplementäre nach den Regeln der KG, maßgebend ist nicht der Reingewinn, sondern der Jahresgewinn: der Kapitalanteil der Komplementäre wird ihnen aus dem Jahresgewinn mit 4 % verzinst, dann werden aus dem Überschuß 4 % für die Aktionäre reserviert (rechnerische Zuschreibung!), von dem Rest wird den Komplementären ein angemessener

Anteil zugeschrieben; Auszahlung unterbleibt, solange die Jahresbilanz einen Verlust aufweist, welcher die Kapitalanteile, die nicht in Aktien bestehen, der Komplementäre übersteigt, in welcher Zeit überhaupt jede Geldentnahme auf den Kapitalanteil unzulässig ist: § 230 AktGes.

— **Gründung** die öffentliche Urkunde über die Satzung muß neben den Festsetzungen nach § 16 AktGes noch Namen, Vornamen, Stand und Wohnort der Komplementäre aufweisen, ferner Nenn- und Ausgabebetrag sowie Gattungsart der Aktien, welche jeder Beteiligte übernimmt; ebenso müssen in der Satzung Vermögenseinlagen, die nicht auf das Grundkapital geleistet werden, der Komplementäre nach Art und Höhe festgelegt werden: §§ 221, 222 AktGes.

— **Hauptversammlung (HV)** sie ist nur ein Organ der Kommanditaktionäre sowie der Komplementäre, soweit letztere Aktien besitzen (über Stimmrechtsausschließung der Komplementäre s. KGaA, Abstimmung in der HV!); in der HV haben die Komplementäre, welche keine Aktien besitzen, überhaupt kein Stimmrecht; zur Zuständigkeit der HV gehört der Beschluß über den Jahresabschluß, Entlastung, Wahl der Abschlußprüfer, Gewinnverteilung, Bestellung von Sonderprüfern; Ausführung der Beschlüsse besorgt der AR: §§ 227—229 AktGes.

— **Jahresabschluß** s. KGaA, Feststellung des Jahresabschlusses.

— **Kommanditaktionäre** sind die an der KGaA durch Einlagen auf das in Aktien zerlegte Grundkapital beteiligten Personen, welche nicht persönlich für die Gesellschaftsverbindlichkeiten haften: § 219 Abs. 1 AktGes; sie gehören, soweit sie an der Satzungsfeststellung beteiligt sind, zu den Gründern: ihr Organ ist die HV: §§ 221, 227 AktGes.

— **Komplementäre** oder persönlich haftende Gesellschafter sind diejenigen Beteiligten, welche neben der KGaA für deren Verbindlichkeiten persönlich mit ihrem Vermögen haften: § 219 Abs. 1 AktGes; sie müssen sich an der Gründung beteiligen: § 221 AktGes; sie haben die alleinige Geschäftsführung und Vertretung (mangels Bestimmung der Satzung jeder allein!) entsprechend den Regeln über die KG, sie sind im Handelsregister einzutragen: § 223 AktGes, im übrigen gelten für sie die Vorschriften über den Vorstand einer AG bezüglich: Anmeldung, Gründungsprüfung, Haftung, Pflichten gegenüber dem AR, Kreditgewährung, Einberufung der HV, Aufstellung des Jahresabschlusses und Gewinnverteilungsvorschlag, Prüfung und Einreichung des Jahresabschlusses u. a. m.: § 225 AktGes.

— **Liquidation** s. KGaA, Auflösung.

— **Satzung** sie muß nicht nur: Firma, Sitz, Gegenstand des Unternehmens, Höhe des Grundkapitals, Nennbetrag und Gattungsart der Aktien sowie die Form der Gesellschaftsbekanntmachungen aufweisen, sondern auch: Namen, Vornamen, Stand und Wohnort der Komplementäre sowie ihre Vermögenseinlagen, falls sie nicht in Aktien bestehen; desgleichen Sondervorteile, die ihnen eingeräumt werden: § 222 AktGes; stets müssen sich alle Komplementäre an der Feststellung der Satzung beteiligen: § 221 AktGes.

— **Tod** von Komplementären führt zur Auflösung der KGaA, bei Tod eines Kommanditaktionärs geht dessen Aktie auf die Erben über.

— **Umwandlung** in eine AG ist statthaft, der HV-Beschluß bedarf hierbei der Zustimmung aller Komplementäre, die mit Eintragung der Umwandlung jedoch aus der AG ausscheiden, unter Fortbestand der persönlichen Haftung für Verbindlichkeiten der Gesellschaft bis zur Eintragung: §§ 260—262 AktGes; Umwandlung kann in gleicher Weise und mit gleicher Wirkung in eine GmbH erfolgen: §§ 280—282 AktGes; ferner ist die Umwandlung einer KGaA auf Grund des Umwandlungsgesetzes vom 12. 11. 1956 statthaft, entsprechend den Vorschriften über die Umwandlung einer AG: § 23 Umwandlungsgesetz; s. AG, Umwandlung lt. Umwandlungsgesetz.

— **Verschmelzung** kann erfolgen: mit einer anderen KGaA, einer AG, einer GmbH, einer bergrechtlichen Gewerkschaft, jedoch in den beiden letzten Fällen nur durch Aufnahme, nicht durch Neubildung: §§ 248—252 AktGes; es gelten die Vorschriften über die Verschmelzung von 2 Aktiengesellschaften, s. AG, Verschmelzung.

— **Wettbewerbsverbot** des Komplementärs: er darf ohne Einwilligung der übrigen Komplementäre und des AR weder im Geschäftszweig der KGaA Geschäfte für eigene oder fremde Rechnung machen, noch sich an einer anderen gleichartigen Handelsgesellschaft als persönlich haftender Gesellschafter beteiligen; bei Verstoß gegen das Verbot kann die KGaA entweder Schadensersatz fordern oder verlangen, daß der Komplementär Eigengeschäfte als für Rechnung der KGaA eingegangen gelten lasse und die aus Fremdgeschäften bezogene Vergütung herausgibt bzw. den Vergütungsanspruch abtritt; diese Ansprüche der KGaA verjähren in 3 Monaten ab Kenntnis der Gesellschaft von dem Verstoß, spätestens in 5 Jahren seit ihrer Entstehung: § 226 AktGes.

**Kommanditaktionär** s. Kommanditgesellschaft auf Aktien, Kommanditaktionäre.

**Kommanditist** s. Kommanditgesellschaft.

**Kommissionsgeschäft** ist ein entgeltlicher Geschäftsbesorgungsvertrag zwischen Kommittenten und Kommissionär i. S. des § 675 BGB; Rechtsbeziehungen entwickeln sich einerseits zwischen den beiden genannten Personen, andererseits zwischen dem Kommissionär und dem Dritten (Handelskauf bzw. -Verkauf), in zeitlicher Hinsicht folgt dem Betrauungs- das Ausführungs- und diesem das Abwicklungsgeschäft; Kommissionär ist, wer gewerbsmäßig — Voll- oder Minderkaufmann nach § 1 Abs. 2 Ziff. 6 HGB — als indirekter Stellvertreter, d. h. im eigenen Namen, aber für fremde Rechnung, Handelskäufe oder Verkäufe i. S. der §§ 373 ff HGB abschließt: § 383 HGB; Unterschied zum Handelsvertreter und Handelsmakler: s. Handelsvertreter, Unterschied zum Handelsmakler und Kommissionär.

— **uneigentliches** liegt vor, wenn ein Kommissionär ein anderes Geschäft (nicht: Waren oder Wertpapiere) als indirekter Stellvertreter abschließt oder wenn ein Kaufmann, der nicht Kommissionär ist, ein Kommissionsgeschäft nach § 383 HGB vornimmt; die Regeln über das Kommissionsgeschäft sind anzuwenden: § 406 HGB.

— **Arten** man unterscheidet die Verkaufs- und die Einkaufskommission: ist letztere für beide Teile ein Handelsgeschäft, so finden für die Pflichten des Kommittenten zur Untersuchung, Mängelrüge, Aufbewahrung die Vorschriften der §§ 377 bis 379 HGB für den Käufer beim Handelskauf Anwendung: § 391 HGB.

— **Besitzkonstitut bei der Einkaufskommission** als indirekter Stellvertreter erwirbt bei einem Einkauf der Kommissionär das Eigentum an dem vom Verkäufer gelieferten Objekt, während der Kommittent zum Eigentümer erst durch eine seitens des Kommissionärs an ihn vorgenommene Übereignung werden würde; es kann vereinbart werden, daß der Eigentumsübergang mittels Besitzkonstituts nach § 930 BGB erfolgen soll, und eine solche Abrede kann sogar schon beim Betrauungsgeschäft getroffen werden, so daß der Kommittent nicht von dem Belieben des Kommissionärs abhängig ist: sog. antizipiertes oder vorweggenommenes Besitzkonstitut.

— **Delkrederehaftung und -Provision** an sich haftet der Kommissionär seinem Antraggeber nicht für die Geschäftserfüllung durch den Dritten, es sei denn, daß er bei der Ausführungsanzeige den Namen des Dritten nicht mitteilt: § 384 Abs. 3 HGB; er hat jedoch für die Erfüllung durch den Dritten einzustehen: bei örtlichem Handelsgebrauch oder bei besonderer Übernahme der Haftung, und zwar im Umfange der Erfüllung; ihm steht dann jedoch eine Sondervergütung zu, die Delcredereprovision: § 394 HGB.

— **gemäß Depotgesetz** der dem Depotgesetz unterliegende Einkaufskommissionär von Wertpapieren hat die Pflicht, unaufgefordert binnen 1 Woche dem Kommittenten ein sog. Stückeverzeichnis dieser Papiere zu übersenden, mit dessen Abschickung bereits — nicht erst mit Empfang! — das Eigentum auf den Auftraggeber übergeht: § 18 DepGes.

— **Forderungen** des Kommissionärs gegen den Dritten (gegen Käufer: auf Kaufpreiszahlung, gegen Verkäufer: auf Lieferung!) gehen an sich auf den Kommittenten nur vermittels einer Abtretung nach § 398 BGB über; im Verhältnis zwischen Auftraggeber und Kommissionär oder dessen Gläubigern gelten sie indes auch ohne Abtretung als Forderungen des Kommissionärs: § 392 HGB; im Konkurs des Kommissionärs steht also dem Kommittenten hinsichtlich solcher Forderungen ein Aussonderungsrecht nach § 43 KO zu, und bei Zwangsvollstreckung in sie durch Kommissionär-Gläubiger kann der Auftraggeber Drittwiderspruchsklage nach § 771 ZPO erheben.

— **Haftung des Kommissionärs** er haftet für Verlust und Beschädigung des von ihm verwahrten Gutes, sein Verschulden wird vermutet, so daß er den Gegenbeweis für sein Unverschulden führen muß; stets haftet er, wenn er, der Weisung des Auftraggebers entgegen, die Eingehung einer Versicherung unterlassen hat: § 390 HGB.

— **Konkurs** 1. des Kommissionärs: dem Auftraggeber steht ein Aussonderungsrecht nach § 43 KO zu an Sachen, die bei der Verkaufskommission noch unveräußert sich beim Kommissionär befinden oder bei der Einkaufskommission durch Besitzkonstitut nach § 930 BGB Eigentum des Auftraggebers geworden sind, endlich bei beiden Kommissionsarten an Forderungen des Kommissionärs gegen Dritte, da diese nach § 392 HGB als Forderungen des Auftraggebers gelten; 2. des Kommittenten: der Kommissionsvertrag endet nach § 23 KO, auf Grund des gesetzlichen Pfandrechts hat der Kommissionär am Gute, das in seinem Besitz ist, ein Absonderungsrecht nach § 49 KO, selbst wenn er bei der Einkaufskommission noch Eigentümer sein sollte, gemäß § 398 HGB sowie an Forderungen — trotz § 392 HGB! — gegen Dritte gemäß § 399 HGB; endlich steht ihm das sog. Verfolgungsrecht nach § 44 KO zu.

— **Kreditgewährung durch Kommissionär** verkauft er unbefugt auf Kredit, so hat er sofort seinerseits als Kaufpreisschuldner dem Kommittenten Zahlung zu leisten; gewährt er unbefugt einem Dritten Kredit oder leistet er ihm einen Vorschuß, so handelt er auf eigene Gefahr, sofern nicht nach Ortshandelsgebrauch Kaufpreisstundung üblich ist: § 393 HGB.

— **Pfandrecht des Kommissionärs** er hat an dem in seinem Besitz befindlichen oder seiner Verfügungsgewalt mittels Dispositionspapiers (Lager-, Ladeschein pp) unterliegendem Gut ein gesetzliches Pfandrecht wegen: Provision, der auf das Gut verwendeten Kosten bzw. gegebenen Vorschüsse und Darlehen, der auf das Gut gezeichneten Wechsel oder sonstigen Verbindlichkeiten, darüber hinaus wegen sämtlicher Forderungen aus laufender Rechnung in Kommissionsgeschäften; ein Befriedigungsrecht nach Pfandregeln hat er auch dann, wenn er noch Eigentümer des Gutes ist, und auch aus den Forderungen, die nach § 392 HGB als dem Kommittenten zustehend gelten, kann er sich an erster Stelle befriedigen: §§ 397 bis 399 HGB.

— **Pflichten des Kommissionärs** Ausführung des übernommenen Geschäfts mit der Sorgfalt eines ordentlichen Kaufmanns, Erteilung von Nachrichten, unverzügliche Ausführungsanzeige, Rechenschaftsablegung: § 384 HGB; Befolgung der erteilten Weisungen unter Schadensersatzpflicht bei Nichtbeachtung, wobei der Auftraggeber überdies ein solches Geschäft nicht für seine Rechnung gelten zu lassen braucht: § 385 HGB; Wahrnehmung des Interesses des Auftraggebers derart, daß erzielte günstigere An- und Verkaufsbedingungen dem Kommittenten zustatten kommen müssen: § 387 HGB; Untersuchung eines ihm zugesandten Gutes auf erkennbare Mängel und rechtzeitige Mängelrüge sowie bei Verderblichkeit des Gutes und Gefahr im Verzuge die Betreibung des nach § 373 HGB möglichen Selbsthilfeverkaufs: § 388 HGB; Herausgabe des Erlangten: § 384 HGB.

— **Pflichten des Kommittenten** Aushändigung der Ware bei Verkaufskommission, Lieferung der nötigen Geldmittel bei Einkaufskommission, Ersatz von Aufwendungen und ev. Vorschußleistung, Zahlung der Provision: §§ 675, 670, 669 BGB, § 396 Abs. 2 HGB.

— **Preislimit** hält sich der Kommissionär nicht an ein ihm vom Auftraggeber für Ein- oder Verkäufe gesetztes Preislimit, so kann dieser das Geschäft unverzüglich — andernfalls gilt die Preisabweichung als genehmigt! — zurückweisen; dieses Recht steht ihm nicht zu, wenn der Kommissionär zugleich mit der Anzeige sich zur Deckung des Preisunterschiedes erbietet: § 386 HGB.

— **Provision** ist dem Kommissionär, zugleich mit dem Aufwendungsersatz, zu zahlen, wenn das Geschäft ausgeführt, d. h. vom Dritten erfüllt worden ist; bei Ortsüblichkeit kann er auch bei Nichtausführung eine Auslieferungsprovision fordern; ebenso kann er eine Provision verlangen bei Unterbleiben der Ausführung des von ihm abgeschlossenen Geschäfts aus einem nur in der Person des Kommittenten liegenden Grunde: § 396 HGB.

— **Selbsteintrittsrecht des Kommissionärs** bei Waren mit Börsen- oder Marktpreis und Wertpapieren mit in gleicher Weise festgestellten Preis kann der Kommissionär kraft Gesetzes, mangels entgegenstehender Abrede, mit sich selbst das Geschäft als Käufer bzw. Verkäufer tätigen; er hat in einem solchen Falle lediglich den Börsen- oder

Marktpreis nachzuweisen, aber stets hat er auch hier die Interessen des Auftraggebers zu wahren und muß ihm einen etwaigen günstigeren als den Börsenpreis pp in Rechnung stellen; ihm steht die gewöhnliche Provision zu, desgleichen das gesetzliche Pfandrecht; immer muß der Selbsteintritt dem Auftraggeber mit aller Deutlichkeit erklärt werden, andernfalls das Geschäft für den Kommittenten als Drittgeschäft gilt: §§ 400—405 HGB.

— **Übereignung bei Verkaufskommission** sie ist zwar, da der Kommissionär nicht der Eigentümer des Gutes ist, an sich die Verfügung eines Nichtberechtigten, ist jedoch dem Kommittenten gegenüber wirksam, da dieser regelmäßig seine Einwilligung nach § 185 BGB dazu gegeben hat.

— **Unterlassung von Verfügungen durch den Kommittenten** unterbleiben Verfügungen des hierzu in der Lage befindlichen Kommittenten — Nichtabnahme der Ware bei Einkaufskommission, keine Verfügungsweisungen bei Verkaufskommission —, so kann der Kommissionär zum Selbsthilfeverkauf nach § 373 HGB schreiten: § 389 HGB.

— **Verfolgungsrecht des Kommissionärs** hat er bei einer Einkaufskommission dem Kommittenten das Gut übereignet und zugesandt und geht dieser in Konkurs, bevor das Gut bei ihm angelangt ist, so steht dem Kommissionär im Wege der sog. Verfolgung immer noch eine besondere Aussonderungsbefugnis zu: § 44 KO.

— **Wechselpflicht des Kommissionärs** der den Ankauf eines Wechsels übernehmende Kommissionär hat den Wechsel, falls er ihn indossiert, in der gewöhnlichen Weise vorbehaltlos — zwecks Herbeiführung der Regreßrechte gegen den Kommissionär! — zu indossieren: § 395 HGB.

**Komplementär** s. Kommanditgesellschaft.

**Konkurrenzklausel des Handlungsgehilfen** s. Handlungsgehilfe, Konkurrenzklausel.

**Konkurrenzverbot bei der oHG** s. offene Handelsgesellschaft, Wettbewerbsverbot; bei der KG, s. Kommanditgesellschaft, Wettbewerbsverbot.

**Konkurs der AG** s. Aktiengesellschaft, Konkurs der AG.

**Konkurs, Firma** s. Firma, Konkurs.

**Konkurs der GmbH** s. Gesellschaft mit beschränkter Haftung, Auflösung.

**Konkurs der Genossenschaft** s. Genossenschaft, Konkurs.

**Konkurs, des Gesellschafters einer oHG** s. offene Handelsgesellschaft, Konkurs eines Gesellschafters.

**Konkurs, Handelsbücher** s. Handelsbücher, Konkurs.

**Konkurs, beim Kommissionsgeschäft** s. Kommissionsgeschäft, Konkurs.

**Konkurs der oHG** s. offene Handelsgesellschaft, Konkurs der oHG.

**Konkurs, des Prinzipals des Handlungsgehilfen** s. Handlungsgehilfe, Konkurs des Prinzipals.

**Konkurs, des Unternehmers und Rechte eines Handelsvertreters** s. Handelsvertreter, Konkurs des Unternehmers.

**Konkurs, Wechsel** Konkurs des Ausstellers oder des Bezogenen s. Wechsel, Konkurs des Bezogenen oder des Ausstellers.

**Konnossement** ist der Ladeschein beim Seefrachtgeschäft: § 642 HGB; s. Orderpapiere, gewillkürte oder kaufmännische.

**Konsumvereine** s. Genossenschaften, Arten.

**Kontoform** s. Aktiengesellschaft, Gewinn- und Verlustrechnung, Gliederung.

**Kontokorrent oder laufende Rechnung** ist Vertrag zwischen einem Kaufmann und einer anderen Person, laut welchem wechselseitige Forderungen und Schulden nicht durch Erfüllung, sondern durch Aufrechnung zu tilgen sind, also: ein Aufrechnungsgebots- und Erfüllungsverbotsvertrag; die im Kontokorrentverhältnis befangenen Forderungen sind weder abtretbar oder verpfändbar, noch einzeln erfüllbar oder einklagbar; die Tilgung findet durch periodische — mindestens einmal jährlich! — Aufrechnung statt: § 355 HGB.

**Kontokorrent, Saldo und Sicherheiten** der anerkannte Saldo bildet einen neuen selbständigen und einklagbaren Verpflichtungsgrund; wird er auf neue Rechnung übertragen, so ist er zu verzinsen, und zwar auch insoweit, als in ihm selbst Zinsen enthalten sind: § 355 Abs. 1 HGB; Sicherheiten, welche für einzelne Forderungen bestanden, haften auch für die Verpflichtung aus dem anerkannten Saldo: § 356 HGB.

**Kontrahierungszwang** s. Eisenbahnen des öffentlichen Verkehrs, Kontrahierungszwang.

**Konzern** s. Aktiengesellschaft, Konzern.

**Kopie des Wechsels** s. Wechsel, Vervielfältigungen.

**Kraftloserklärung von Aktien** s. Aktiengesellschaft, Kraftloserklärung von Aktien.

**Krankheit des Handlungsgehilfen** s. Handlungsgehilfe, Krankheit.

**Kreditgewährung, durch den Kommissionär** s. Kommissionsgeschäft, Kreditgewährung durch den Kommissionär.

**Kreditgewährung, an Vorstandsmitglieder der AG** s. Aktiengesellschaft, Vorstand, Kreditgewährung.

**Kreditvereine** s. Genossenschaften, Arten.

**Kündigung, des Gesellschafters einer oHG** s. offene Handelsgesellschaft, Kündigung.

**Kündigung, des Handelslehrlings** s. Handelslehrling, Kündigung.

**Kündigung, des Handelsvertreters** s. Handelsvertreter, Kündigung.

**Kündigung, des Handlungsgehilfen** s. Handlungsgehilfe, Kündigung.

**Kumulative Schuldübernahme bei Erwerb eines Handelsgeschäfts unter Firmenfortführung** s. Handelsgeschäft, Erwerb unter Lebenden, Übergang von Forderungen und Verbindlichkeiten.

**Kunsthandel** s. Kaufmann, Arten der Handelsgewerbe nach § 1 HGB.

**Kuxe** sind Anteilsrechte an einer bergrechtlichen Gewerkschaft; **Besitz** von Kuxen bei einer AG, s. Aktiengesellschaft, Kuxe.

# L

**Ladenangestellter** s. Handlungsvollmacht, Ladenangestellter.

**Ladeschein** s. Frachtgeschäft, Ladeschein.

**Lagergeschäft** ist ein entgeltlicher Verwahrungsvertrag, zugleich mit Zurverfügungstellung des nötigen Raumes, aber nur für Güter, d. h. lagerbare Sachen (nicht: Tiere, Wertpapiere u. a. m.); die Vorschriften der §§ 688—700 BGB sind ergänzend heranzuziehen, ferner die Bestimmungen der VO über Lagerscheine vom 16. 12. 1932; Lagerhalter ist, wer gewerbsmäßig, Voll- oder Minderkaufmann, nach § 1 Abs. 2 Ziff. 6, Lagerung und Aufbewahrung von Gütern vornimmt: § 416 HGB.

— **Anstalten** nur Anstalten, die staatlich zur Ausstellung von Lagerscheinen ermächtigt sind, dürfen an Order lautende Lagerscheine ausstellen: § 363 Abs. 2 HGB.

— **Arten** es gibt 1. das gewöhnliche Geschäft, ohne Änderung des Einlagerer-Eigentums, 2. die Sammellagerung, 3. die irreguläre Lagerung (sog. Summenverwahrung entsprechend § 700 BGB); bei den beiden letzteren ändern sich die Eigentumsverhältnisse: § 419 HGB.

— **Besichtigungsrecht des Einlagerers** er kann vom Lagerhalter Gestattung der Besichtigung und der Vornahme von Handlungen zwecks Erhaltung des Gutes sowie der Entnahme von Proben verlangen, und zwar während der Geschäftsstunden: § 418 HGB.

— **Haftung des Einlagerers** erleidet der Lagerhalter durch die Beschaffenheit des Gutes Schaden, so ist ihm der Einlagerer ersatzpflichtig, es sei denn, daß diesem die gefahrdrohende Beschaffenheit unbekannt war und er sie auch nicht kennen mußte oder er sie dem Lagerhalter angezeigt hat oder diesem sie auch ohne Anzeige bekannt war: § 694 BGB.

— **Lagerkosten** der Lagerhalter kann das vereinbarte oder ortsübliche Lagergeld, Erstattung von ausgelegten Frachten und Zöllen und der sonst für erforderlich gehaltenen Aufwendungen (insgesamt sog. Lagerkosten) verlangen, wovon bare Auslagen sofort erstattungspflichtig sind, während die sonstigen Kosten jeweils nach 3 Monaten seit Einlieferung oder bei früherer Zurücknahme mit derselben zu begleichen sind, ev. mittels Teilbegleichung: § 420 HGB.

— **Lagerschein** er ist eine Urkunde, die der Lagerhalter ausstellt und dem Einlagerer aushändigt (Inhalt: Registernummer, Name des Einlagerers, Angaben über Lagergut und Lagerort, Hinweise auf Auslieferungspflichten des Lagerhalters, Ort und Zeit der Ausstellung, Unterschrift des Lagerhalters: § 38 VO über Lagerscheine); die Urkunde kann als Inhaber-, reines Namenspapier oder mit Orderklausel — sog. gewillkürtes Orderpapier — versehen, ausgestellt werden, letzteres aber nur durch staatlich hierzu ermächtigte Anstalten: § 363 Abs. 2 HGB.

— **Lagerschein als sog. Dispositionspapier** der an Order gestellte Lagerschein wirkt sich so aus, wie wenn der berechtigte — der erste Gläubiger, ein späterer bzw. der letzte Indossatar — Besitzer der Urkunde der Besitzer des im Lagerschein bezeichneten Gutes, das sich beim Lagerhalter befindet, ist; er kann also über das Gut verfügen (übereignen, verpfänden), und zwar durch Einigung und Übergabe des indossierten Papiers: § 424 HGB; beim Rektalagerschein hingegen kann z. B. eine Übereignung nur durch Einigung und Abtretung des Herausgabeanspruches gegen den Lagerhalter nach § 931 BGB erfolgen.

— **Lagerschein nur zum Pfande** die Ausstellung sog. besonderer Lagerpfandscheine (sog. Warrant), d. h. nur zwecks Verpfändung des im Schein genannten Gutes, ist verboten: § 33 VO über Lagerscheine.

— **Orderlagerschein** s. Lagergeschäft, Lagerschein bzw. Lagerschein als sog. Dispositionspapier.

— **Pfandrecht** wegen der sog. Lagerkosten, nicht auch wegen anderer Ansprüche, hat der Lagerhalter ein gesetzliches Pfandrecht, und zwar an dem in seinem Besitz befindlichen Gut, besonders, so lange er mittels Dispositionspapiers darüber verfügen kann: § 421 HGB.

— **Pflichten des Lagerhalters** ähnliche Rechte und Pflichten hat er wie ein Kommissionär (Wahrnehmung der Rechte des Einlagerers gegen Dritte, evtl. Verkauf des Gutes bei drohendem Güterverderb, Vornahme von im Einlagerer-Interesse liegenden Verfügungen, Haftung für schuldhafte Beschädigung oder Verlust des Gutes); von entwertenden Veränderungen des Gutes muß er den Einlagerer benachrichtigen: § 417 HGB.

— **Sammellagerung** ist Lagerung vertretbarer Sachen von verschiedenen Einlagerern bzw. des Lagerhalters; hierzu bedarf es einer ausdrücklichen Gestattung des Einlagerers: unter Untergang des Sacheinzeleigentums entsteht hier Miteigentum der einzelnen Beteiligten, und zwar nach Bruchteilen (s. BGB § 948), unter den Beteiligten entsteht das gesetzliche Schuldverhältnis der Gemeinschaft: § 419 HGB.

— **unregelmäßige oder Summenverwahrung** ist die Hinterlegung von vertretbaren Gütern derart, daß das Eigentum auf den Lagerhalter übergeht und dieser zur Rückerstattung von Sachen gleicher Art, Güte und Menge verpflichtet ist: dieses Geschäft wird nicht nach den Vorschriften über das Lagergeschäft behandelt, sondern nach denjenigen über Summenverwahrung: § 700 BGB.

— **Verjährung** der Ansprüche gegen den Lagerhalter wegen Verlustes, Beschädigung, verspäteter Ablieferung des Gutes erfolgt in 1 Jahr seit Ablieferung, vertragliche Verlängerung der Frist ist statthaft: § 423 HGB.

— **Zurücknahme des Gutes** der Einlagerer kann jederzeit Rückgabe fordern, selbst bei bestimmter Lagerzeit; der Lagerhalter kann bei bestimmter Vertragsdauer vorzeitige Rücknahme nur aus wichtigem Grunde begehren, bei unbestimmter Dauer hingegen frühestens nach Kündigung mit einmonatlicher Kündigungsfrist: § 422 HGB.

**Lagerpfandscheine** s. Lagergeschäft, Lagerschein nur zum Pfande.

**Lagerschein** s. Lagergeschäft, Lagerschein.

**Landwirte** s. Kaufmann, Land- und Forstwirte.

**Laufende Rechnung** s. Kontokorrent.

**Leben und Gesundheit** s. Handlungsgehilfe, Fürsorgepflicht des Prinzipals.

**Leerübertragung** s. Firma, sog. Leerübertragung.

**Legitimationsfunktion des Indossaments** s. Wechsel, Indossament.

**Lehrling** s. Handlungslehrlinge.

**Lehrzeit** s. Handlungslehrlinge, Lehrzeit.

**Leistungsort und -Zeit** s. Handelsgeschäfte, Leistungsort und -Zeit.

**Leitende Angestellte** s. Aktiengesellschaft, leitende Angestellte; s. Handlungsgehilfe, leitende Angestellte.

**Letzter Frachtführer** s. Frachtgeschäft, letzter Frachtführer.

**Leute** s. Frachtgeschäft, Haftung des Frachtführers.

**Limit** s. Kommissionsgeschäft, Preislimit.

**Liquidation** s. Aktiengesellschaft, Abwicklung; s. Gesellschaft mit beschränkter Haftung, Liquidation; s. Genossenschaft, Liquidation; s. Kommanditgesellschaft, Liquidation; s. Kommanditgesellschaft auf Aktien, Abwicklung; s. offene Handelsgesellschaft, Liquidation.

**Liquidatoren** s. Aktiengesellschaft, Abwickler; s. Genossenschaften, Liquidatoren; s. offene Handelsgesellschaft, Liquidatoren.

**Liste** s. Aktiengesellschaft, Verzeichnis der Teilnehmer der HV; s. Gesellschaft mit beschränkter Haftung, Liste der Gesellschafter.

**Liste der Genossen** s. Genossenschaften, Genossenliste.

**Löschung der Firma** s. Firma, Schutz; s. Handelsregister, Vornahme von Eintragungen und Löschungen; s. Kaufmann, Verlust der Kaufmannseigenschaft.

**Lohn** s. Handelsmakler, Lohn; s. Handlungsgehilfe, Vergütung.

**Lose-Blatt-System** s. Handelsbücher, Führungsform.

## M

**Mängelrüge** s. Handelskauf, Mängelrüge.

**Mehrstimmrechtsaktien** s. Aktiengesellschaft, Mehrstimmrechtsaktien.

**Minderjähriger** s. Handlungsgehilfe, minderjähriger.

**Minderkaufmann** s. Kaufmann, Minderkaufmann.

**Mindestbezüge** s. Handelsvertreter, Mindestbezüge.

**Mindesteinlage** s. Genossenschaften, Mindesteinlage.

**Mindestnennbeträge** s. Aktiengesellschaft, Mindestnennbeträge.

**Mindestwertprinzip** s. Aktiengesellschaft, Bilanz, Bewertungen.

**Minoritätsrechte** s. Aktiengesellschaft, Aktionäre, Minoritätsrechte; s. Gesellschaft mit beschränkter Haftung, Minoritätsrechte.

**Mitarbeitende Familienangehörige** s. Handlungsgehilfe, mitarbeitende Familienangehörige.

**Monopolstellung** s. Eisenbahnen des öffentlichen Verkehrs, Kontrahierungszwang.

**Mußkaufmann** s. Kaufmann, kraft Tätigkeit.

## N

**Nachgründung** s. Aktiengesellschaft, Gründung, Nachgründung.

**Nachindossament** s. Wechsel, Indossament, Arten.

**Nachschußpflicht,** s. Gesellschaft mit beschränkter Haftung, Nachschußpflicht; s. Genossenschaften, Arten; s. Genossenschaften, Konkurs, Berechnungsverfahren.

**Nachsichtwechsel** s. Wechsel, Nachsichtwechsel.

**Name des Kaufmanns** s. Firma.

**Namensänderung** s. Firma, Namensänderung.

**Nebenberuf** s. Handelsvertreter, Nebenberuf.

**Nebenbetrieb** s. Kaufmann, Land- und Forstwirte.

**Nebenleistungsgesellschaft** s. Aktiengesellschaft, Nebenleistungs-AG; s. Gesellschaft mit beschränkter Haftung, Nebenleistungsgesellschaft.

**Negativbescheinigung** s. Handelsregister, Bescheinigungserteilung.

**Negatives Konsensprinzip** s. offene Handelsgesellschaft, Geschäftsführung.

**Nennkapital** s. Aktiengesellschaft, Kapitalerhöhung aus Gesellschaftsmitteln.

**Nichtakzeptable Tratte** s. Wechsel, nichtakzeptable Tratte.

**Nichtanstellungsvertrag** s. Handlungsgehilfe, Nichtanstellungsvertrag.

**Nichtentnahme von Gewinn** s. offene Handelsgesellschaft, Erhöhung der Einlage.

**Nichtfortführung der Firma** s. Handelsgeschäft, Erwerb.

**Nichtigkeit** 1. der AG, s. Aktiengesellschaft, Nichtigkeit von Beschlüssen und Nichtigkeit des Jahresabschlusses, 2. der GmbH, s. Gesellschaft mit beschränkter Haftung, Nichtigkeit, 3. der Genossenschaften, s. Genossenschaften, Nichtigerklärung.

**Nießbrauch** s. Firma, Nießbrauchbestellung.

**Notadresse** s. Wechsel, Ehreneintritt, Wirkungen.

**Notifikationspflicht** s. Wechsel, Notifikationspflicht; s. Scheck, Notifikationspflicht.

## O

**Obligationen** s. Aktiengesellschaft, Obligationen.

**Öffentlicher Glaube des Handelsregisters** s. Handelsregister, öffentlicher Glaube.

**Öffentlicher Verkehr** s. Eisenbahnen des öffentlichen Verkehrs.

**Öffentlichkeitsgrundsatz** s. Firma, Öffentlichkeitsgrundsatz.

**Offene Handelsgesellschaft (oHG)** vertraglicher Zusammenschluß mehrerer Kaufleute zum Betriebe eines Handelsgewerbes unter gemeinsamer Firma, ohne Beschränkung der Haftung der Gesellschafter gegenüber den Gesellschaftsgläubigern; sie ist, soweit nicht durch das HGB etwas anderes vorgeschrieben ist, nach den Regeln über die BGB-Gesellschaft zu behandeln: § 105 HGB.

— **Anmeldung der Eintragung ins Handelsregister** sie ist von sämtlichen Gesellschaftern zu bewirken, wobei die vertretungsberechtigten Gesellschafter die Firma nebst ihrer Namensunterschrift zur Aufbewahrung bei Gericht zu zeichnen haben; die Anmeldung muß enthalten: Namen, Vornamen, Stand und Wohnsitz jedes Gesellschafters, ferner die Firma und den Sitz der oHG, endlich den Zeitpunkt des Gesellschaftsbeginns; anzumelden zwecks Eintragung ist auch jede Änderung der Firma und des Sitzes sowie der Beitritt neuer Gesellschafter: § 106—108 HGB.

— **Auflösung, durch gerichtliche Entscheidung** auf Grund einer Gestaltungsklage eines Gesellschafters aus wichtigem Grunde, z. B. wegen vorsätzlicher oder grob fahrlässiger Verletzung einer wesentlichen Vertragspflicht durch einen Mitgesellschafter oder wegen Unmöglichkeit dieser Pflichterfüllung; dieses Recht ist unabdingbar: § 133 HGB.

— **Auflösung, Gründe** 1. in der oHG selbst: Zeitablauf, Gesellschafterbeschluß, Konkurs der oHG, 2. in der Person eines Gesellschafters: Tod, Privatkonkurs, Kündigung, 3. durch gerichtliche Entscheidung: § 131 HGB.

— **Aufrechnung eines Gesellschafters, gegenüber einer Gesellschaftsschuld mit einer Gesellschaftsforderung** ist unstatthaft, doch hat der von dem Gläubiger persönlich in Anspruch genommene Gesellschafter ein Leistungsverweigerungsrecht, solange sich der Gläubiger durch Aufrechnung befriedigen kann; das Gleiche gilt hinsichtlich des Rechts der oHG, das ihrer Schuld zu Grunde liegende Rechtsgeschäft anzufechten: § 129 Abs. 3 und 2 HGB.

— **Aufwendungen, eines Gesellschafters** die oHG hat sie ihm zu ersetzen und aufgewendetes Geld ab Aufwendungszeitpunkt zu verzinsen; das Gleiche gilt für unmittelbar durch die Geschäftsführung erlittene Verluste: § 110 HGB.

— **Auseinandersetzung, statt Liquidation** falls durch Vertrag statt der Liquidation eine andere Auseinandersetzungsart vereinbart ist, finden Dritten gegenüber die Liquidationsregeln Anwendung, solange ungeteiltes Gesellschaftsvermögen existiert: § 158 HGB.

— **Auseinandersetzungsguthaben, eines Gesellschafters** derjenige Betrag, den auf Grund einer Auseinandersetzungsbilanz ein aus der oHG ausgeschiedener Gesellschafter zu erhalten hat, bei Fortsetzung der oHG unter den anderen Gesellschaftern, ferner, falls nur zwei Gesellschafter vorhanden, bei Ausschließung des einen und Übernahme des Geschäfts durch den anderen; ob in der Auseinandersetzungsbilanz Buch- oder Tageswerte einzusetzen sind, richtet sich nach der Vereinbarung.

— **Ausschließung, eines Gesellschafters** kann auf Grund einer Klage der übrigen Gesellschafter, statt auf Auflösung, gegen denjenigen Gesellschafter, der einen Auflösungsgrund in seiner Person nach § 133 HGB gegeben hat, durch das Gericht erfolgen: § 140 HGB.

— **Beiträge, der Gesellschafter** auch Einlagen oder Kapitalanteile genannt: sie können verschieden groß sein, müssen nicht in Geld bestehen, können in der bloßen Überlassung der Benutzung von Gegenständen oder in der Einbringung zur gemeinsamen Berechtigung bestehen, müssen aber in letzterem Falle rechtsgeschäftlich (Grundstücke und Rechte an ihnen durch Einigung und Eintragung im Grundbuch!) auf die oHG übertragen werden; die verschiedene Höhe ist für die Haftung der Gesellschafter gegenüber Gläubigern ohne Bedeutung, ebensowenig für die Verlustbeteiligung im Innenverhältnis; sie sind jedoch, mangels Sonderabrede, maßgeblich für die Verteilung eines Liquidationserlöses: § 155 HGB.

— **Beschlußfassung** es ist Einstimmigkeit aller zur Mitwirkung bei der Beschlußfassung berufenen Gesellschafter nötig; soll laut Vertrag Stimmenmehrheit entscheiden, so ist im Zweifel darunter Kopfmehrheit zu verstehen, d. h. Summenmehrheit (nach Kapitalanteil, sog. kapitalistisch betonte oHG!) nur bei ausdrücklicher Vereinbarung: § 119 HGB.

— **Besteuerung** auf Grund der von der oHG aufzustellenden Jahresbilanz zur Einkommensteuer; zahlungspflichtig sind die einzelnen Gesellschafter.

— **Bilanz** ist für den Schluß eines jeden Geschäftsjahres aufzustellen, zwecks Ermittlung von Gewinn und Verlust und Beteiligung jeden Gesellschafters daran, wobei der Gewinn dem Kapitalanteil zugeschrieben und der Verlust sowie entnommenes Geld davon abgeschrieben werden: § 120 HGB; die Bilanz ist von allen Gesellschaftern zu unterschreiben: § 41 HGB.

— **Eintritt, in ein Einzelhandelsunternehmen und Entstehung einer oHG** tritt jemand als Sozius in ein Einzelhandelsunternehmen unter Entstehung einer oHG ein, so wird das dem bisherigen Unternehmer allein gehörende Betriebsvermögen zum Gesamthandsvermögen der Gesellschafter (rechtsgeschäftliche Übertragung auf die neue oHG nötig!); die alten Geschäftsschulden werden zu Gesellschaftsverbindlichkeiten, für welche der neu hinzutretende Sozius auch persönlich nach § 128 HGB zu haften hat; durch Vertrag kann jedoch vereinbart werden, daß das Gesellschaftsvermögen — und damit auch der neue Sozius persönlich — nicht für die alten Geschäftsschulden haften soll, was Dritten gegenüber aber nur wirksam ist bei Eintragung ins Handelsregister oder bei Mitteilung durch einen der Gesellschafter: § 28 HGB; die alten Geschäftsschulden werden zu Privatschulden des früheren Einzelinhabers (zu beachten § 135 HGB!).

— **Eintritt, eines weiteren Gesellschafters in eine bestehende oHG er** haftet stets auch persönlich nach § 128 HGB für die vor seinem Eintritt entstandenen Gesellschaftsverbindlichkeiten; eine abweichende Regelung ist — im Gegensatz zu § 28! — Dritten gegenüber unwirksam: § 130 HGB.

— **Einwendungen, des Gesellschafters gegenüber einem Gesellschaftsgläubiger** ein von einem Gesellschaftsgläubiger persönlich in Anspruch genommener Gesellschafter kann nur Einwendungen geltend machen, welche die oHG erheben könnte oder die in seiner Person begründet sind, z. B. persönliche Stundung: § 129 HGB.

— **Entnahmen, durch einen Gesellschafter** können bis zu 4 % seines letztbilanzlich festgestellten Kapitalanteils zu dessen Lasten in bar, ohne Rücksicht auf Gewinn und Verlust, vorgenommen werden, soweit nicht eine andere Vereinbarung — feste Monatssumme! — getroffen ist; Gewinn, soweit er seinen Kapitalanteil übersteigt, kann nur entnommen werden, soweit dies nicht zum offenbaren Schaden der oHG gereicht; eine Verminderung des eigenen Kapitalanteils ohne Einwilligung der übrigen Gesellschafter ist unstatthaft: § 122 HGB.

— **Entzug der Geschäftsführung** kann nur auf Grund einer Klage der übrigen Gesellschafter gegen denjenigen, in dessen Person ein wichtiger Grund, z. B. grobe Pflichtverletzung oder Unfähigkeit zur ordnungsmäßigen Geschäftsführung, vorliegt, mittels gerichtlicher Entscheidung erfolgen: § 117 HGB.

— **Entzug der Vertretungsbefugnis** kann nur in der gleichen Weise und aus den gleichen Gründen wie die Entziehung der Geschäftsführung erfolgen: § 127 HGB.

— **Erhöhung, der Einlage durch Nichtentnahme von Gewinn** ist ohne Zustimmung der übrigen Gesellschafter unstatthaft; stehengelassene Gewinnbeträge stellen sich als feste — verzinsliche — Schuld der oHG gegenüber dem Gesellschafter dar.

— **Erlöschen der Firma** ist nach Beendigung einer Liquidation durch die Liquidatoren zur Eintragung ins Handelsregister anzumelden: § 157 HGB.

— **Firma** sie hat den Namen wenigstens eines Gesellschafters mit einem ein Gesellschaftsverhältnis andeutenden Zusatz oder den Namen aller Gesellschafter zu enthalten, während andere Namen wie die der Gesellschafter in die Firma nicht aufzunehmen sind: § 19 HGB; entsteht eine oHG durch Eintritt eines Sozius in ein bisheriges Einzelhandelsunternehmen, so kann die bisherige Einzelfirma fortgeführt werden: § 28 HGB.

— **Form des Gesellschaftsvertrages** eine besondere Form ist nicht vorgeschrieben, sofern nicht durch besondere Umstände eine bestimmte Form zu beachten ist, z. B. bei Einbringung eines Grundstückes ins Gesellschaftsvermögen öffentliche Beurkundung gemäß § 313 BGB.

— **Fortdauer der Geschäftsführungsbefugnis** wenn eine oHG in anderer Weise als durch Kündigung aufgelöst ist, dann gilt eine Geschäftsführungsbefugnis solange als fortbestehend, bis der betr. Gesellschafter die Auflösung kennt oder kennen muß: § 136 HGB.

— **Fortsetzung mit Erben eines verstorbenen Gesellschafters** wenn lt. Vertrag die oHG mit den Erben eines verstorbenen Gesellschafters fortgesetzt werden soll, so können diese verlangen, der Gesellschaft lediglich als Kommanditisten anzugehören, unter Belassung des bisherigen Gewinnanteils und Anerkennung der auf sie entfallenden Einlage des Erblassers als Kommandite; dieses Recht ist unabdingbar, muß jedoch binnen 3 Monaten geltend gemacht werden; die oHG wandelt sich bei Geltendmachung des Rechts in eine KG um: § 139 HGB.

— **Fortsetzung nach Aufhebung des Konkurses** war die oHG durch Konkurs aufgelöst, dieser aber durch Zwangsvergleich aufgehoben oder auf Gemeinschuldner-Antrag eingestellt, so können die Gesellschafter die Fortsetzung der oHG beschließen, was von allen Gesellschaftern zur Registereintragung anzumelden ist: § 144 HGB.

— **Geschäftsführung** hierzu ist jeder Gesellschafter allein verpflichtet und berechtigt, jeder kann allein handeln, muß jedoch die Handlung bei Widerspruch eines anderen geschäftsführenden Gesellschafters — sog. negatives Konsensprinzip! — unterlassen, Prokuraerteilung ist nur durch sämtliche geschäftsführenden Gesellschafter statthaft, Prokurawiderruf jedoch durch jeden einzelnen; durch Gesellschaftsvertrag ist eine andere Regelung der Geschäftsführung möglich, z. B. nur gemeinsames Handeln — sog. positives Konsensprinzip! — oder Übertragung der Geschäftsführung auf einen oder einzelne Gesellschafter, wodurch die **übrigen von der Geschäftsführung** ausgeschlossen sind: §§ 114—116 HGB.

— **Geschäftsführungsumfang** erstreckt sich auf alle Handlungen, die der gewöhnliche Betrieb des Handelsgewerbes — Besonderheiten gelten für Prokura — mit sich bringt, während zu darüber hinausgehenden Handlungen ein nach § 119 HGB zu fassender Beschluß aller Gesellschafter nötig ist; durch Gesellschaftsvertrag können Einschränkungen des Umfanges der Geschäftsführung bestimmt werden: § 116 HGB.

— **Gesellschafter** können natürliche oder juristische Personen sein, nicht jedoch eine oHG, eine KG oder eine BGB-Gesellschaft.

— **Gesellschaftsgläubiger** können sowohl die oHG unter ihrer Firma zwecks Zwangsvollstreckung in das Gesellschaftsvermögen als auch jeden einzelnen oder sämtliche Gesellschafter gesamtschuldnerisch und persönlich zwecks Vollstreckung **in** das Privatvermögen verklagen, sei es in derselben Klage (Streitgenossen!), sei es in verschiedenen Prozessen: §§ 124 Abs. 1, 128 HGB.

— **Gesellschaftsverbindlichkeiten** sind solche, die unter der Firma der oHG durch einen vertretungsberechtigten Gesellschafter oder einen Prokuristen begründet worden sind, wodurch nicht nur die Haftung des Gesellschaftsvermögens, sondern auch die persönliche Haftung der Gesellschafter mit dem Privatvermögen entsteht; die Geschäftsschulden eines Einzelkaufmannes werden, mangels abweichender Regelung, nach § 28 HGB zu Gesellschaftsververbindlichkeiten: §§ 124, 128 HGB.

— **Gesellschaftsvermögen** ist gesamthänderisch nur dasjenige Vermögen, das unter der Firma der oHG als solcher, nicht etwa auf den Namen aller Gesellschafter persönlich, geht, was besonders für zum oHG-Vermögen gehörende Grundstücke bedeuungsvoll ist: § 124 HGB.

— **Gewinnberechnung** vom Jahresgewinn gebührt jedem Gesellschafter zunächst 4 %, evtl. weniger, seines Kapitalanteiles, während ein Überschuß nach Köpfen verteilt wird; anderweitige Regelung kann durch Gesellschaftsvertrag erfolgen: § 121 HGB.

— **Grundstücke und Grundstücksrechte** müssen, wenn sie zum Gesellschaftsvermögen gehören sollen, im Grundbuch unter der Firma der oHG eingetragen sein (falls Eintragung auf den Namen der einzelnen Gesellschafter: Doppelgesellschaft!): § 124 HGB.

— **Haftung, persönliche der Gesellschafter** für Gesellschaftsverbindlichkeiten, besonders solche gemäß §§ 124—125 haften, akzessorisch, die Gesellschafter den Gläubigern unmittelbar, unbeschränkt und gesamtschuldnerisch, neu hinzutretende Gesellschafter auch für vor ihrem Eintritt entstandene, ausgeschiedene Gesellschafter nach wie vor für die vor ihrem Ausscheiden begründeten Gesellschaftsschulden, letztere mit einer Verjährungsfrist von 5 Jahren seit Eintragung des Ausscheidens im Handelsregister; Vereinbarungen, welche die persönliche Haftung der Gesellschafter ausschließen oder beschränken, sind den Gläubigern gegenüber wirkungslos: §§ 128, 130, 159 HGB.

— **Informationsrecht, der nichtgeschäftsführenden Gesellschafter** sie können sich von den Gesellschaftsangelegenheiten persönlich unterrichten, die Handelsbücher und Papiere der oHG einsehen und sich daraus eine Bilanz anfertigen; dieses Recht ist verzichtbar und kann aber bei Verdacht unredlicher Geschäftsführung trotzdem ausgeübt werden: § 118 HGB.

— **Jahresgewinn** s. oHG, Gewinnberechnung.

— **Kapitalanteil** s. oHG, Beiträge der Gesellschafter.

— **Klage gegen die oHG und die Gesellschafter** s. oHG, Gesellschaftsgläubiger.

— **Konkurs der Gesellschaft** — bei Zahlungsunfähigkeit — ist nach § 131 HGB ein Auflösungsgrund; endet der Gesellschaftskonkurs durch Zwangsvergleich, so begrenzt letzterer zugleich dem Betrage nach die persönliche Haftung der Gesellschafter gemäß § 128 HGB: § 211 KO.

— **Konkurs, eines Gesellschafters** ist ebenfalls ein Grund für die Auflösung der oHG: § 131 HGB, jedoch kann durch Gesellschaftsvertrag bestimmt werden, daß Auflösung nicht eintritt, die Gesellschaft vielmehr unter den übrigen Gesellschaftern fortbestehen soll und der betreffende Gesellschafter mit Konkurseröffnung ausscheidet; das ihm zustehende Auseinandersetzungsguthaben fällt in seine Konkursmasse: § 138 HGB.

— **Konkurs, sowohl der oHG als auch der Gesellschafter** am Privatkonkurs eines Gesellschafters nehmen Gesellschaftsgläubiger nur in Höhe der Beträge teil, mit denen sie im oHG-Honkurs ausgefallen sind: § 212 KO.

— **Kündigung** kann erfolgen 1. durch einen Gesellschafter, unter Einhaltung einer vereinbarten Kündigungsfrist: § 131 HGB, 2. durch den Privatgläubiger eines Gesellschafters: § 135 HGB.

— **Kündigung durch einen Gesellschafter** darf, wenn die oHG für unbestimmte Zeit eingegangen ist, nur zum Schluß eines Geschäftsjahres erfolgen, und zwar mindestens 6 Monate vorher, wobei gleiches für eine auf die Lebenszeit eines Gesellschafters eingegangene oHG gilt: § 132 HGB; natürlich können vertraglich andere Kündigungsfristen vereinbart werden, ferner, daß trotz der Kündigung keine Auflösung stattfindet, sondern die oHG unter den anderen Gesellschaftern fortgesetzt wird und der Kündigende ausscheidet, unter Ausfolgung seines Auseinandersetzungsguthabens: § 138 HGB.

— **Kündigung durch den Privatgläubiger eines Gesellschafters** sie kann, gleichgültig ob die oHG für bestimmte oder unbestimmte Zeit eingegangen ist, durch einen solchen Gläubiger nur 6 Monate vor Geschäftsjahrsende zu diesem Termin bewirkt werden; der Gläubiger muß vorher auf Grund eines rechtskräftigen Titels (Urteil, vollstreckbare Urkunde pp) bei dem Gesellschafter vergeblich eine Mobiliarvollstreckung versucht und einen Pfändungs- und Überweisungsbeschluß hinsichtlich der Forderung seines Schuldners auf Auszahlung des — künftigen — Liquidationserlös-Anteils erwirkt haben: § 135 HGB; die übrigen Gesellschafter können beschließen, daß trotz der Kündigung keine Auflösung stattfinden, sondern die oHG unter Ausscheiden des betr. Gesellschafters unter den übrigen fortgesetzt werden soll und dies dem Gläubiger erklären, der sich dann nur an das — errechnete — Auseinandersetzungsguthaben halten kann (als Privatgläubiger ist auch der Geschäftsgläubiger eines ehemaligen Einzelkaufmannes zu behandeln, der durch Aufnahme eines Sozius eine oHG errichtet hat, bei der nach § 28 die oHG kraft besonderer Vereinbarung nicht für die früheren Einzelkaufmanns-Schulden haften soll): § 141 HGB.

— **Liquidation** ist die Folge der Auflösung, wodurch sich die oHG in eine Liquidationsgesellschaft — Zusatz zur Firma „i. L." — verwandelt; die laufenden Geschäfte werden abgewickelt, Forderungen eingezogen; Verbindlichkeiten getilgt, neue Geschäfte dürfen nicht mehr eingegangen werden, das restliche Vermögen wird in Geld umgesetzt und auf Grund einer Schlußbilanz unter die Gesellschafter im Verhältnis der Kapitalanteile verteilt: §§ 145, 149, 155 HGB.

— **Liquidatoren** sind, mangels besonderer Bestimmung, alle Gesellschafter, wobei aus wichtigem Grund Bestellung und Abberufung von Liquidatoren auch durch das Gericht erfolgen kann; sie sind nur gesamthandlungsbefugt (positives Konsensprinzip!), müssen im Handelsregister eingetragen werden, wo auch die Liquidation vermerkt wird, haben der Firmenzeichnung den Zusatz „i. L." beizufügen, müssen bei Beginn und Ende der Liquidation eine Bilanz aufstellen und haben nach Liquidationsende das Erlöschen der Firma zum Register anzumelden: §§ 146—150, 153—157 HGB.

— **Nachschüsse der Gesellschafter** hierzu sind sie nicht verpflichtet.

— **Papiere und Bücher, der aufgelösten oHG** sie sind einem Gesellschafter oder einem Dritten, der evtl. vom Gericht bestimmt wird, in Verwahrung zu geben: § 157 HGB.

— **Pfändung eines Gesellschafteranteils** s. oHG, Kündigung durch den Privatgläubiger eines Gesellschafters.

— **Privatgläubiger eines Gesellschafters** s. oHG, Kündigung durch den Privatgläubiger eines Gesellschafters.

— **Prokuraerteilung und -Entziehung** s. oHG, Geschäftsführung.

— **Rechtsstellung** die oHG ist — s. § 105 Abs. 2 HGB! — ein vertragliches Gebilde, keine juristische Person, hat aber, durch die Zusammenfassung unter einer gemeinsamen Firma, nach außen rechtliche Selbständigkeit, die sie in gewisser Weise von den Persönlichkeiten der Beteiligten unabhängig erscheinen läßt: unter ihrer Firma — aber nur in dieser Weise! — kann sie Rechte erwerben, Verbindlichkeiten eingehen, Grundstücke und Grundstücksrechte erwerben (Eintragung der oHG im Grundbuch!); klagen und verklagt werden und mit dem Gesellschaftsvermögen in Konkurs gehen; die „Firmenzusammenfassung" hat die Bedeutung: alle Gesellschafter, wer auch immer sie sind oder später sein mögen; soll in das Gesellschaftsvermögen eine Zwangsvollstreckung betrieben werden, so genügt nicht ein vollstreckbarer Titel gegen alle Gesellschafter, wie bei der BGB-Gesellschaft, er muß vielmehr gegen die oHG als solche lauten: § 124 HGB.

— **Tod eines Gesellschafters** führt grundsätzlich zur Auflösung der oHG nach § 131 Ziff. 4 HGB, doch kann der Gesellschaftvertrag bestimmen, daß der Tod nicht die Auflösung zur Folge hat, sondern die oHG fortgesetzt wird, und zwar entweder 1. zwischen den übrigen Gesellschaftern, wobei der Verstorbene im Zeitpunkt des Todes als ausgeschieden gilt und seine Erben das errechnete Auseinandersetzungsguthaben erhalten: § 138 HGB oder 2. mit den Erben des Verstorbenen, welche die Befugnis haben, der Gesellschaft lediglich als Kommanditisten mit der Einlage des Erblassers als Kommandite und Belassung des bisherigen Gewinnanteils anzugehören (Umwandlung in eine KG!), was sie jedoch binnen 3 Monaten erklären müssen: § 139 HGB.

— **Übernahme des Unternehmens durch einen einzigen Gesellschafter** wenn nur 2 Gesellschafter der oHG vorhanden sind und der eine einen Ausschließungsgrund nach §§ 133, 140 HGB herbeigeführt hat, so kann der andere Klage erheben mit dem Antrag, gerichtlicherseits für berechtigt erklärt zu werden, das Geschäft ohne Liquidation mit Aktiven und Passiven zu übernehmen, unter Ausfolgung des Auseinandersetzungsguthabens an den Ausgeschlossenen: § 142 HGB.

— **Umfang der Geschäftsführung** s. oHG, Geschäftsführungsumfang.

— **Umfang der Vertretungsmacht** sie erstreckt sich auf alle gerichtlichen und außergerichtlichen Geschäfte und Rechtshandlungen, auch auf Grundstücksveräußerungen und -Belastungen, auf Erteilung und Widerruf von Prokura; mit Wirkung Dritten gegenüber ist eine Beschränkung des Vertreterumfanges unstatthaft, desgleichen eine derartige Eintragung ins Handelsregister: § 126 HGB.

— **Umwandlung einer AG in eine oHG** ist möglich, sowohl auf eine schon bestehende, welche alleinige oder Hauptaktionärin ist, oder unter Neuerrichtung einer oHG, an welcher die Aktionäre beteiligt sind: §§ 1, 9, 16, 19 UmwandlungsGes.

— **Verjährung von Ansprüchen gegen Gesellschafter** Ansprüche von Gesellschaftsgläubigern gegen ausgeschiedene Gesellschafter oder nach Auflösung der oHG verjähren in 5 Jahren seit Eintragung des Ausscheidens bzw. der Auflösung im Handelsregister; Hemmung und Unterbrechung der Verjährung gegenüber einer aufgelösten oHG wirkt sich auch gegenüber allen Gesellschaftern aus, die der oHG z. Zt. der Auflösung angehörten: §§ 159, 160 HGB.

— **Verlust, Teilnahme der Gesellschafter** der Verlust eines Geschäftsjahres wird, mangels anderer Vereinbarung, unter die Gesellschafter nach Köpfen verteilt: § 121 HGB.

— **Verteilung von Gewinn** s. oHG, Gewinnberechnung.

— **Verteilung des Liquidationserlöses** s. oHG, Liquidation.

— **Vertretung der Gesellschaft** jeder Gesellschafter allein ist hierzu, ohne Rücksicht auf die Regelung der Geschäftsführung, kraft Gesetzes befugt, dieses Recht ist aber verzichtbar, auch kann es aus wichtigem Grunde einem Gesellschafter auf Grund einer Klage der übrigen durch Urteil entzogen werden; ein Gesellschafter darf aber kraft Gesetzes nur die oHG als solche, unter ihrer Firma — nicht etwa die anderen Gesellschafter persönlich kraft Vollmacht, wie bei der BGB-Gesellschaft nach § 714 BGB! — vertreten; laut Gesellschaftsvertrag kann Vertretung nur durch alle Gesellschafter oder durch einzelne mit einem Prokuristen bestimmt sein: dies ist, ebenso wie Ausschluß von der Vertretung, Dritten gegenüber nur wirksam bei Registereintragung: § 125 HGB.

— **Wettbewerbsverbot** kein Gesellschafter darf ohne Einwilligung der Mitgesellschafter — sie gilt als erteilt, wenn sie bei oHG-Abschluß von der Beteiligung eines Gesellschafters an einem Konkurrenzunternehmen gewußt und nicht widersprochen haben — im Handelszweige der oHG Geschäfte machen oder sich als persönlich haftender Gesellschafter an einer Konkurrenzgesellschaft beteiligen (wohl aber: an einer AG oder GmbH oder als stiller Gesellschafter!); ein Verstoß hingegen berechtigt zur Erhebung einer Auflösungs- oder Ausschließungsklage nach §§ 133, 135 HGB, ferner auf Schadensersatz oder darauf, daß die getätigten Geschäfte als für Rechnung der oHG eingegangen gelten sollen bzw. auf Herausgabe einer bezogenen Vergütung bzw. auf Abtretung eines Vergütungsanspruches: §§ 112, 113 HGB.

— **Wirksamkeit nach außen** abgesehen vom Vertragsabschluß ist die oHG Dritten gegenüber existent, je nach dem, ob sie Grundhandelsgewerbe nach § 1 oder ein sonstiges Gewerbe nach § 2 betreibt, mit Tätigkeitsbeginn oder mit dem Zeitpunkt der Eintragung in das Handelsregister; die Rechtslage ist also die gleiche wie der Erwerb der Kaufmannseigenschaft nach § 1 bzw. § 2 HGB!: § 123 HGB.

— **Zeitablauf** s. oHG, Auflösung, Gründe.

— **Zinsen** Gesellschafter, welche Geldeinlagen nicht rechtzeitig leisten, eingenommenes Geld nicht rechtzeitig an die oHG abliefern oder unbefugt Geld der Gesellschaftskasse entnehmen, haben Zinsen von dem in Frage stehenden Tag an zu zahlen, wobei die Geltendmachung weiteren Schadens nicht ausgeschlossen ist: § 111 HGB.

— **Zwangsvergleich** im Konkurs der oHG: s. oHG, Konkurs der Gesellschaft.

— **Zwangsvollstreckung** 1. in das Gesellschaftsvermögen ist nur möglich auf Grund eines gegen die oHG unter ihrer Firma gerichteten Vollstreckungstitels, der seine Rechtskraft nicht etwa auf die Gesellschafter persönlich (Privatvermögen) erstreckt: § 124 Abs. 2 HGB, 2. in den Gesellschaftsanteil eines Gesellschafters, d. h. Anteil am Liquidationserlös: s. oHG, Kündigung durch den Privatgläubiger eines Gesellschafters.

**Offener Laden** s. Firma, gewerberechtliche Vorschriften.

**Offenes Warenlager** s. Handlungsvollmacht, Ladenangestellter.

**„Ohne Kosten" oder „ohne Protest"** s. Wechsel, „ohne Kosten" oder „ohne Protest"; s. Scheck „ohne Kosten".

**„Ohne Obligo"** s. Wechsel, Angstklausel.

**Orderpapiere, gewillkürte oder kaufmännische** sind die sog. handelsrechtlichen auf den Namen lautenden Papiere: 1. kaufmännische Anweisung und kaufmännischer Verpflichtungsschein (beide ausgestellt von einem Kaufmann, über vertretbare Sachen, abstrakt, d. h. ohne Abhängigkeit der Leistung von einer Gegenleistung), 2. Bodmereibrief (über Verpfändung von Schiff, Fracht, Ladung) und Transportversicherungspolice, 3. Lagerschein (der staatlich zur Ausgabe ermächtigten Anstalten), Ladeschein und Konnossement (Ladeschein des Seefrachtgeschäfts): § 363 HGB; sie sind an sich Namenspapiere, doch kann sie der Aussteller durch Zufügung der sog. positiven Orderklausel zu Orderpapieren machen.

**Orderpapiere, gewillkürte als Dispositionspapiere** Lagerschein, wenn an Order gestellt, sowie Ladeschein und Konnossement stellen den Besitz des in ihnen genannten Gutes dar: durch Übergabe des Papiers an den durch die Urkunde Legitimierten kann Übereignung des Gutes, Nießbrauchbestellung und Verpfändung erfolgen: §§ 424, 450, 650 HGB.

**Orderpapiere, gewillkürte, Indossament** die Wirkungen des Indossaments sind die gleichen wie beim Wechsel, d. h. Weitergabe aller Rechte gegen die Vormänner, jedoch ohne eigenen Verlust des Rechts, ferner erneute Eigenverpflichtung; das Indossament muß schriftlich sein und auf der Urkunde selbst stehen, ein Indossatar braucht nur Lückenlosigkeit der Indossamente, nicht auch deren Echtheit, zu prüfen; Einwendungen sind nur in beschränkter Weise — gegen die Urkunde selbst oder aus ihr ersichtlich! — zulässig: §§ 364, 365 HGB.

**Ordnungsstrafen** s. Firma, Schutz; s. Handelsregister, Ordnungsstrafen.

**Originäre Firma** s. Firma, ursprüngliche.

# P

**Pachtvertrag** s. Firma, Pachtvertrag.

**Partiarisches Darlehen** s. Stille Gesellschaft, partiarisches Darlehen.

**Pension** s. Handlungsgehilfe, Vergütung.

**Personalfirma** s. Firma, Arten.

**Personenbeförderung** s. Kaufmann, Arten der Handelsgewerbe nach § 1 HGB; s. Eisenbahnen des öffentlichen Verkehrs, Beförderungsgeschäfte.

**Pfändung eines Gesellschaftsanteils** s. offene Handlungsgesellschaft, Kündigung durch den Privatgläubiger eines Gesellschafters; s. stille Gesellschaft, Auflösungsgründe.

**Pfandindossament** s. Wechsel, Indossament, Arten.

**Pfandverkauf im Handelsrecht** ist die Verpfändung für beide Teile ein Handelsgeschäft, so beträgt die Wartefrist nicht 1 Monat, wie im BGB, sondern nur 1 Woche; dies gilt auch für die gesetzlichen Pfandrechte des Kommissionärs usw., beim Spediteur und Frachtführer überdies sogar dann, wenn lediglich auf Seiten dieser beiden Personen ein Handelsgeschäft vorlag: § 368 HGB.

**Positives Konsensprinzip** s. offene Handelsgesellschaft, Geschäftsführung.

**Post** s. Frachtgeschäft, Post.

**Prämie, Versicherungen gegen** s. Kaufmann, Arten der Handelsgewerbe nach § 1 HGB.

**Preislimit** s. Kommissionsgeschäft, Preislimit.

**Privatgläubiger** s. offene Handelsgesellschaft, Kündigung durch den Privatgläubiger eines Gesellschafters; s. offene Handelsgesellschaft, Eintritt in ein Einzelhandelsunternehmen und Entstehung einer oHG.

**Probezeit** s. Handlungslehrling, Kündigung.

**Produktionsgenossenschaften** s. Genossenschaften, Arten.

**Prokura** ist eine Vollmachtserteilung im Handelsrecht durch einen firmenberechtigten Kaufmann oder eine Handelsgesellschaft, und zwar die weitestgehende, jedoch beschränkt auf Handelsgeschäfte, so daß die Vertretung des Vollmachtgebers bei Privatgeschäften ausgeschlossen ist; neben den §§ 48—53 sind ergänzend die Vertretungsregeln der §§ 164—181 BGB anzuwenden.

— **Anmeldung** zum Handelsregister hat durch den Inhaber des Handelsgeschäfts zu erfolgen und kann durch Ordnungsstrafen erzwungen werden; das Erlöschen ist in gleicher Weise anzumelden: § 53 HGB.

— **Beschränkung** des Umfanges auf bestimmte Geschäfte oder gewisse Arten hiervon, dem Ort, der Zeit oder den Umständen nach ist Dritten gegenüber unwirksam, selbst bei Kenntnis des Dritten von der Beschränkung durch den Prinzipal, ausgenommen bei Arglist: § 50 HGB; im Innenverhältnis hingegen sind Einengungen möglich.

— **Bilanzunterschrift** durch den Prokuristen ist unzureichend.

— **Eintragung** im Handelsregister ist zwar nach § 53 HGB vorgeschrieben, ist aber nur deklaratorisch, der Prokurist ist Bevollmächtigter von der Erteilung ab (s. aber § 15 HGB!); auch das Erlöschen ist einzutragen.

— **Erlöschen** erfolgt durch Widerruf, mit Beendigung des zu Grunde liegenden Rechtsverhältnisses, z. B. des Arbeitsvertrages, durch Einstellung des Geschäftsbetriebes, besonders bei Konkurs, nicht aber durch Tod des Prinzipals: § 52 HGB.

— **Erteilung** muß durch den Betriebsinhaber als Vollkaufmann oder seinen gesetzlichen Vertreter erfolgen: § 48 HGB; bei einer oHG unter Zustimmung aller geschäftsführenden Gesellschafter: § 116 Abs. 3 HGB; sie kann niemals stillschweigend oder durch Duldung erteilt werden, sondern immer nur ausdrücklich (z. B. durch Wendungen wie „Prokuraerteilung“, „Bestellung zum Prokuristen“, „per Prokura zeichnen zu dürfen“ usw.); Schriftlichkeit ist nicht nötig: § 48 Abs. 1 HGB.

— **Filialprokura** kann erteilt werden, so daß der Filialprokurist auf die Geschäfte der Zweigniederlassung beschränkt ist, mit Wirkung Dritten gegenüber aber nur bei Betrieb der Filialen unter verschiedener Firma oder gleicher Firma mit Filialbezeichnung: § 50 Abs. 3 HGB.

— **von Genossenschaft** ist unzulässig: § 42 GenGes.

— **Gesamtprokura** ist die Erteilung an mehrere Personen gemeinschaftlich, wobei Erklärungen für den Prinzipal nur durch sämtliche Prokuristen verbindlich abgegeben werden können, während Erklärungen, die dem Prinzipal gegenüber abzugeben sind, wirksam einem einzelnen der Gesamtprokuristen gegenüber abgegeben werden können: § 48 Abs. 2 HGB.

— **Handeln mit einem Gesellschafter** im Gesellschaftsvertrag einer oHG kann bestimmt werden, daß jeder der Gesellschafter nur gemeinsam mit einem Prokuristen zur Vertretung der oHG ermächtigt sein soll, was Dritten gegenüber nur bei Registereintragung wirksam ist: § 125 Abs. 3 und 4 HGB; auch bei einer AG oder GmbH kann bei Vorhandensein von mehreren Vorstandsmitgliedern bzw. Geschäftsführern durch Satzung bzw. Gesellschaftsvertrag bestimmt werden, daß ein einzelnes Vorstandsmitglied bzw. ein einzelner Geschäftsführer nur gemeinsam mit einem Prokuristen vertretungsberechtigt ist: § 71 Abs. 3 AktGes.

— **Minderkaufmann** kann keine Prokura erteilen: § 4 HGB.

— **Tod des Geschäftsinhabers** s. Prokura, Erlöschen.

— **Übertragbarkeit** ist nicht statthaft: § 52 HGB, auch kann der Prokurist nicht seinerseits Prokura erteilen.

— **Umfang** ist durch das Gesetz — im Gegensatz zur BGB-Vollmacht! — bestimmt und kann mit Wirkung Dritten gegenüber nicht eingeschränkt werden, der Prokurist ist vertretungsbefugt zu allen gerichtlichen und außergerichtlichen Geschäften und Rechtshandlungen, welche irgendein Handelsgewerbebetrieb — also nicht nur der des Prinzipals — mit sich bringt, also nicht nur für gewöhnliche, sondern auch außergewöhnliche Geschäfte; er kann nur nicht, ohne Sondervollmacht, Grundstücke veräußern oder belasten (wohl aber: erwerben und bei Erwerb eine Restkaufgeld-Hypothek bestellen, ebenso vermieten oder verpachten): § 49 HGB; ferner kann er auch nicht das Unternehmen auflösen, veräußern, einen Gesellschafter aufnehmen, auch nicht die Bilanz unterschreiben.

— **Widerruf** kann jederzeit erfolgen, auch wenn das zu Grunde liegende Arbeitsverhältnis noch andauert: § 52; bei einer oHG kann jeder einzelne der zur Geschäftsführung befugten Gesellschafter allein — im Gegensatz zur Bestellung! — den Widerruf erklären: § 116 Abs. 3 HGB.

— **Zeichnung** 1. der Prokurist muß die Firma nebst seiner Namensunterschrift zur Aufbewahrung beim Gericht zeichnen: § 53 Abs. 2 HGB, 2. er hat bei Briefen, Schriftstücken usw. der Firma seinen Namen nebst einem die Prokura andeutenden Zusatz beizufügen; doch wird die Gültigkeit der Unterschrift durch einen Verstoß gegen diese Formvorschrift nicht berührt: § 51 HGB.

**Prokuraindossament** s. Wechsel, Indossament, Arten.

**Prospektuierung** s. Aktiengesellschaft, Prospektuierung.

**Protest** s. Wechsel, Protest; s. Scheck, Protest.

**Protokollbuch** s. Genossenschaften, Protokollbuch.

**Protokollierung** s. Aktiengesellschaft, Protokollierung.

**Provision** s. Handelsvertreter, Provision; s. Handelsmakler, Lohn; s. Handlungsgehilfe, Provision; s. Kommissionsgeschäft, Provision; s. Speditionsgeschäft, Provision.

**Prüfer** s. Aktiengesellschaft, Prüfung durch das Gericht, Prüfung der Gründung, Prüfung des Jahresabschlusses; s. Genossenschaften, Prüfung, Prüfungsbericht.

**Prüfungsverbände** s. Genossenschaften, Prüfungsverbände.

## Q

**Qualifizierte Gründung** s. Aktiengesellschaft, Gründung, qualifizierte.

**Quantitätsmangel** s. Handelskauf, Quantitätsmangel.

**Quittierte Retourrechnung** s. Wechsel, quittierte Retourrechnung.

## R

**Rechnungsabgrenzungsposten** s. Aktiengesellschaft, Rechnungsabgrenzungsposten.

**Rechtsgemeinschaft, an einer Aktie** s. Aktiengesellschaft, Rechtsgemeinschaft an einer Aktie.

**Registergericht** s. Handelsregister.

**Regreß** s. Scheck, Rückgriff; s. Wechsel, Rückgriff.

**Reingewinn und -Verlust** s. Aktiengesellschaft, Reingewinn und -Verlust.

**Reisegepäck** s. Eisenbahnen des öffentlichen Verkehrs, Reisegepäck.

**Reisender** s. Handlungsgehilfe, außerbetriebliche Vermittlungstätigkeit.

**Reklameunfug** s. Firma, unlauterer Wettbewerb.

**Rektaindossament** s. Wechsel, Indossament, Arten.

**Rektawechsel** s. Wechsel, Rektawechsel.

**Remboursregreß** s. Wechsel, Remboursrückgriff.

**Remittent** s. Wechsel, Remittent.

**Reservefonds** s. Genossenschaften, Reservefonds.

**Reserven, stille** s. Handelsbücher, Reserven, stille, in der Bilanz.

**Respekttage** s. Scheck, Respekttage.

**Retourrechnung** s. Wechsel, quittierte Retourrechnung.

**Revision** s. Genossenschaften, Prüfung.

**Richtigstellung von Eintragungen** s. Handelsregister, Unterlassung der Richtigstellung.

**Rückgriff** s. Scheck, Rückgriff; s. Wechsel, Rückgriff.

**Rücklagen** s. Aktiengesellschaft, Rücklagen oder Reserven; s. Genossenschaften, Bilanz, Gliederungsvorschriften; s. Gesellschaft mit beschränkter Haftung, Rücklage.

**Rückstellung** s. Aktiengesellschaft, Rückstellungen.

**Rückwechsel** s. Wechsel, Rückwechsel.

**Rückzahlung, der Einlage** s. stille Gesellschaft, Anfechtung der Rückzahlung bei Konkurs.

**Rückzahlung, der Kommandite** s. Kommanditgesellschaft, Zurückzahlung der Kommandite.

# S

**Sachgründung** s. Aktiengesellschaft, Arten; s. Gesellschaft mit beschränkter Haftung, Sachgründung.

**Saldo** s. Kontokorrent.

**Sammelladungsspedition** s. Speditionsgeschäft, Sammelladungsspedition.

**Sammellagerung** s. Lagergeschäft, Sammellagerung.

**Sanierung** s. Aktiengesellschaft, Sanierung.

**Satzung** s. Aktiengesellschaft, Satzung; s. Kommanditgesellschaft auf Aktien, Satzung.

**Scheck** ist ein — falls auf den Namen gestellt — gesetzliches Orderpapier, durch welches der Aussteller verspricht, daß der Berechtigte aus einem bei einer Bank geführten Guthaben des Ausstellers bei Vorlegung Zahlung in Höhe der Schecksumme erhalten wird: Art. 1, 3 ScheckGes; im Gegensatz zum Wechsel ist der Scheck kein Kredit-, sondern ein Zahlungsmittel; er strebt nicht nach Umlauf, sondern nach Einlösung.

— **Änderungen** wer seine Unterschrift vor Änderung auf den Scheck gesetzt hat, haftet gemäß dem ursprünglichen Text; wer dies nach der Änderung getan hat, haftet gemäß geändertem Text: Art. 51 ScheckGes.

— **sog. Angstklausel, beim Indossament** hat die gleiche Bedeutung wie beim Wechsel: Art. 18 ScheckGes; s. Wechsel, Angstklausel.

— **Akzept** ist unstatthaft, ein Vermerk dieser Art auf dem Scheck oder ein Bestätigungsvermerk gilt als nicht geschrieben: Art. 4 ScheckGes.

— **Arten** 1. als Wertpapier: Orderscheck, Namensscheck (Klausel „nicht an Order"), beide mit dem Vermerk „oder Überbringer", wodurch er als auf den Inhaber gestellt gilt, endlich — keinen Namen enthaltend — Inhaberscheck: Art. 5 ScheckGes, 2. nach der Verwendung: Barscheck (Zahlung), Verrechnungsscheck (Klausel „nur zur Verrechnung", keine Zahlung, sondern nur Gutschrift): Art. 39, endlich sog. — allgemein oder besonders — gekreuzter Scheck (Zahlung nur an einen Bankier schlechthin oder an einen bestimmten Bankier): Art. 37, 38, welch letztere Vorschriften aber noch nicht in Kraft getreten sind.

— **Aufgebotsverfahren** zwecks Kraftloserklärung kommt für abhandengekommene oder vernichtete Schecks, mit einer Mindestaufgebotsfrist von 2 Monaten, in Frage; war der Scheck rechtzeitig vorgelegt, aber nicht eingelöst worden, so kann der Berechtigte nach Verfahrenseinleitung vom Aussteller

Zahlung gegen Sicherheit verlangen: Art. 59 ScheckGes.

— **Ausfertigungen** sind statthaft, aber nur, wenn der Scheck in einem anderen als dem Ausstellungslande zahlbar ist oder umgekehrt in einem anderen Lande ausgestellt ist und im Inlande eingelöst werden soll; Inhaberschecks sind in Ausfertigungen unstatthaft, im übrigen handelt es sich bei den Ausfertigungen um Originalschecks — fortlaufende Nummern sind nötig! — mit Originalunterschriften; durch Zahlung einer Ausfertigung erlöschen die Rechte aus den anderen; werden die Ausfertigungen an verschiedene Personen indossiert, so begründet der Indossierende für sich mehrfache Haftung: Art. 49, 50 ScheckGes.

— **Aussteller** muß ein Scheckkonto — „aus meinem Guthaben" — bei einer Bank besitzen, über das er verfügen kann, er kann die Haftung für Zahlung nicht ausschließen und haftet mangels Einlösung auf Zahlung (Rückgriff): Art. 1, 3, 12, 40 ScheckGes.

— **Bankguthaben** der Scheck darf nur auf einen Bankier gezogen werden, bei dem der Aussteller ein Guthaben besitzt; fehlt es an der Beachtung dieser Vorschrift, so ist der Scheck trotzdem gültig, doch könnte unter Umständen dadurch ein Betrug begangen werden: Art. 3 ScheckGes.

— **Bankier** als solcher gelten öffentliche Anstalten, ferner eingetragene, mit Geldgeschäften laut Statut befaßte Genossenschaften, sofern beide Institutionen unter Staatsaufsicht stehen, desgleichen staatsbeaufsichtigte Sparkassen, endlich eingetragene Firmen, die Bankiergeschäfte betreiben: Art. 54 ScheckGes.

— **Bereicherung** ist die Rückgriffsverbindlichkeit des Ausstellers durch Unterlassung rechtzeitiger Vorlegung oder Verjährung erloschen, so haftet er dennoch dem Scheckinhaber, soweit er sich mit dessen Schaden bereichern würde: Art. 58 ScheckGes.

— **Bescheinigung** der Protest mangels Zahlung im Falle der Nichteinlösung kann ersetzt werden: durch eine schriftliche, datierte Erklärung des Bezogenen auf dem Scheck, unter Angabe des Vorlegungstages bzw. durch eine datierte Erklärung einer Abrechnungsstelle, daß der Scheck rechtzeitig eingeliefert und nicht bezahlt worden ist: Art. 40 ScheckGes.

— **Blankoindossament** bezeichnet nicht den Indossatar und kann in der bloßen Unterschrift des Indossanten bestehen, muß aber, bei Gefahr der Nichtigkeit, stets auf der Scheckrückseite stehen: Art. 16 ScheckGes.

— **Blankoscheck** ist ein Scheck, dem zur Zeit der Ausstellung eines der Erfordernisse des Art. 1 ScheckGes fehlt, jedoch mit der Maßgabe, daß dieser Mangel später behoben werden soll; selbst wenn die Ausfüllung entgegen dem Willen des Ausstellers erfolgt, wird der Scheck gültig und der entgegenstehende Wille kann nur einem bösgläubigen oder beim Erwerb grob fahrlässig handelnden Erwerber entgegengehalten werden: Art. 13 ScheckGes.

— **Bürgschaft** wird wie die Wechselbürgschaft behandelt: Art. 25—27 ScheckGes; s. Wechsel, Bürgschaft.

— **Datum** ist ein Scheck vordatiert, so ist er gleichwohl bei Vorlegung, auch wenn diese vor dem Ausstellungsdatum erfolgt, zahlbar: Art. 28 ScheckGes.

— **an eigene Order** des Ausstellers ist statthaft; hingegen ist Ziehung auf den Aussteller selbst nur bei einem

Scheck möglich, der von der einen Niederlassung des Ausstellers auf eine andere gezogen wird (sog. Filialscheck): Art. 6 ScheckGes.

— **Einwendungen** des Scheckverpflichteten werden wie beim Wechsel behandelt: Art. 22; s. Wechsel, Einwendungen.

— **Erfordernisse** 1. Bezeichnung „Scheck", 2. unbedingte Anweisung der Zahlung einer bestimmten Geldsumme, 3. Name des Bezogenen, 4. Zahlungsort, 5. Tag und Ort der Ausstellung, 6. Unterschrift des Ausstellers: Art. 1 ScheckGes; Fehlen eines der Erfordernisse führt zur Unwirksamkeit des Schecks, doch gilt der angegebene Wohnort des Bezogenen als Zahlungsort und der angegebene Wohnort des Ausstellers als Ausstellungsort: Art. 2 ScheckGes; weichen die in Zahlen und Buchstaben angegebenen Geldsummen voneinander ab, so gilt die Buchstabensumme, andernfalls die geringere Summe: Art. 9 ScheckGes.

— **Erwerb, gutgläubiger** war der Scheck einem früheren Inhaber abhanden gekommen, so ist der Erwerber eines Inhaber- oder Orderschecks, falls in letzerem Falle eine lückenlose Indossamentenkette vorliegt, zur Herausgabe nur verpflichtet, wenn er beim Erwerb entweder direkt bösgläubig gewesen ist oder grob fahrlässig gehandelt hat: Art. 19, 21 ScheckGes.

— **Fristen** der Scheck ist stets bei Sicht zahlbar: Art. 28 ScheckGes; er muß binnen 8 Tagen zur Zahlung vorgelegt werden, wobei die Einlieferung in eine Abrechnungsstelle der Vorlegung zur Zahlung gleich steht: Art. 29, 31 ScheckGes; der Bezogene kann jedoch mangels Widerrufes auch noch nach Ablauf der Vorlegungsfrist Zahlung leisten: Art. 32 ScheckGes; Protest mangels Zahlung muß vor Ablauf der Vorlegungsfrist erhoben werden: Art. 41; liegt höhere Gewalt oder ein anderes unüberwindliches Hindernis vor, so tritt Fristverlängerung ein: Art. 48 ScheckGes.

— **Gesamtschuldnerschaft** alle Scheckverpflichteten haften dem Inhaber gesamtschuldnerisch: Art. 44; s. auch: Wechsel, Gesamtschuldnerschaft.

— **Indossament** der Orderscheck wird durch Indossament und Aushändigung übertragen, wobei ein Indossament auf den Bezogenen als Quittung gilt, ausgenommen beim sog. Filialscheck: Art. 14, 15 ScheckGes; im übrigen gelten für die Arten und die Wirkungen des Indossaments die gleichen Vorschriften wie beim Wechsel: Art. 14—18, 23, 24 ScheckGes; s. auch: Wechsel, Garantiefunktion; Wechsel, Indossament, Arten, Transportfunktion.

— **Klage im Scheckprozeß** es gilt dasselbe wie für den Wechsel, s. Wechsel, Klage im Wechselprozeß.

— **Klausel „oder Überbringer"** neben dem Namen des Gläubigers bewirkt, daß der Scheck als auf den Inhaber gestellt gilt: Art. 5 Abs. 2 ScheckGes, der Bezogene kann die Legitimation des Präsentanten prüfen, ohne hierzu verpflichtet zu sein, so daß er sich auch durch Zahlung an den Nichtberechtigten befreit; Banken weisen Schecks, bei denen die Überbringerklausel gestrichen ist, zurück.

— sog. **Notifikationspflicht:** Art. 42 ScheckGes, entspricht der Benachrichtigungspflicht bei Wechseln, s. Wechsel, Notifikationspflicht.

— **„ohne Kosten" oder „ohne Protest":** Art. 43 ScheckGes, s. Wechsel, „ohne Kosten".

— **Protest** bei Nichteinlösung ist nötig zur Aufrechterhaltung der Rückgriffsansprüche gegen die Indossanten und den Aussteller; statt des Protestes kann eine Bescheinigung des Bezogenen bzw. der Abrechnungsstelle in Frage kommen: Art. 40 ScheckGes, s. auch Scheck, Bescheinigung.

— **Prüfungspflicht** des Bezogenen bei Einlösung erstreckt sich nur auf die Lückenlosigkeit, nicht auch auf die Gültigkeit der Indossamente: Art. 35 ScheckGes.

— **Respekttage** werden nicht anerkannt, weder gesetzliche noch richterliche: Art. 57 ScheckGes.

— **Rückgriff** mangels Einlösung gegen Indossanten und Aussteller, ohne Bindung an eine Reihenfolge, umfaßt: Schecksumme, 6 % Zinsen, Protestkosten, 1/3 % Provision: Art. 44, 45 ScheckGes; der Zahlende, der Anspruch auf Aushändigung von: Scheck, Protest bzw. Bescheinigung und quittierte Retourrechnung nach Art. 47 ScheckGes hat, kann seinerseits von jedem der Vormänner Zahlung der Rückgriffssumme verlangen, d. h. den von ihm selbst gezahlten Betrag nebst 6 % Zinsen und 1/3 % Provision: Art. 46 ScheckGes.

— **Scheckkontovertrag** ist der Vertrag zwischen dem Aussteller, der ein Bankguthaben beim Bezogenen besitzt, und dem Bezogenen, wodurch der Bezogene dem Aussteller gegenüber — nicht aus dem Scheck, sondern nur aus dem Vertrag! — verpflichtet ist, vom Aussteller ausgestellte Schecks dem Scheckberechtigten einzulösen, sofern das Scheckkonto hierzu ausreicht bzw. dem Kontoinhaber Kredit eingeräumt wird.

— **Schecksumme** s. Scheck, Rückgriff.

— **Sperrung** durch Aussteller hat praktisch die Bedeutung eines Verbots der Einlösung oder Verrechnung durch den Bezogenen.

— **Sprungrückgriff** Art. 44 ScheckG; s. Wechsel, Sprungrückgriff.

— **Teilzahlung** darf nicht zurückgewiesen werden, sie ist auf dem Scheck zu vermerken und es ist Quittung zu erteilen: Art. 34 ScheckGes (über den Rest: Protest).

— **Tod des Ausstellers** nach Begebung des Schecks ist bedeutungslos: Art. 33 ScheckGes.

— **Überbringer-Klausel** s. Scheck, Klausel „oder Überbringer".

— **Ungültige Unterschriften** Art. 10 ScheckGes; s. Wechsel, Unterschriften, ungültige.

— **Verjährung** der Rückgriffsansprüche erfolgt in 6 Monaten vom Ablauf der Vorlegungsfrist ab bzw. Einlösung durch einen Verpflichteten: Art. 52 ScheckGes.

— **Verrechnungsscheck** zufolge des Vermerks „nur zur Verrechnung" ist ein Verbot des Ausstellers, den Scheck in bar einzulösen; der Bezogene darf nur zu einer Gutschrift (Verrechnung, Überweisung) auf dem Konto des Gläubigers schreiten und haftet bei Zuwiderhandlung für einen Schaden, aber nur bis zur Höhe der Schecksumme: Art. 39 ScheckGes.

— **Vertreter ohne Vertretungsmacht** Art. 11 ScheckGes; s. Wechsel, Vertreter ohne Vertretungsmacht.

— **Widerruf** des Schecks durch den Aussteller ist erst nach Ablauf der Vorlegungsfrist wirksam: Art. 32 ScheckGes.

— **Zahlungszeit** s. Scheck, Fristen.

— **Zinsen** ein auf den Scheck gesetzter Zinsvermerk gilt als nicht geschrieben: Art. 7 ScheckGes.

**Scheckkontovertrag** s. Scheck, Scheckkontovertrag.

**Scheinkaufmann** s. Kaufmann, Scheinkaufmann.

**Schlußnote** s. Handelsmakler, Schlußnote.

**Schmiergelder** s. Handlungsgehilfe, Schmiergelder.

**Schuldanerkenntnis oder -Versprechen** s. Handelsgeschäfte, Besonderheiten.

**Schutz der Firma** s. Firma, Schutz.

**Schweigen** s. Handelsgeschäfte, Schweigen.

**Schweigen des Handelsregisters** s. Handelsregister, „dem Schweigen des Handelsregisters kann man trauen".

**Selbsteintrittsrecht** des Kommissionärs, s. Kommissionsgeschäft, Selbsteintrittsrecht; des Spediteurs, s. Speditionsgeschäft, Selbsteintrittsrecht.

**Selbsthilfeverkauf** s. Handelskauf, Annahme- oder Gläubigerverzug des Käufers.

**Sichtwechsel** s. Wechsel, Sichtwechsel.

**Sitz** s. Aktiengesellschaft, Sitz.

**Sollkaufmann** s. Kaufmann, kraft Eintragung, sog. Sollkaufmann.

**Sorgfalt** s. Aktiengesellschaft, Vorstand, Aufgaben; s. Genossenschaften, Vorstand, Aufgaben; s. Gesellschaft mit beschränkter Haftung, Geschäftsführer; s. Handelsgeschäfte, Haftung.

**Speditionsgeschäft** ist ein Geschäftsbesorgungsvertrag zwischen Versender und Spediteur, die Leistung des Spediteurs besteht nicht im Befördern — dies tut der Frachtführer! —, sondern im Abschließen des Beförderungsvertrages mit dem Frachtführer; wegen der Ähnlichkeit mit dem Kommissionsgeschäft finden z. T. die Vorschriften über letzteres Anwendung: § 407 Abs. 2 HGB; Spediteur ist, wer gewerbsmäßig — Voll- oder Minderkaufmann nach § 1 Abs. 2 Ziff. 6 —, als indirekter Stellvertreter, d. h. im eigenen Namen für fremde Rechnung, mit einem Frachtführer oder einem Verfrachter (bei Seeschiffen) Güterbeförderungsverträge abschließt: § 407 HGB.

— **Arten** neben dem gewöhnlichen Speditionsgeschäft gibt es ein solches unter Einschaltung eines Zwischenspediteurs nach § 411 HGB (Vertrag mit Versender) und eines unter Heranziehung eines Unterspediteurs (Erfüllungshilfe des Hauptspediteurs); ein sog. Frachtmakler hingegen vermittelt nur den Frachtvertrag zwischen Absender und Frachtführer.

— **beteiligte Personen** 1. Versender, 2. Spediteur, 3. Frachtführer, 4. Empfänger.

— **sog. allgemeine Deutsche Spediteurbedingungen** sind die Bedingungen der Geschäfte von Spediteuren mit ihren Kunden, aber nicht etwa allgemein geltendes Recht, sie müssen vielmehr in jedem Einzelfalle mit dem Kunden vereinbart werden.

— **Haftung des Spediteurs** er haftet für sorgfältige Auswahl des Frachtführers bzw. Verfrachters und eines Zwischenspediteurs wegen eigenen Verschuldens, bei Heranziehung von Unterfrachtführern und anderen Erfüllungsgehilfen nach § 278 BGB hingegen auch für deren Verschulden: § 408 Abs. 1 HGB.

— **Pfandrecht des Spediteurs** besteht an dem Gut, wenn er es noch im Besitz hat oder mittels Dispositionspapiers (d. h. Lager- oder Ladeschein bzw. Konnossement) darüber verfügen kann wegen: der Provision, der Fracht, der Auslagen, Verwendungen und Vorschüsse, aber nur wegen solcher Forderungen, die sich auf das Gut selbst beziehen, nicht auch wegen sonstiger Ansprüche: § 410 HGB.

— **Pflichten des Spediteurs** er hat die Versendung mit der Sorgfalt eines ordentlichen Kaufmannes auszuführen, die Weisungen des Versenders zu befolgen und dessen Interessen wahrzunehmen und darf vor allem dem Versender keine höhere als mit dem Frachtführer bzw. Verfrachter bedungene Fracht berechnen: § 408 HGB; wegen seiner Haftung: s. Speditionsgeschäft, Haftung.

— **Provision** ist der dem Spediteur zu gewährende Entgelt, er richtet sich nach Vereinbarung bzw. Üblichkeit und ist vom Versender zu entrichten bei Übergabe des Gutes an den Frachtführer bzw. Verfrachter: § 409 HGB; außerdem hat der Versender ihm verauslagte Frachten und sonstige Verwendungen zu ersetzen, wie sie ein Kommissionär vom Kommittenten verlangen kann.

— **sog. Sammelladungsspedition** hier wird die Versendung des Gutes in einer Sammelladung mit Gütern anderer Versender ausgeführt: der Spediteur hat dann nur die Rechte und Pflichten eines Frachtführers, er kann nur Bezahlung der Fracht fordern, Speditionsprovision zusätzlich hingegen nur bei besonderer Vereinbarung: § 413 Abs. 2 HGB.

— **Selbsteintrittsrecht des Spediteurs** d. h. die Befugnis, statt mit einem Dritten mit sich selbst den Frachtvertrag abzuschließen, steht ihm ohne weiteres kraft Gesetzes zu, sofern dies nicht durch Vertrag besonders ausgeschlossen wird; er hat in einem solchen Fall zugleich die rechtliche Stellung eines Frachtführers und kann neben der Spediteurprovision die gewöhnliche Fracht fordern: § 412 HGB.

— **zu fixen Spesen** liegt vor, wenn Versender und Spediteur sich auf einen bestimmten Satz der Beförderungskosten geeinigt haben: der Spediteur wird rechtlich hier zum Frachtführer und kann Spediteurprovision nur auf Grund besonderer Vereinbarung fordern: § 413 Abs. 1 HGB; der eigentliche Frachtführer wird zum Erfüllungsgehilfen.

— **Übergang, gesetzlicher, von Forderungen** befriedigt ein Zwischenspediteur den Hauptspediteur wegen dessen Forderung gegen den Versender, so geht diese mitsamt dem gesetzlichen Pfandrecht auf den Zwischenfrachtführer über; das gleiche gilt für Forderungen eines Frachtführers gegen den Hauptspediteur, falls ein Zwischenfrachtführer ihn befriedigt: § 411 Abs. 2 HGB.

— **Unterspediteur** ist ein Spediteur, dem der eigentliche Spediteur die ihm selbst obliegende Besorgung der Güterversendung übertragen hat; er muß für das Verschulden des Unterspediteurs gegenüber dem Versender nach § 278 BGB — Erfüllungshilfe! — haften.

— **Verjährung** die vertraglichen Ansprüche des Versenders gegen den Spediteur wegen Verlustes, Minderung, Beschädigung, verspäteter Ablieferung des Gutes verjähren in 1 Jahr, welche Frist indes durch Vertrag verlängert werden kann: § 414 HGB.

— **Zwischenspediteur** ist ein Spediteur, mit dem der Hauptspediteur für Rechnung des Versenders, aber im eigenen Namen, einen Speditionsvertrag abschließt; der Zwischenspediteur ist kein Erfüllungsgehilfe des Hauptspediteurs nach § 278 BGB, der ihn indes nach § 408 HGB sorgfältig auszuwählen hat; er ist berechtigt und dem Hauptspediteur gegenüber sogar verpflichtet, dessen Rechte einschließlich des gesetzlichen Pfandrechts auszuüben: § 411 HGB; über den gesetzlichen Forderungsübergang s. Speditionsgeschäft, Übergang, gesetzlicher.

**Sperrung** s. Scheck, Sperrung.

**Spesen, zu fixen** s. Speditionsgeschäft, zu fixen Spesen.

**Spezialvollmacht** s. Handlungsvollmacht, Spezialvollmacht.

**Spezifikationskauf** s. Handelskauf, Spezifikationskauf.

**Spitzenverbände** s. Genossenschaften, Spitzenverbände.

**Spruchverfahren** s. Aktiengesellschaft, Umwandlung einer AG in eine bestehende oHG als Hauptaktionärin laut Umwandlungsgesetz.

**Sprungrückgriff** s. Wechsel, Sprungrückgriff.

**Staat** s. Aktiengesellschaft, Staat.

**Staffelform** s. Aktiengesellschaft, Gewinn- und Verlustrechnung, Gliederung.

**Stammeinlage** s. Gesellschaft mit beschränkter Haftung, Stammeinlage.

**Stammkapital** s. Gesellschaft mit beschränkter Haftung, Stammkapital.

**Statut** s. Genossenschaften, Inhalt des Statuts.

**Stille Gesellschaft** ist keine „Handelsgesellschaft", wohl aber eine „Gesellschaft des Handelsrechts"; denn nur ein Kaufmann kann eine stille Gesellschaft mit einer anderen Person eingehen: § 335 HGB.

— **Anfechtung der Rückzahlung, bei Konkurs** hat der Geschäftsinhaber dem stillen Gesellschafter gemäß einer Sonderabrede die Einlage ganz oder teilweise zurückgezahlt oder ihm einen Anteil am Verlust erlassen, und zwar im letzten Jahr vor einer Konkurseröffnung, so kann der Konkursverwalter des Geschäftsinhabers diese Handlungen anfechten und Rückgewähr bzw. Rückgängigmachung eines Erlasses zur Konkursmasse verlangen, gleichgültig, ob die stille Gesellschaft hierbei aufgelöst war oder nicht; der Nachweis der Gläubigerbenachteiligungsabsicht spielt keine Rolle: § 342 HGB.

— **Anfechtungsausschluß** 1. wenn die Rückzahlung der Einlage auf Grund des Gesellschaftsvertrages z. B. bei ordnungsmäßiger Kündigung erfolgte oder 2. wenn der Konkurs in Umständen seinen Grund hatte, die erst nach Vereinbarung von Rückgewähr oder Erlaß eingetreten sind, was jedoch der stille Gesellschafter beweisen muß: § 342 Abs. 2 HGB.

— **sog. atypische** bei ihr ist der stille Gesellschafter an den Vermögenswerten des Geschäftsbetriebes beteiligt, die ihm bei einer Auseinandersetzung mit zu Gute kommen (sie wird steuerrechtlich wie eine oHG behandelt!).

— **Auflösung** da es kein Gesellschaftsvermögen gibt, findet keine Liquidation statt, nur eine Auseinandersetzung; der Geschäftsinhaber hat dem stillen Gesellschafter sein Guthaben in Geld — auch wenn die Einlage nicht in Geld bestanden hatte! — zu zahlen; am Gewinn und Verlust der schwebenden Geschäfte nimmt der stille Gesellschafter teil, ihm steht insoweit ein Auskunftsrecht zu: § 340 HGB.

— **Auflösungsgründe** sind: Zeitablauf, Erreichung oder Unmöglichwerden des Zweckes, Kündigung eines der Beteiligten oder eines Gläubigers des stillen Gesellschafters, auch vorzeitig aus wichtigem Grunde, ferner Konkurs des Inhabers oder dessen Tod, nicht aber Tod des stillen Gesellschafters: § 339 HGB.

— **Ausschluß der Verlustteilnahme des stillen Gesellschafters** ist laut Vertrag — im Gegensatz zur BGB-Gesellschaft! — möglich, so daß dann stets bei Beendigung das ungekürzte Guthaben in voller Höhe zu zahlen ist; Gewinnbeteiligungsausschluß ist unstatthaft: § 336 HGB.

— **Beteiligung des stillen Gesellschafters an Gewinn und Verlust** erfolgt mangels ausdrücklicher Vereinbarung in angemessener Weise, gewöhnlich findet eine genaue Festlegung statt; am Verlust — wenn nicht vertraglich ausgeschlossen! — nimmt er nur bis zur Höhe der Einlage teil, braucht gezahlte Gewinne nicht wegen späterer Verluste zurückzuzahlen; bei Minderung der Einlage durch Verluste findet Gewinnauszahlung erst nach Abdeckung des Verlustes statt; nicht erhobener Gewinn führt nicht zur Einlageerhöhung: §§ 336, 337 HGB.

— **Einlage** muß nicht in Geld, kann in irgendwelchen Vermögenswerten bestehen; sie geht jedoch in das Vermögen des Geschäftsinhabers über, so daß niemals — im Gegensatz zur oHG, KG, BGB-Gesellschaft! — ein Gesellschaftsvermögen entsteht: § 335 HGB.

— **Ende** s. Stille Gesellschaft, Auflösung.

— **Firma** gibt es für die eingegangene stille Gesellschaft nicht.

— **Geschäftsführung** steht nur dem Geschäftsinhaber zu; er kann jedoch mit dem stillen Gesellschafter ein Betätigungsverhältnis, auch gegen Entgelt, eingehen.

— **Gesellschaftsvermögen** s. Stille Gesellschaft, Einlage.

— **Haftung des stillen Gesellschafters** er wird durch die betrieblichen Handlungen des Inhabers nicht persönlich verpflichtet, allerdings auch nicht mitberechtigt: § 335 Abs. 2 HGB.

— **Informationsrecht des stillen Gesellschafters** er kann Abschrift einer Jahresbilanz verlangen und zwecks Kontrolle dabei die Bücher und Papiere prüfen; außerdem kann auf seinen Antrag bei wichtigem Grunde das Registergericht jederzeit die Mitteilung einer Bilanz und Vorlegung der Bücher anordnen; § 338 HGB, § 145 FGG; vertraglich kann natürlich eine Vergrößerung der Kontrollbefugnisse vereinbart werden.

— **Kaufmannseigenschaft** der Betriebsinhaber — es kann auch eine oHG, eine KG, eine AG etc. sein — muß stets Kaufmann sein, kann allerdings auch Minderkaufmann sein; der stille Gesellschafter braucht überhaupt nicht Kaufmannseigenschaft zu besitzen (es kommt Einkommensteuer in Frage, und zwar Einkommen aus Kapitalvermögen!): § 335 HGB.

— **Konkurs des Betriebsinhabers** der stille Gesellschafter kann den Anspruch auf Rückgewähr der Einlage, soweit sie nicht durch seine Verlustbeteiligung verbraucht ist, nur als gewöhnlicher Konkursgläubiger geltend machen; soweit die Einlage noch nicht voll geleistet ist, braucht er an die Masse nur soviel zu entrichten, als zur Abdeckung seiner Verlustbeteiligung nötig ist, welche Verpflichtung jedoch bei Vereinbarung des Ausschlusses der Verlustbeteiligung entfällt: § 341 HGB; über das Anfechtungsrecht des Konkursverwalters bei vorher erfolgter Rückzahlung der Einlage s. stille Gesellschaft, Anfechtung der Rückzahlung.

— **Kündigung** s. Stille Gesellschaft, Auflösungsgründe.

— **mehrere stille Gesellschafter** können vorhanden sein entweder auf Grund eines Vertrages mit mehreren stillen Gesellschaftern oder auf Grund von verschiedenen Verträgen mit stillen Gesellschaftern.

— **eines Minderkaufmannes** auch ein solcher kann mit einer anderen Person eine stille Gesellschaft abschließen.

— **sog. partiarisches Darlehen** hierdurch entsteht kein Gesellschaftsverhältnis, stets ist das Kapital — nur Geld oder vertretbare Sachen — zurückzuerstatten, neben Zinsen ist eine Gewinnbeteiligung zu gewähren, dem Kreditgeber stehen keine Informationsrechte zu, bei Tod des Kreditnehmers gehen die Rechte und Pflichten aus dem Darlehensverhältnis auf die Erben über.

— **Tod des Betriebsinhabers** führt zur Auflösung der stillen Gesellschaft: § 339 HGB.

— **Vertretung** da nur der Inhaber allein aus den von ihm getätigten Geschäften berechtigt und verpflichtet wird, entfällt eine Vertretung des stillen Gesellschafters durch den Inhaber; umgekehrt kann der Inhaber dem stillen Gesellschafter Prokura erteilen.

**Strafvorschriften** s. Aktiengesellschaft, Strafvorschriften; s. Genossenschaften, Strafbestimmungen; s. Gesellschaft mit beschränkter Haftung, Strafvorschriften; s. Handelsmakler, Strafvorschrift; s. Handlungslehrling, Strafvorschriften.

**Stückeverzeichnis** s. Kommissionsgeschäft, gemäß Depotgesetz.

**Stufengründung** s. Aktiengesellschaft, Gründung, Stufengründung.

**Summenmehrheit** s. offene Handelsgesellschaft, Beschlußfassung.

**Summenverwahrung** s. Lagergeschäft, unregelmäßige oder Summenverwahrung.

## T

**Tagebuch** s. Handelsmakler, Tagebuch.

**Tagesordnung** s. Aktiengesellschaft, Einberufung der HV, Tagesordnung.

**Talon** s. Aktiengesellschaft, Erneuerungsschein.

**Tantième** s. Aktiengesellschaft, Gewinnbeteiligung von Vorstand und Aufsichtsrat; s. Genossenschaften, Aufsichtsrat.

**Tarifvertrag** s. Handlungsgehilfe, Tarifverträge.

**Teilzahlung** s. Scheck, Teilzahlung; s. Wechsel, Teilzahlung.

**Tod eines Gesellschafters** s. Kommanditgesellschaft, Tod von Gesellschaftern; s. Kommanditgesellschaft auf Aktien, Tod des Komplementärs; s. offene Handelsgesellschaft, Tod eines Gesellschafters; s. Stille Gesellschaft, Tod des Betriebsinhabers.

**von Todes wegen, Erwerb eines Handelsgeschäfts** s. Handelsgeschäft, Erwerb von Todes wegen.

**Traditionspapiere** s. Orderpapiere, gewillkürte als Dispositionspapiere.

**Transportfunktion** s. Wechsel, Transportfunktion, des Indossaments.

**Transportversicherungspolice** s. Orderpapiere, gewillkürte oder kaufmännische.

**Trassiert eigener Wechsel** s. Wechsel, trassiert eigener.

**Tratte** s. Wechsel, Tratte.

## U

**Überbringerklausel** s. Scheck, Klausel „oder Überbringer".

**Übergang von Forderungen und Schulden** s. Handelsgeschäft, Erwerb unter Lebenden, Übergang von Forderungen und Verbindlichkeiten.

**Übernahmegründung** s. Aktiengesellschaft, Gründung, qualifizierte.

**Überpariemission** s. Aktiengesellschaft, Überpariemission.

**Überschuldung als Konkursgrund** s. Aktiengesellschaft, Überschuldung; s. Gesellschaft mit beschränkter Haftung, Auflösung.

**Übersee** s. Handlungsgehilfe, in Übersee tätige Angestellte.

**Umlaufsvermögen** s. Aktiengesellschaft, Bilanz, Bewertung und Bilanz, Gliederung.

**Umsatzgewerbe** s. Kaufmann, Arten der Handelsgewerbe nach § 1 HGB.

**Umtauschobligationen** s. Aktiengesellschaft, Umtauschschuldverschreibungen.

**Umtauschrechte** s. Aktiengesellschaft, Wandelschuldverschreibungen.

**Umwandlung** s. Aktiengesellschaft, Umwandlung; s. Genossenschaften, Umwandlung; s. Gesellschaft mit beschränkter Haftung, Umwandlung; s. Kommanditgesellschaft auf Aktien, Umwandlung.

**Unlauterer Wettbewerb** s. Firma, unlauterer Wettbewerb.

**Unterfrachtführer** s. Frachtgeschäft, Unterfrachtführer.

**Unternehmen** s. Handelsgeschäft.

**Unternehmer** s. Handelsvertreter.

**Unterpariemission** s. Aktiengesellschaft, Unterpariemission.

**Unterspediteur** s. Speditionsgeschäft, Unterspediteur.

**Unterstützung des Registergerichts** s. Handelsregister, Unterstützung des Registergerichts.

**Untersuchungspflicht** s. Handelskauf, Mängelrüge.

**Untervertreter** s. Handelsvertreter, Untervertreter.

**Usance** s. Handelsgeschäfte, Handelsbräuche.

## V

**Verfolgungsrecht** s. Kommissionsgeschäft, Verfolgungsrecht.

**Verjährungsfristen** s. Aktiengesellschaft, Verjährung; s. Genossenschaften, Verjährung; s. Handelsvertreter, Verjährung; s. Handlungsgehilfe, Verjährung; s. offene Handelsgesellschaft, Verjährung von Ansprüchen gegen Gesellschafter; s. Scheck, Verjährung; s. Wechsel, Verjährung.

**Verlagsgeschäft** s. Kaufmann, Arten der Handelsgewerbe nach § 1 HGB.

**Verlust** s. Kommanditgesellschaft, Gewinn- und Verlustbeteiligung der Gesellschafter; s. Stille Gesellschaft, Ausschluß und Beteiligung des stillen Gesellschafters an Gewinn und Verlust.

**Verlust der Kaufmannseigenschaft** s. Kaufmann, Verlust der Kaufmannseigenschaft.

**Vermittler** s. Handelsvertreter; s. Handelsmakler.

**Vermögensübertragung** s. Aktiengesellschaft, Vermögensübertragung.

**Verpackungsgewicht** s. Handelskauf, Verpackungsgewicht.

**Verrat von Geschäftsgeheimnissen** s. Handlungsgehilfe, Geschäftsgeheimnis-Verrat.

**Verrechnungsscheck** s. Scheck, Verrechnungsscheck.

**Verschmelzung** s. Aktiengesellschaft, Verschmelzung; s. Genossenschaften, Verschmelzung; s. Kommanditgesellschaft auf Aktien, Verschmelzung.

**Versender** s. Speditionsgeschäft, beteiligte Personen.

**Versicherungen, gegen Prämie** s. Kaufmann, Arten der Handelsgewerbe nach § 1 HGB.

**Versicherungsvertreter** s. Handelsvertreter, Versicherungsvertreter.

**Vertragsstrafe** s. Handelsgeschäfte, Besonderheiten.

**Vertreterversammlung** s. Genossenschaften, Vertreterversammlung.

**Verzeichnis der Teilnehmer** s. Aktiengesellschaft, Verzeichnis der Teilnehmer der HV.

**Viehkauf** s. Handelskauf, Viehkauf.

**Vinkulierte Anteilsrechte** s. Aktiengesellschaft, Aktien, Arten; s. Gesellschaft mit beschränkter Haftung, Abtretung von Geschäftsanteilen.

**Vollmacht** s. Handlungsvollmacht.

**Volontär** s. Handlungslehrling, Volontär.

**Vorlegung der Handelsbücher** s. Handelsbücher, Vorlegung im Prozeß.

**Vorratsaktien** s. Aktiengesellschaft, Aktien, Vorratsaktien.

**Vorsitzer** des Vorstandes und des Aufsichtsrates der Aktiengesellschaft, s. Aktiengesellschaft, Aufsichtsrat und Vorstand, Vorsitzer.

**Vorstand** s. Aktiengesellschaft, Vorstand; s. Genossenschaften, Vorstand.

**Vorzugsaktien** s. Aktiengesellschaft, Aktien, Arten.

## W

**Wahrheitsgrundsatz** s. Firma, Wahrheitsgrundsatz.

**Wandelschuldverschreibungen** s. Aktiengesellschaft, Wandelschuldverschreibungen.

**Waren** s. Kaufmann, Arten der Handelsgewerbe nach § 1 HGB; s. Handelskauf; s. Kommissionsgeschäft.

**Warenbezugscheine** s. Genossenschaften, Warenbezugscheine.

**Warengeschäfte im Kleinverkehr** s. Handelsmakler, Warengeschäfte im Kleinverkehr.

**Warenlager** s. Handelsbücher, Warenlager.

**Warenprobe** s. Handelsmakler, Warenprobe.

**Warenverarbeitung und -Bearbeitung** s. Kaufmann, Arten der Handelsgewerbe nach § 1 HGB.

**Warenzeichen** s. Firma, Warenzeichen.

**Warrant** s. Lagergeschäft, Lagerschein nur zum Pfande.

**Wartefrist, beim Pfandverkauf** s. Pfandverkauf, im Handelsrecht.

**Wechsel** er ist ein gesetzliches Orderpapier, durch welches der Aussteller verspricht, daß entweder 1. ein Dritter, d. h. der Bezogene, den Wechsel annehmen und bei Fälligkeit die Wechselsumme zahlen werde (gezogener Wechsel: Art. 1, 9 Wechselgesetz (WG) oder 2. er selbst bei Fälligkeit zahlen werde (eigener Wechsel: Art. 75, 78 WG).

— **abhandengekommener** der frühere Inhaber des abhandengekommenen Wechsels kann ihn von dem jetzigen Besitzer, der auf eine lückenlose Indossamentenkette zurückblicken kann, nur herausverlangen, wenn dieser bei Erwerb entweder „bösgläubig" — direktes Wissen! — war oder grob fahrlässig gewesen ist: Art. 16 Abs. 2 WG.

— **Abschriften** s. Wechsel, Vervielfältigungen.

— **Akzept** verpflichtet den Bezogenen zur Zahlung: Art. 28 WG; nachträgliche Streichung nach Rückgabe ist wirkungslos, während die vor Rückgabe erfolgte Streichung als Annahmeverweigerung anzusehen ist: Art. 29; eine Bedingung bei Annahme ist nicht statthaft, wohl aber ein Teilakzept, während sonstige Abweichungen der Annahme von dem Inhalt der Urkunde (z. B. Zahlungszeit) das Akzept einerseits als verweigert erscheinen lassen, andererseits eine Haftung des Akzeptanten gemäß seiner — abweichenden! — Erklärung begründen: Art. 26; das Akzept ist auf den Wechsel selbst zu setzen, wobei bloße Namensunterschrift genügt und Datierung nur beim Nachsichtwechsel oder bei Vorlegungsanordnung binnen bestimmter Frist nötig ist (bei Datierungsverweigerung sog. Protest mangels Datierung erforderlich!): Art. 25 WG.

— **Änderungen** nachträgliche führen nicht zur Unwirksamkeit des Wechsels; Personen, die Erklärungen vor der Änderung abgegeben haben, haften gemäß dem ursprünglichen Text (also kein Schutz gutgläubiger Dritterwerber!), während diejenigen, die nach der Änderung Erklärungen auf den Wechsel gesetzt haben, entsprechend dem geänderten Text haften: Art. 69 WG.

— **sog. Angstklausel** ein Indossant kann durch den seinem Indossament beigefügten Zusatz „ohne Gewähr" oder „ohne Haftung" oder ähnliche Worte seine Haftung für Annahme und Zahlung jedem späteren Gläubiger gegenüber ausschließen (Beseitigung der sog. Garantiefunktion des Indossaments!): Art. 15 Abs. 1 WG.

— **Arretierungsvermerk** ist die auf eine Wechselabschrift zu setzende Angabe darüber, wie weit es sich um abgeschriebene Unterschriften handelt gegenüber eigenhändigen; der Vermerk erfolgt gewöhnlich durch die Worte „bis hierher Abschrift": Art. 67 Abs. 2 Satz 2 WG.

— **Arten des gezogenen Wechsels** 1. Wechsel an eigene Order: Aussteller und Gläubiger sind identisch, 2. trassiert eigener Wechsel: Aussteller und Bezogener sind identisch, 3. Aussteller, Gläubiger und Bezogener sind verschiedene Personen: Art. 3 WG.

— **Aufgebot** ein abhandengekommener, völlig vernichteter oder unkenntlich gewordener Wechsel kann mittels Aufgebotsverfahrens für kraftlos erklärt werden, wodurch er ungültig wird, selbst für gutgläubige Erwerber; der die Kraftloserklärung Erwirkende kann die gewöhnlichen Wechselrechte gegenüber Akzeptanten, Indossanten und Aussteller geltend machen: Art. 90 WG.

— **Ausfertigungen** s. Wechsel, Vervielfältigungen.

— **Aussteller** haftet für Annahme und Zahlung des gezogenen Wechsels und kann zwar Haftung für Annahme durch einen entsprechenden Vermerk ausschließen, nicht aber für Zahlung: Art. 9; er kann durch den Vermerk „nicht an Order" den Wechsel zum Namenspapier machen, das nur durch Abtretung — keine Transport- und Garantiefunktion! — übertragen werden kann: Art. 11 Abs. 2 WG; er kann eine Frist durch Vermerk bestimmen, innerhalb deren der Wechsel zur Annahme vorzulegen oder vor deren Ablauf er nicht vorzulegen ist, ja sogar Vorlegung vor Fälligkeit verbieten: Art. 22 WG; bei Nichtannahme oder Zahlungsverweigerung ist er dem Rückgriff auf Zahlung, nach Protesterhebung, ausgesetzt: Art. 43; er kann durch den Vermerk „ohne Kosten" oder „ohne Protest" die Protesterhebung für unnötig erklären und hat die Kosten eines dennoch erfolgten Protestes dann nicht zu tragen: Art. 46; er ist dem Anspruch aus Wechselbereicherung ausgesetzt: Art. 89 WG.

— **Aval** s. Wechsel, Bürgschaft.

— **Bereicherung** kann beim Akzeptanten oder bei Aussteller, aber niemals bei einem Indossanten, gegenüber dem letzten Wechselgläubiger gegeben sein; sie setzt voraus, daß die Haftung des Akzeptanten durch Verjährung oder die des Ausstellers durch den gleichen Umstand oder infolge Verabsäumung der Protesterhebung entfällt, der Wechselgläubiger einen Verlust erleidet und Akzeptant bzw. Aussteller einen ungerechtfertigten Vorteil dadurch erfahren; es handelt sich um einen echten Wechselanspruch, der durch Wechselklage geltend gemacht werden kann und in 3 Jahren verjährt: Art. 89 WG.

— **Bezogener** haftet vor Annahme niemandem, er kann bei Vorlage verlangen, daß ihm der Wechsel am nächsten Tage nochmals vorgelegt wird, jedoch ohne das Recht, daß ihm dabei der Wechsel überlassen wird: Art. 24 WG; bereits eingetretenes Ableben des Bezogenen vor Annahme berührt die Gültigkeit des Wechsels nicht, ebensowenig wie die Nichtexistenz (sog. Kellerwechsel); bei Nichtantreffen des Bezogenen im Falle der Protesterhebung wird dies vermerkt (sog. Wandprotest), desgleichen bei Nichtermittlung seiner Adresse (sog. Windprotest): Art. 80 WG.

— **Blankoindossament** bezeichnet nicht den Namen des Indossatars, trägt gewöhnlich nur den Namen des Indossanten und muß stets auf der Rückseite des Wechsels stehen; der Indossatar kann den Wechsel, ohne daß er oder der Erwerber auf dem Papier erscheint, durch Übereignung weiter übertragen; dies kann ein Erwerber später ebenfalls tun, wodurch die Haftung aller dieser Personen ausgeschlossen wird: Art. 13 Abs. 2, 14 Abs. 2 WG.

— **Blankowechsel** ist ein solcher, bei dem bewußt ein Wechselerfordernis (z. B. Betrag, Zahlungszeit usw.) zunächst fortgelassen worden ist, aber in der Absicht, es später nachzuholen; bis zur Nachholung ist der Wechsel unvollständig; wird er abredewidrig ausgefüllt, so kann dies einem Inhaber nur entgegengehalten werden bei — positiver — Bösgläubigkeit oder grober Fahrlässigkeit beim Erwerbe: Art. 10 WG.

— **Bürgschaft** ist die auf dem Wechsel durch die Worte „als Bürge" oder „per aval" eingegangene Verpflichtung eines Dritten, für eine wechselmäßig haftende Person (z. B. Akzeptant, Aussteller, Indossant, nicht aber: bloßer Bezogener, Indossant mit Angstklausel) einzustehen, und zwar im gleichen Umfang, wie diese Person haftet; der Wechselbürge muß angeben, für wen er haftet, wobei mangels Angabe die Bürgschaft als zu Gunsten des Ausstellers eingegangen gilt; die Bürgschaft ist, im Gegensatz zu der des BGB, auch dann gültig, wenn keine wirksame Haftung des Schuldners (z. B. wegen Geschäftsunfähigkeit) vorliegt, ausgenommen bei Ungültigkeit des Wechsels wegen Formfehlers; bei Leistung seitens des Bürgen hat er nicht nur — wechselmäßige — Rückgriffsrechte gegen den betreffenden Schuldner, sondern auch gegen dessen Vormänner: Art. 30—32 WG.

— **Datowechsel** ist ein Wechsel, welcher eine bestimmte Zeit ab Ausstellungsdatum („10 Tage a dato") zahlbar ist: bei ihm soll Zahlung eine gewisse Zeit nach Eintritt eines noch ungewissen Ereignisses (z. B. Tod einer Person) erfolgen; das Datum der Wechselausstellung wird zunächst offen gelassen und wird erst bei Eintritt des Ereignisses in den Wechsel — zu beachten ist jedoch Art. 10 — eingefügt: Art. 33 WG.

— **Depositionsvermerk** wird bei der Herstellung einer Wechselausfertigung nach Art. 64 oder einer Wechselabschrift nach Art. 67 das Original an den Bezogenen zum Akzept versandt, so muß auf der Ausfertigung bzw. der Abschrift stets der Name desjenigen vermerkt werden, bei dem sich das Original befindet: Art. 66, 68 WG.

— **Distanzwechsel** ist ein Wechsel, bei welchem der Ort der Ausstellung und der Zahlungsort auseinanderfallen.

— **Domizilwechsel** ist ein Wechsel, bei welchem der Wohnort des Bezogenen und der Zahlungsort auseinanderfallen; ist hierbei die Person eines Dritten — Domiziliat — genannt, so ist diesem der Wechsel vorzulegen, andernfalls — unbenannter Domiziliat — anzunehmen ist, daß der Akzeptant selbst an dem Zahlungsort für Zahlung sorgen muß: Art. 27 WG; der Wechsel ist ihm dann aber stets an seinem Wohnort vorher zu präsentieren.

— **Duplikat** s. Wechsel, Vervielfältigungen.

— **Ehreneinritt** ist der Eintritt einer dritten Person in einen Wechsel, zu dem Zweck, die Inanspruchnahme von Personen, die einen Rückgriff zu befürchten haben, zunächst zu verhindern; Ehreneintritt ist daher möglich zu Gunsten des Ausstellers oder eines Indossanten, nicht aber auch für den Bezogenen oder Akzeptanten; er kann erfolgen durch wechselfremde Personen oder durch solche, die auf dem Wechsel stehen, d. h. Aussteller, Bezogenen, Indossanten, Wechselbürgen, niemals jedoch durch den Akzeptanten: Art. 55 WG; ein Ehreneintritt ist möglich als Ehrenannahme oder Ehrenzahlung: Art. 56, 59; er ist möglich auf Grund einer sog. Notadresse, die der Aussteller oder ein Indossant auf dem Wechsel angegeben hat, oder durch einen unbenannten Dritten, wobei ein Ehrenakzept durch letzteren zurückgewiesen werden kann, im Gegensatz zum Akzeptangebot der Notadresse: Art. 56 Abs. 3 WG.

— **Ehreneintritt, Wirkungen** der Gläubiger kann, falls eine Notadresse vorliegt, niemals sofort zum Rückgriff gegen den, der die Notadresse auf den Wechsel gesetzt hat und dessen Nachmänner schreiten, wie in gewöhnlichen Fällen: er muß die Notadresse aufsuchen; nimmt der Notadressat durch Ehrenakzept an, so ist Rückgriff gegen die genannten Personen — nicht gegen deren Vormänner — zunächst nicht gegeben; lehnt der Notadressat ab, so muß dies durch sog. Contraprotest festgestellt werden: Art. 56 Abs. 2, und erst dann kann zum Rückgriff auch gegen den sog. Honoraten und dessen Nachmänner geschritten werden. Ein Ehrenzahler, gleichgültig, ob dies die Notadresse oder ein Dritter ist, erwirbt alle Wechselrechte gegen den Honoraten und dessen Vormänner, aber nicht gegen Nachmänner: Art. 63 WG.

— **an eigene Order** s. Wechsel, Arten des gezogenen Wechsels.

— **eigener** arbeitet nur mit 2 Personen, dem Gläubiger und dem Aussteller, der selbst Zahlung verspricht, so daß ein Akzept nicht in Frage kommen kann (der eigene oder Sola-Wechsel ist im Verkehr wenig gebräuchlich); er muß enthalten: die Wechselklausel, das Zahlungsversprechen, Zahlungsort und -Zeit, Tag und Ort der Ausstellung, Name des Gläubigers, Unterschrift des Ausstellers: Art. 75 WG; der Aussteller haftet in gleicher Weise wie der Akzeptant einer Tratte: Art. 78, eine Protesterhebung bei Rückgriff gegen ihn erübrigt sich daher.

— **Einwendungen des Wechselschuldners** sind nur möglich, soweit sie sich aus dem Wechsel selbst ergeben (z. B. Prolongationsvermerk) oder dessen Gültigkeit betreffen; ferner hat der Schuldner solche, die ihm unmittelbar gegen den augenblicklichen Gläubiger zustehen (z. B. Stundung ohne Wechselvermerk); die gegen einen früheren Gläubiger gerichteten Einwendungen können einem späteren Gläubiger entgegengehalten werden, wenn dieser bei Wechselerwerb bewußt zum Nachteil des Schuldners gehandelt hat: Art. 17 WG.

— **Erfordernisse des gezogenen Wechsels** 1. Bezeichnung „Wechsel", 2. bestimmter Geldbetrag (stets einheitlich, also keine Raten! Bei Verschiedenheit von Buchstaben- und Zahlenbetrag gilt ersterer, bei sonstiger Verschiedenheit der kleinere Betrag: Art. 6 WG), ohne irgendwelche Bedingungen oder Einschränkungen, 3. Zahlungsort und -Zeit, 4. Ausstellungsort und -Zeit, 5. Name von Bezogenem und Gläubiger sowie Unterschrift des Ausstellers (Personen können — s. Art. 3! — identisch sein); Orderklausel ist üblich, aber nicht nötig: Art. 1; fehlt Zahlungszeit, gilt der Wechsel als Sichtwechsel, während bei Fehlen des Zahlungsortes der angegebene Wohnsitz des Bezogenen als Zahlungsort gilt: Art. 2; fehlt im übrigen einer der Bestandteile des Art. 1, so gilt die Urkunde nicht als Wechsel: Art. 2 Abs. 1 WG.

— **Fristenversäumung** ist bei Sicht- oder Nachsichtwechseln die Vorlegungsfrist (bei Sichtwechseln: 1 Jahr seit Ausstellung, bei Nachsichtwechseln: entsprechend dem bei Akzept genannten Tag: Art. 34, 35 WG) versäumt worden, ist ferner die Frist zur Erhebung des Annahme- oder Zahlungsprotestes (mangels Annahme: innerhalb der Vorlegungsfrist, mangels Zahlung: an einem der beiden auf den Zahlungstag folgenden Werktage: Art. 44 WG) versäumt worden bzw. bei Protesterlaß die Frist zur Vorlegung zwecks Zahlung, so geht der Wechselinhaber seiner Rückgriffsansprüche gegen Indossanten, Aussteller und sonstige Wechselverpflichtete verlustig, während der Akzeptant weiter haftet: Art. 53 WG.

— **Garantiefunktion des Indossaments** jeder Indossant haftet, gleich dem Aussteller, für Annahme und Zahlung des Wechsels durch den Bezogenen; durch den Vermerk „nicht an Order" (sog. Rektaindossament!) kann er seine Haftung derart beschränken, daß er nur dem unmittelbar folgenden Nachmann haftet, während er durch die sog. Angstklausel „ohne Gewähr" seine Haftung gegenüber jedermann ausschließen kann; auch kann er, wie der Aussteller, die Haftung für Annahme ausschließen: Art. 15 WG.

— **sog. Gefälligkeitsakzept** ist eine Wechselannahme, wobei der Aussteller dem Akzeptanten zugesichert hat, daß er selbst für Zahlung Sorge tragen werde; diese Zusicherung kann der Akzeptant jedoch Dritten nicht entgegenhalten, er ist ihm zahlungspflichtig.

— **Gesamtschuldnerschaft** alle Wechselverpflichteten, d. h. Aussteller, Indossanten, Akzeptant, Wechselbürgen, haften dem Inhaber gesamtschuldnerisch, wobei er an eine Reihenfolge nicht gebunden ist und bei Inanspruchnahme eines der Schuldner die Rechte gegen die anderen, besonders gegen Nachmänner, nicht verliert: Art. 47 WG.

— **Indossament** ist das zur Übertragung eines Wechsels nötige — einseitige — Rechtsgeschäft, zu welchem noch die Aushändigung der Urkunde treten muß; das Indossament, das auf den Wechsel, meist auf die Rückseite, zu setzen ist, hat 3 Wirkungen: 1. Legitimationsfunktion, d. h. der Name des Erwerbers ist — bis auf das Blankoindossament — aus dem Indossament ersichtlich, 2. Transportfunktion, d. h. der Indossierende überträgt seine eigenen Rechte auf die Nachmänner, ohne sie zu verlieren, 3. Garantiefunktion, d. h. er verpflichtet sich selbst allen Nachmännern gegenüber für Annahme und Zahlung des Wechsels durch den Bezogenen: Art. 11—15 WG.

— **Indossament, Arten** neben dem gewöhnlichen Indossament gibt es: 1. das Blancoindossament, das den Namen des Erwerbers offen läßt und bewirkt, daß der Wechsel von nachfolgenden Erwerbern, wie ein Inhaberpapier, durch Urkundenübereignung übertragen werden kann: Art. 13 Abs. 2, 2. das Rektaindossament mit der Klausel „nicht an Order", wodurch die Haftung der Garantiefunktion beschränkt wird, nämlich nur gegenüber dem unmittelbaren Nachfolger: Art. 15 Abs. 2, 3. das Indossament mit sog. Angstklausel „ohne Gewähr", durch welche Haftung völlig ausgeschlossen wird: Art. 15 Abs. 1, 4. das sog. Prokuraindossament mit der Klausel „Wert zur Einziehung" oder ähnlich, wodurch der Schuldner Einwendungen nur erheben kann, die sich gegen den Indossanten, den Vollmachtgeber, richten: Art. 18 WG; beim sog. verdeckten Prokuraindossament tritt die Vertretereigenschaft nicht zu Tage, doch kann der — beweispflichtige — Schuldner trotzdem Einwendungen gegen die Person des Indossanten erheben, 5. das Pfandindossament mit der Klausel „Wert zur Sicherheit": hier kann der Inhaber alle Wechselrechte geltend machen, jedoch kein gewöhnliches Indossament auf den Wechsel setzen: Art. 19 WG, 6. das sog. Nachindossament, eine Indossierung nach Verfall: es hat, falls nach Protesterhebung oder Ablauf der Protestfrist auf den Wechsel gesetzt, nur noch die Wirkung einer Abtretung: Art. 20 WG.

— **Inhaber, rechtmäßiger** als solcher gilt, wer den Wechsel in Händen hat und seine Rechte durch eine lückenlose Indossamentenkette — gestrichene, bedingte oder Teilindossamente sind nichtig: Art. 12, 16 WG — nachweisen kann, auch wenn das letzte ein Blankoindossament ist: Art. 16 WG.

— **Interventions- oder Kontraprotest** s. Wechsel, Ehreneintritt, Wirkungen.

— **Klage im Wechselprotest** Ansprüche aus einem Wechsel können in einer Sonderart von Urkundenprozeß erhoben werden, im sog. Wechselprozeß, in welchem als Beweis- und Gegenbeweismittel nur Parteivernehmung und Urkunden — hier: Wechsel, Protest — zugelassen sind; das Urteil „im Wechselprozeß" ist vorläufig vollstreckbar, und das Verfahren geht nach Urteilserlassung in einen gewöhnlichen Prozeß über: die Einlassungsfrist kann evtl. nur 24 Stunden betragen: §§ 602 ff ZPO.

— **Klauseln** es gibt 1. Klauseln, die ungesetzlich sind und den Wechsel ungültig machen (z. B. ein Hinweis auf ein Grundgeschäft, Ratenzahlungen), 2. solche, die als nicht geschrieben gelten (z. B. Ausschluß der Zahlungshaftung des Ausstellers, eine Zinsklausel, abgesehen von Ausnahmen: Art. 5 WG), 3. zulässige, z. B. Annahmehaftungs-Ausschluß seitens des Ausstellers: Art. 9, Klauseln beim Indossament, die die Haftung bechränken oder ausschließen: Art. 11, 15, Vorlegungsgebote oder -Verbote zur Annahme seitens des Ausstellers: Art. 22, Erlaß des Protestes durch Aussteller oder Indossanten: Art. 46, Art. 9, Klauseln beim Indossament, sog. Depositionsvermerk bei Wechselvervielfältigungen: Art. 66, 68, der sog. Arretierungsvermerk bei Wechselabschriften „bis hierher Abschrift": Art. 67 WG.

— **Konkurs des Bezogenen oder des Ausstellers** dies berechtigt den Wechselgläubiger zum Rückgriff mangels Zahlung, und zwar schon vor Fälligkeit, gegenüber dem Wechselverpflichteten, bei Konkurs des Ausstellers jedoch nur, wenn dieser Vorlegung des Wechsels vor Fälligkeit nach Art. 22 Abs. 2 WG untersagt hatte: Art. 43 WG; zur Rückgriffsausübung genügt Vorlegung des Eröffnungsbeschlusses: Art. 44 Abs. 6 WG.

— **Kopie** s. Wechsel, Vervielfältigungen.

— **Nachindossament** s. Wechsel, Indossament, Arten.

— **Nachsichtwechsel** ist ein Wechsel, der eine bestimmte Zeit nach Sicht fällig ist; er muß binnen 1 Jahr nach dem Ausstellungstag zur Annahme vorgelegt werden: Art. 23, der Akzeptant muß ferner seiner Unterschrift das Datum der Annahme beifügen: Art. 25 Abs. 2, bei Verweigerung der Datierung muß der Inhaber zur Wahrung seiner Rückgriffsrechte einen besonderen Protest „mangels Datierung" erheben: Art. 25 Abs. 2 S. 2; der Verfall richtet sich nach dem Akzeptdatum bzw. nach dem Datum des Protestes mangels Datierung: Art. 35 WG.

— **sog. nichtakzeptable Tratte** ist ein Wechsel, bei welchem der Aussteller durch einen Vermerk die Vorlegung vor Fälligkeit untersagt hat, was bei einem Nachsicht- oder Domizilwechsel jedoch unzulässig ist: Art. 22 Abs. 2 WG.

— **Notadresse** s. Wechsel, Ehreneintritt, Wirkungen.

— **sog. Notifikationspflicht** bei Annahme- oder Zahlungsverweigerung seitens des Bezogenen muß der Inhaber seinen unmittelbaren Vormann und den Aussteller hiervon binnen 4 Tagen nach Protesterhebung benachrichtigen; jeder Indossant hat wiederum binnen 2 Tagen seit Nachrichtsempfang seinen unmittelbaren Vormann zu informieren usw.; Verabsäumung der Pflicht beseitigt zwar nicht den Rückgriffsanspruch, macht jedoch schadensersatzpflichtig, aber nur bis zur Höhe der Wechselsumme: Art. 45 WG.

— **„ohne Gewähr"** s. Wechsel, Angstklausel.

— **„ohne Kosten" oder „ohne Protest"** dies ist eine von dem Aussteller oder einem Indossanten auf den Wechsel gesetzte Klausel, die den Inhaber von der Protesterhebungspflicht, zwecks Wahrung seiner Rückgriffsansprüche, enthebt, ohne ihn von der Vorlegungspflicht zu befreien; bei Vermerk seitens des Ausstellers werden dem dennoch Protest erhebenden Inhaber die Protestkosten nicht erstattet, da der Vermerk sich gegenüber allen Wechselverpflichteten auswirkt; während bei Vermerk durch einen Indossanten Kostenerstattung erfolgt: Art. 46 WG.

— **Protest** ist eine durch einen Notar, einen Gerichts- oder Postbeamten aufgenommene, entweder auf dem Wechsel selbst oder einer sog. Allonge (d. h. mit dem Wechsel verbundenes, auf der Verbindungsstelle mit Siegel oder Stempel versehenes Blatt) befindliche Urkunde — Art. 79—81 WG —, laut deren Inhalt (Name des Protestanten und Protestaten, Ort und Zeit der Aufforderung, Unterschrift) eine wechselmäßige Handlung, die jemand vornehmen sollte, nicht erfolgt ist. Der Protest dient als Beweis der Unterlassung, er ist nötig zur Aufrechterhaltung von Rückgriffsansprüchen; durch Verabsäumung der Protesterhebung geht der Inhaber seiner Rückgriffsansprüche verlustig, nicht aber der Forderung gegen den Akzeptanten: Art. 53 WG.

— **Protest, Arten** es gibt Protest mangels Annahme: Art. 44 WG, mangels Zahlung: Art. 43 WG, mangels Datierung bei Nachsichtwechsel: Art. 25 WG, sog. Interventions- oder Kontraprotest bei der Notadresse: Art. 56 WG, mangels Ausfolgung (des Originals bei Wechselvervielfältigungen): Art. 66 WG; sog. Wandprotest wird genommen, wenn der Protestat in seiner Wohnung oder seinem Geschäftslokal nicht angetroffen wurde, sog. Windprotest, wenn sich eine Wohnung oder ein Geschäftslokal nicht ermitteln ließ: Art. 87 WG.

— **Protesterlaß** s. Wechsel, „ohne Kosten" oder „ohne Protest".

— **Quittierte Retourrechnung** ist die Rechnung über den Betrag, den ein mit der Rückgriffsforderung in Anspruch Genommener hat zahlen müssen (z. B. Wechselsumme, Zinsen, Protestkosten usw. bzw. Rückgriffssumme, Zinsen usw.); ihm steht ein Anspruch auf diese Rechnung bei Leistung zu: Art. 50 WG.

— **Rektaindossament** s. Wechsel, Indossament, Arten.

— **sog. Rektawechsel** ist ein Wechsel, in dem der Aussteller dem Namen des Gläubigers die Klausel „nicht an Order" angefügt hat: diese Urkunde kann nicht durch Indossament übertragen werden, hier ist Abtretung iS. von § 398 BGB geboten: Art. 11 Abs. 2

— **sog. Remboursrückgriff** ist der Rückgriff eines wechselverpflichteten Indossanten, der selbst in Anspruch genommen worden ist, gegen seine Vormänner: Art. 49 WG.

— **sog. Remittent** dies ist die Bezeichnung des ersten Wechselgläubigers: Art. 1 Ziff. 6 WG.

— **Rückgriff mangels Annahme** welche ganz oder teilweise vom Bezogenen verweigert wird, berechtigt den Inhaber schon vor Verfall des Wechsels, gegenüber den Indossanten und dem Aussteller Rückgriff mangels Zahlung zu nehmen; es bedarf bei Protesterhebung mangels Annahme weder der Vorlegung zur Zahlung noch eines Protestes mangels Zahlung: Art 43 Abs. 2 Ziff. 1, 44 Abs. 4 WG.

— **Rückgriff mangels Zahlung** hier hat der Bezogene den Wechsel angenommen, dieser wird bei Fälligkeit zur Zahlung vorgelegt, er verweigert die Zahlung der Wechselsumme, so daß Protest mangels Zahlung erhoben wird: Art. 44 WG; nunmehr kann der Inhaber jeden der Indossanten und den Aussteller auf

Zahlung der Rückgriffssumme iS. des Art. 48 WG in Anspruch nehmen: Art. 43, 44, 48 WG.

— **Rückgriffssumme** ist die Summe, welche der vom letzten Inhaber des Wechsels in Anspruch Genommene zu zahlen hat — gegen Aushändigung von Wechsel, Protest und quittierter Retourrechnung nach Art. 50 WG —, und zwar: die Wechselsumme, 6 % Zinsen, Protest- und Benachrichtigungskosten, endlich $^1/_3$ % Provision: Art. 48 WG; der Zahlende kann seinerseits gegen die Vormänner zum sog. Remboursregreß schreiten und seinerseits verlangen: den von ihm gezahlten Betrag, 6 % Zinsen hiervon, seine Auslagen und $^1/_3$ % Provision: Art. 49 WG.

— **Rückwechsel** der zum Rückgriff Schreitende kann statt Barzahlung zu verlangen, Rückgriff dadurch nehmen, daß er auf einen der Vormänner einen — auf Sicht lautenden, am Wohnort des Vormannes zahlbaren — Wechsel zieht in Höhe der Beträge nach Art. 48 bzw. 49 WG nebst Maklergebühr und Wechselstempelsteuer: Art. 52 WG.

— **Sichtwechsel** ist ein Wechsel, der bei Vorlegung zahlbar ist: Art. 34; fehlt in einem Wechsel die Zahlungszeit, so gilt er als Sichtwechsel: Art. 2 Abs. 2; in einem solchen Wechsel kann eine Zinshöhe angegeben werden: Art. 5; er muß binnen 1 Jahr nach Ausstellung zur Zahlung vorgelegt werden, der Aussteller kann bestimmen, daß er nicht vor einem bestimmten Tage vorzulegen ist: Art. 34; sog. Rückwechsel müssen stets Sichtwechsel sein: Arf. 50 WG.

— **Sprungrückgriff** der Wechselinhaber kann irgendeinen der Wechselverpflichteten im Rückgriffswege in Anspruch nehmen, an eine Reihenfolge ist er nicht gebunden; er verliert aber nicht Rechte gegen die Nachmänner desjenigen, den er zuerst in Anspruch genommen hat: Art. 47 WG.

— **Teilakzept** der Bezogene kann die Annahme auf einen Teil der Wechselsumme beschränken: Art. 26 WG, worauf er in dieser Höhe sich verpflichtet hat; bezüglich des Restes könnte der Inhaber Protest mangels Annahme nach Art. 43 Abs. 2 Ziff. WG erheben und zum Zahlungsrückgriff gegen Indossanten und Aussteller schreiten.

— **Teilzahlung** sie darf nicht zurückgewiesen werden, ist auf dem Wechsel zu vermerken, auch ist Quittung über den Teilbetrag zu erteilen: Art. 39 WG.

— **Transportfunktion des Indossaments:** der Indossierende überträgt alle Rechte aus dem Wechsel auf seine Nachmänner, ohne selber ihrer verlustig zu gehen (wichtig für den sog. Remboursrückgriff!): Art. 14 WG.

— **trassiert eigener** hier sind Aussteller und Bezogener identisch: Art. 3 Abs. 2 WG.

— **Tratte** ist die Bezeichnung für einen noch nicht angenommenen Wechsel.

— **Unterschriften, ungültige** trägt ein Wechsel eine gefälschte oder erdichtete Unterschrift oder diejenige einer Person, die sich wechselmäßig nicht verpflichten kann (z. B. wegen Minderjährigkeit, selbst bei gestattetem Erwerbsgeschäft nach § 112 BGB), so ist der Wechsel nicht unwirksam, trotz Entfallens einer Haftung dieser Personen; die Verpflichtung anderer Personen, die eine gültige Unterschrift geleistet haben, bleibt bestehen: Art. 7 WG.

— **Verjährung** der Ansprüche gegen den Akzeptanten erfolgt in 3 Jahren ab Verfallstag, gegen Indossanten und Aussteller in einem Jahr ab

Tag der Protesterhebung bzw. bei Vermerk „ohne Kosten" ab Verfallstag; die sog. Remboursrückgriffs-Ansprüche verjähren in 6 Monaten ab Tag der Einlösung oder der gerichtlichen Geltendmachung: Art. 70; die Verjährungsunterbrechung hinsichtlich eines Verpflichteten wirkt sich nicht auf die übrigen aus: Art. 71.

— **Vertreter ohne Vertretungsmacht** ein vollmachtloser Stellvertreter, d. h. jemand, der seine Unterschrift auf den Wechsel gesetzt hat als Vertreter eines anderen, ohne hierzu ermächtigt zu sein, haftet wechselmäßig selbst; bei Einlösung des Wechsels hat er aber auch die gleichen Rechte, die der Vertretene haben würde: Art. 8 WG.

— **Vervielfältigungen** d. h. die Herstellung mehrerer Wechselstücke, meist zu dem Zweck, den Wechsel an den Bezogenen zur Annahme zu verschicken und ihn gleichzeitig in den Verkehr zu bringen, d. h. zu indossieren; es gibt 2 Arten: 1. Ausfertigungen, d. h. Originale mit echten Unterschriften und 2. Abschriften, teils mit kopierten, teils mit originalen Unterschriften. Die Ausfertigung gilt als Original — Wiederholung des Akzepts würde Doppelhaftung begründen, desgleichen Indossamente an verschiedene Personen auf den Ausfertigungen: Art. 65 WG —, während bei einer Abschrift nur Originalwechsel und Kopie den Gesamtwechsel darstellen; bei beiden Vervielfältigungen muß angegeben werden, wo sich das Original befindet (sog. Depositionsvermerk): Art. 66, 68 WG, auch ist in beiden Fällen bei Verweigerung der Herausgabe des Originals zwecks Erhebung der Rückgriffsansprüche sog. Ausfolgungsprotest zu erheben: Art. 66 Abs. 2, 68 Abs. 2; Ausfertigungen und Abschriften sind als solche zu bezeichnen, bei der Abschrift ist durch sog. Arretierungsvermerk anzugeben, inwieweit es sich um Abschriften handelt: Art. 67 Abs. 2 WG.

— **Vorlegung** kann seitens des Inhabers beim Bezogenen an dessen Wohnort zwecks Annahme jederzeit erfolgen, doch kann der Aussteller oder ein Indossant Vorlegungsgebote oder -Verbote (d. h. Vorlegung bis zu einem bzw. nicht vor einem bestimmten Termin) auf den Wechsel vermerken, sogar Vorlegung vor Fälligkeit untersagen (sog. nichtakzeptable Tratte): Art. 21—23 WG; Nachsicht- und Domizilwechsel (ohne Benennung eines sog. Domiziliaten) müssen stets vor Fälligkeit zwecks Annahme vorgelegt werden: Art. 23, 27 WG.

— **Vorlegung, nochmalige** der Bezogene kann nochmalige Vorlegung — nicht aber Aushändigung! — des Wechsels am Tage nach der ersten Vorlegung verlangen; auf die unterbliebene nochmalige Vorlegung kann man sich aber nur berufen, falls das Verlangen im Protest vermerkt worden ist: Art. 24 WG.

— **Wechselsumme** ist die im Wechsel nach Art. 1 Ziff. 2 genannte Geldsumme, zuzüglich von Zinsen, soweit diese nach Art. 5 WG statthaft sind.

— **Zahlung durch den Bezogenen** führt zum Erlöschen sämtlicher Wechselverpflichtungen; Zahlung vor Verfall bedeutet Handeln auf eigene Gefahr: Art. 40 WG; der Zahlende hat die Lückenlosigkeit, nicht aber die Gültigkeit der Indossamente zu prüfen; auch befreit er sich nicht, falls er arglistig oder grob fahrlässig handelt: Art. 40; erfolgt Vorlegung zur Zahlung nicht innerhalb der vorgeschriebenen Frist, so kann der Schuldner die Wechselsumme auf Gefahr und Kosten des Inhabers hinterlegen: Art. 42 WG.

— **Zahlstellenwechsel** ist ein Wechsel, der zwar beim Bezogenen selbst — also kein Domizilwechsel! — zahlbar ist, doch kann dieser bei der Annahme eine am Zahlungsort befindliche Stelle (Bank) angeben, wo Zahlung geleistet werden soll: Art. 27 Abs. 2 WG.

— **Zinsen** ein im Wechsel genannter Zinsvermerk gilt als nicht geschrieben, nur beim Sicht- und Nachsichtwechsel kann der Aussteller Verzinsung der Wechselsumme bestimmen, unter Angabe der Zinshöhe; die Zinsen laufen ab Ausstellungsdatum: Art. 5 WG.

— **Zusätze** s. Wechsel, Klauseln.

**Wechsel, des Geschäftsinhabers** s. Firma, Fortführung trotz Inhaberänderung.

**Weiterveräußerung** s. Handelsgeschäft, Erwerb unter Lebenden, Weiterveräußerung.

**Wert, der Firma** s. Firma, Wert oder good will.

**Wert, gemeiner** s. Frachtgeschäft, Schadensersatz.

**Wertberichtigungen** s. Aktiengesellschaft, Wertberichtigungen.

**Wertminderungen** s. Aktiengesellschaft, Wertminderungen.

**Wertpapiere** s. Orderpapiere, gewillkürte oder kaufmännische.

**Wettbewerbsverbot** s. Aktiengesellschaft, Vorstand, Wettbewerbsverbot; s. Handelsvertreter, Wettbewerbsverbot; s. Handlungsgehilfe, Wettbewerbsverbot; s. Handlungslehrlinge, Wettbewerbsverbot; s. Kommanditgesellschaft, Wettbewerbsverbot; s. Kommanditgesellschaft auf Aktien, Wettbewerbsverbot des Komplementärs; s. offene Handelsgesellschaft, Wettbewerbsverbot.

**Widerruf** der Handlungsvollmacht s. Handlungsvollmacht, Widerruf; der Prokura s. Prokura, Widerruf; des Schecks s. Scheck, Widerruf.

**Wirtschaftsprüfer** s. Aktiengesellschaft, Wirtschaftsprüfer; s. Genossenschaften, Wirtschaftsprüfer.

## Z

**Zahlstellenwechsel** s. Wechsel, Zahlstellenwechsel.

**Zahlungsmittel, gesetzliche** s. Aktiengesellschaft, Zahlungsmittel, gesetzliche.

**Zahlungsunfähigkeit, als Konkursgrund** s. offene Handelsgesellschaft, Konkurs der Gesellschaft.

**Zeichnung, der Aktien** s. Aktiengesellschaft, Zeichnung der Aktien.

**Zeichnung, der Firma** s. Handelsregister, Zeichnung der Firma.

**Zeichnung, des Handlungsbevollmächtigten** s. Handlungsvollmacht, Zeichnung des Handlungsbevollmächtigten.

**Zeichnung, des Prokuristen** s. Prokura, Zeichnung.

**Zeichnungsschein** s. Aktiengesellschaft, Kapitalerhöhung, Zeichnungsschein.

**Zentralgenossenschaften** s. Genossenschaften, Zentralgenossenschaften.

**Zeugnis** s. Handlungsgehilfe, Zeugnis; s. Handlungslehrling, Zeugnis.

**Zinsen** s. Handelsgeschäfte, Zinsen; s. Aktiengesellschaft, Zinsen.

**Zufall** s. Eisenbahnen des öffentlichen Verkehrs, Haftung.

**Zurückbehaltungsrecht, des Handelsvertreters** s. Handelsvertreter. Zurückbehaltungsrecht.

**Zurückbehaltungsrecht, kaufmännisches** ist die Befugnis eines Kaufmannes, die einem anderen Kaufmann geschuldete fällige Leistung zurückzuhalten, weil ihm seinerseits eine fällige Forderung gegen den anderen zusteht; im Gegensatz zum Zurückbehaltungsrecht nach §§ 273, 320 BGB ist keine Konnexität der beiden Forderungen nötig, es genügt, daß sie aus beiderseitigen Handelsgeschäften zwischen den Kaufleuten stammen; zurückhalten darf man aber, im Gegensatz zum BGB, nur bewegliche Sachen und Wertpapiere, die mit Willen des anderen im Wege eines Handelsgeschäfts in den Besitz des Zurückhaltenden gelangt sind; auch darf die Zurückhaltung nicht einer Verpflichtung widersprechen, mit der Sache in bestimmter Weise zu verfahren, es sei denn, daß der Schuldner in Konkurs geraten ist oder bei ihm vergeblich vollstreckt worden ist (hier ist überdies Fälligkeit nicht erforderlich!): §§ 369, 370 HGB.

**Zurückbehaltungsrecht, kaufmännisches, Befriedigung** im Gegensatz zu dem nur eine Sicherung gewährenden Zurückbehaltungsrecht des BGB gewährt die kaufmännische Befugnis ein Befriedigungsrecht nach Pfandverkaufsregeln des BGB mit einer Wartefrist von 1 Woche; jedoch ist stets ein vollstreckbarer Titel nötig, sei es auf Duldung der Befriedigung, sei es auf Zahlung: § 371 HGB; im Konkurs gewährt die Befugnis ein Absonderungsrecht: § 49 KO.

**Zusätze, zur Firma** s. Firma, des Einzelkaufmannes.

**Zusätze, im Wechsel** s. Wechsel, Klauseln.

**Zwangsvergleich** s. offene Handelsgesellschaft, Konkurs der Gesellschaft.

**Zwangsvollstreckung, in das Gesellschaftsvermögen** s. offene Handelsgesellschaft, Zwangsvollstreckung.

**Zweigniederlassung** s. Genossenschaften, Filiale; s. Gesellschaft mit beschränkter Haftung, Zweigniederlassung; s. Handelsregister, Zweigniederlassung.

**Zwischenfrachtführer** s. Frachtgeschäft, Zwischenfrachtführer.

**Zwischenscheine** s. Aktiengesellschaft, Zwischenscheine.

**Zwischenspediteur** s. Speditionsgeschäft, Zwischenspediteur.

## VERZEICHNIS DER GESETZE

1. Handelsgesetzbuch (HGB) vom 10. 5. 1897, in der Fassung der Veröffentlichung im BGBl III 1960 Folge 10
2. Gesetz zur Änderung des Handelsgesetzbuches (Recht des Handelsvertreters, HandVertrGes) vom 6. 8. 1953
3. Arbeitsgerichtsgesetz (ArbGerG) vom 3. 9. 1953
4. Kündigungsschutzgesetz vom 10. 8. 1951
5. Gesetz zum Schutz der erwerbstätigen Mutter (Mutterschutzgesetz) vom 24. 1. 1952
6. Gesetz über die Verwahrung und Anschaffung von Wertpapieren, sog. Depotgesetz (DepGes) vom 4. 2. 1937
7. Gesetz gegen den unlauteren Wettbewerb (UWG) vom 7. 6. 1909
8. Gesetz zum Schutz der Warenbezeichnung (WZA) vom 12. 5. 1894
9. Verordnung über Orderlagerscheine vom 16. 12. 1931, in der Fassung der Veröffentlichung im BGBl III 1960 Folge 10
10. Güterkraftverkehrsgesetz vom 17. 10. 1952
11. Gesetz über die privatrechtlichen Verhältnisse der Binnenschiffahrt vom 15. 6. 1895
12. Gesetz über den gewerblichen Binnenschiffahrtsverkehr vom 1. 10. 1953
13. Eisenbahnverkehrsordnung vom 8. 9. 1953 nebst Verordnungen vom 17. 11. 1961 und 26. 5. 1962 sowie Allgemeines Eisenbahngesetz vom 29. 3. 1951
14. Gesetz über Aktiengesellschaften und Kommanditgesellschaften auf Aktien (AktGes) vom 30. 1. 1937
15. Gesetz über die Umwandlung von Kapitalgesellschaften und bergrechtlichen Gewerkschaften (Umwandlungsgesetz) vom 12. 11. 1956
16. Gesetz über die Kapitalerhöhung aus Gesellschaftsmitteln und über die Gewinn- und Verlustrechnung vom 23. 12. 1959
17. Gesetz über die Mitbestimmung der Arbeiter in den Aufsichtsräten (Mitbestimmungsgesetz) vom 21. 5. 1951
18. Betriebsverfassungsgesetz (BetriebsverfG) vom 11. 10. 1952
19. Gesetz über eine Berufsordnung der Wirtschaftsprüfer (Wirtschaftsprüferordnung) vom 24. 7. 1961
20. Steueranpassungsgesetz vom 16. 10. 1934, in der Fassung der Veröffentlichung im BGBl III 1963
21. Gesetz über die Gesellschaften mit beschränkter Haftung (GmbHGes) vom 20. 4. 1892, in der Fassung der Veröffentlichung im BGBl III 1961 Folge 28
22. Gesetz betreffend die Erwerbs- und Wirtschaftsgenossenschaften (GenGes) vom 1. 5. 1889, in der Fassung der Veröffentlichung im BGBl III 1961 Folge 28
23. Gesetz über die Deutsche Genossenschaftskasse in der Fassung vom 4. 4. 1957
24. Wechselgesetz (WG) vom 21. 6. 1933
25. Scheckgesetz (ScheckGes) vom 14. 8. 1933
26. Bürgerliches Gesetzbuch (BGB) vom 18. 8. 1896
27. Konkursordnung (KO) vom 10. 2. 1877
28. Gewerbeordnung (GewO) vom 21. 6. 1869

## ZUSAMMENSTELLUNG

**der wichtigsten Oberbegriffe**


| | | Seite |
|---|---|---|
| 1. | Aktiengesellschaft | 5— 48 |
| 2. | Firma | 50— 54 |
| 3. | Frachtgeschäft | 54— 57 |
| 4. | Genossenschaften | 57— 68 |
| 5. | Gesellschaft mit beschränkter Haftung | 69— 76 |
| 6. | Handelsmakler | 83— 85 |
| 7. | Handelsregister | 85— 87 |
| 8. | Handesvertreter | 87— 91 |
| 9. | Handlungsgehilfe, Handlungslehrling | 91— 97 |
| 10. | Handlungsvollmacht | 97— 98 |
| 11. | Kaufmann | 99—101 |
| 12. | Kommanditgesellschaft | 101—105 |
| 13. | Kommanditgesellschaft auf Aktien | 105—109 |
| 14. | Kommissionsgeschäft | 109—112 |
| 15. | Lagergeschäft | 113—115 |
| 16. | Offene Handelsgesellschaft | 117—125 |
| 17. | Prokura | 126—127 |
| 18. | Scheck | 129—132 |
| 19. | Speditionsgeschäft | 133—135 |
| 20. | Stille Gesellschaft | 135—137 |
| 21. | Wechsel | 140—149 |